理工系

演習
[新装版]

ベクトル解析演習

理工系の
数学入門コース
演習
[新装版]

ベクトル解析演習

VECTOR ANALYSIS

戸田盛和・渡辺慎介
Morikazu Toda　Shinsuke Watanabe

An Introductory Course of
Mathematics for
Science and Engineering
Problems and Solutions

岩波書店

演習のすすめ

この「理工系の数学入門コース/演習」シリーズは，演習によって基礎的計算力を養うとともに，それを通して，理工学で広く用いられる数学の基本概念・手法を的確に把握し理解を深めることを目的としている．

各巻の構成を説明しよう．各章の始めには，動機づけとしての簡単な内容案内がある．章は節ごとに，次のように構成されている．

(1) 「解説」 各節で扱う内容を簡潔に要約する．重要な概念の導入，定理，公式，記号などの説明をする．

(2) 「例題」 解説に続き，例題と問題がある．例題は基礎的な事柄に対する理解を深めるためにある．精選して詳しい解答(場合によっては別解も)をつけてある．

(3) 「問題」 難問や特殊な問題を避けて，応用の広い基本的，典型的なものを選んである．

(4) 「解答」 各節の問題に対する解答は，すべて巻末にまとめられている．解答はスマートさよりも，基本的手法の適用と理解を重視している．

(5) 頭を休め肩をほぐすような話題を「コーヒーブレイク」に，また，解法のコツ，計算のテクニック，陥りやすい間違いへの注意などの一言を「Tips」として随所に加えてある．

本シリーズは「理工系の数学入門コース」(全8巻)の姉妹シリーズである．併用するのがより効果的ではあるが，本シリーズだけでも独立して十分目的を達せられるよう配慮した．

実際に使える数学を身につけるには，基本的な事柄を勉強するとともに，個々の問題を解く練習がぜひとも必要である．定義や定理を理解したつもりでも，いざ問題を解こうとすると容易ではないことは誰でも経験する．使えない公式をいくら暗記しても，真に理解したとはいえない．基本的概念や定理・公式を使って，自力で問題を解く．一方，問題を解くことによって，基本的概念の理解を深め，定理・公式の威力と適用性を確かめる．このくり返しによって，「生きた数学」が身についていくはずである．実際，数学自身もそのようにして発展した．

いたずらに多くの問題を解く必要はない．また，程度の高すぎる問題や特別な手法を使う問題が解けないからといって落胆しないでよい．このシリーズでは，内容をよりよく理解し，確かな計算力をつけるのに役立つ比較的容易な演習問題をそろえた．「解答」には，すべての問題に対してくわしい解答を載せてある．これは自習書として用いる読者のためであり，著しく困難な問題はないはずであるから，どうしても解けないときにはじめて「解答」を見るようにしてほしい．

このシリーズが読者の勉学を助け，理工学各分野で用いられる数学を習得するのに役立つことを念願してやまない．読者からの助言をいただいて，このシリーズにみがきをかけ，ますますよいものにすることができれば，それは著者と編者の大きな喜びである．

1998年8月

編者　戸田盛和
和達三樹

はじめに

ベクトルは物理学だけではなく，さまざまな分野で広く応用されるので，理工系の学生には大変重要である．力学で学ぶ力のように，大きさだけでなく向きをもつ量をベクトルとよぶ．速度もベクトル量である．

位置がたえず変わる質点の運動，空間の中でねじれる曲線や曲面などを表わすには，時間や曲線の長さなどの関数としてのベクトルを考え，これを微分したりする必要がある．このようにベクトルの微分・積分を研究するのがベクトル解析である．

この『ベクトル解析演習』を執筆するに当たっては，つぎの2点に留意した．

1つは，この演習書のみでベクトル解析を一通り勉強できるよう工夫をしたことである．そのため，各節の冒頭には公式を羅列するのではなく，基本事項を解説するように心がけた．そして基本事項を理解すれば，例題や問題にスムーズに進めるように配慮した．十分な解説が用意できない事項は，問題の中に多少長い説明を加えた．

第2に，ベクトル解析で用いる微分演算子や積分の意味を，力学，電磁気学，流体力学などの具体的な問題を解く中で説明した．著者の経験でも，ベクトルの演算をその意味を十分理解しないままにやみくもに計算を続け，演算の意味をあとになって理解した記憶がある．1つの式や演算には明確な物理的な意味がある．その意味を説明したつもりであるが，十分であったか多少不安が残る．読者もそれぞれの式と演算に含まれる物理的意味を読みとり，それを言葉で表現する訓練をしていただきたい．

本書では，まず第1章でベクトルの加法，ベクトルの積など，ベクトルの基本的なことがらを理解し，その演算に親しむ．第2章では，主に力学に例をとりながら，ベクトルを時間などのパラメタで微分したり積分したりする演算を学ぶ．

つぎの第3章では曲線を，第4章では曲面を扱う．少し学習に手間がかかる章であるが，具体性をもたせるようにしたつもりである．曲線や曲面を扱うこれらの章，特に第4章でつまずきを感じる読者は，そこを飛ばして第5章に進んでいただきたい．第6章を終わってから，もとに戻ればよい．

第5章と第6章は，水の流れの速度，渦などを例にとりながら，空間の各点におけるベクトルという，ベクトル場について考える．場の考えの延長上には電磁気学がある．理工系の学生諸君にとって，電磁気学は手ごわい科目であるかもしれないが，ベクトルの基礎をよく学ぶことによって，この障壁ものり越えやすくなるはずである．

ベクトル解析にはじめて出会うと，頑固な先生の講義をきくときに感じるのと同じような取っつきにくい印象を受ける．しかし，見かけは頑固な先生にも，お付き合いするうちに気さくな面や人間性豊かな面をかいま見ることがあるように，ベクトル解析もその取り扱いにひとたび慣れると，これほど便利なものはないことに気付くであろう．いくつかの約束と演算子の意味などを理解すれば，頑固なベクトル解析も諸君の心強い味方となるはずである．

本書の執筆にあたって，岩波書店の片山宏海・早坂和晃の両氏には，貴重なご意見と多大なご尽力をいただいた．ここに，厚く御礼を申し上げたい．

1999年2月

戸田盛和
渡辺慎介

目 次

コーヒーブレイク

Tips

1

ベクトルの基本的性質

質量，時間などのように大きさだけできまる量をスカラーとよぶのに対して，速度や力などのように大きさと同時に向きをもつ量をベクトル，あるいはベクトル量とよぶ．大きさと向きを表示するために，ベクトルを矢印を用いて表わしたり，座標軸方向の成分を用いて表わしたりする．ベクトルを用いると，速度や力などの物理量や，曲線や曲面などの幾何学を簡潔に表わすことができる．この章では，ベクトルの足し算や掛け算などの基本的性質を学ぶ．

1-1 ベクトルの矢印

速度は速度の大きさ(速さ)と向きで指定される．力や変位も大きさと向きで指定される．これらの速度，力，変位などのように，大きさと向きをもつ量を**ベクトル**(vector)，あるいは**ベクトル量**とよぶ．

これに対して，体積，質量などのように，大きさだけで表わされる量を**スカラー**(scalar)という．

ベクトルは太文字で $\boldsymbol{v}, \boldsymbol{a}, \boldsymbol{A}$ などと書き，スカラーは細文字で a, k, x などと書いて，両者を区別する．

ベクトルを幾何学的に表わすには矢印を用いる．速度が 10 m/s なら長さ 1 cm の矢印，20 m/s なら長さ 2 cm の矢印というように，その量の大きさに比例した長さの矢印をそのベクトルの向きに描いてベクトルを表現する．このようにベクトルは有向線分で表わされ，この矢印の**起点**を P，**終点**を Q とするとき，ベクトルを $\overrightarrow{\mathrm{PQ}}$ と表わすこともある(図 1-1)．

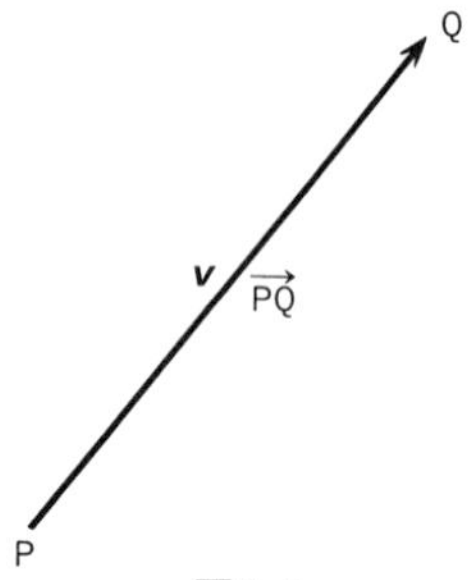

図 1-1

変位や速度のように，起点をどこに選んでもよいベクトルを**自由ベクトル**ということがある．これに対して，位置ベクトルのように，起点を定めなければならないベクトルを**束縛ベクトル**という．以下では，おもに自由ベクトルを扱う．

ベクトルの合同　2 つのベクトル $\boldsymbol{A}$ と $\boldsymbol{B}$ は，その長さが等しく，向きが同じとき，たがいに等しいといい

$$\boldsymbol{A} = \boldsymbol{B}$$

で表わす．

ベクトル $\boldsymbol{A}$ と同じ大きさをもち，向きが逆のベクトルを $-\boldsymbol{A}$ で表わす．

ベクトル $\boldsymbol{A}$ と向きが同じで大きさが k 倍のベクトルを $k\boldsymbol{A}$ で表わす．$k<0$

のとき，$k\boldsymbol{A}$ は $\boldsymbol{A}$ と逆向きのベクトルである．特に $k=0$ のとき，$k\boldsymbol{A}$ は大きさがなくなってしまうが，これもベクトルと考え，**零ベクトル**といい $\boldsymbol{0}$ で表わす．

ベクトル $\boldsymbol{A}$ の大きさを $|\boldsymbol{A}|$，あるいは細文字 A で表わし，これをベクトル $\boldsymbol{A}$ の**絶対値**という．$\boldsymbol{C}=k\boldsymbol{A}$ ならば，$|\boldsymbol{C}|=|k||\boldsymbol{A}|$ である．

ベクトルの和　ベクトル $\boldsymbol{A}$ と $\boldsymbol{B}$ の和 $\boldsymbol{C}$ は，**平行四辺形の法則**(→例題 1–1)によって求められ，$\boldsymbol{C}=\boldsymbol{A}+\boldsymbol{B}$ と書く．$\boldsymbol{C}$ は $\boldsymbol{A}$ と $\boldsymbol{B}$ を**合成**したものであるといい，この合成をベクトルの**加法**ともいう．

ベクトルの加減演算

$$(a+b)\boldsymbol{A} = a\boldsymbol{A}+b\boldsymbol{A}$$

$$a(b\boldsymbol{A}) = ab\boldsymbol{A}$$

$$\boldsymbol{A}+\boldsymbol{B} = \boldsymbol{B}+\boldsymbol{A} \qquad \text{(交換法則)}$$

$$a(\boldsymbol{A}+\boldsymbol{B}) = a\boldsymbol{A}+a\boldsymbol{B} \qquad \text{(分配法則)}$$

$$\boldsymbol{A}+\boldsymbol{0} = \boldsymbol{0}+\boldsymbol{A} = \boldsymbol{A}$$

Tips：　ベクトルの和

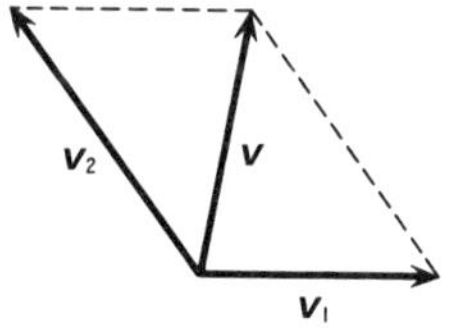

2つのベクトルの和を作るのはどんなときだろうか．たとえば，速度 $\boldsymbol{v}_1$ の流れの中を，流れに対して $\boldsymbol{v}_2$ の速度で進む船は，岸に対して

$$\boldsymbol{v} = \boldsymbol{v}_1+\boldsymbol{v}_2$$

の速度をもつ．これを**速度の合成**という．

また，質量 m の物体を2本のひもで支えるとき，それぞれのひもを引く力のベクトル $\boldsymbol{F}_1$ と $\boldsymbol{F}_2$ の和

$$\boldsymbol{F} = \boldsymbol{F}_1+\boldsymbol{F}_2$$

は，物体に加わる重力 $m\boldsymbol{g}$ と釣り合う．2つの力の和を作ることを**力の合成**という．

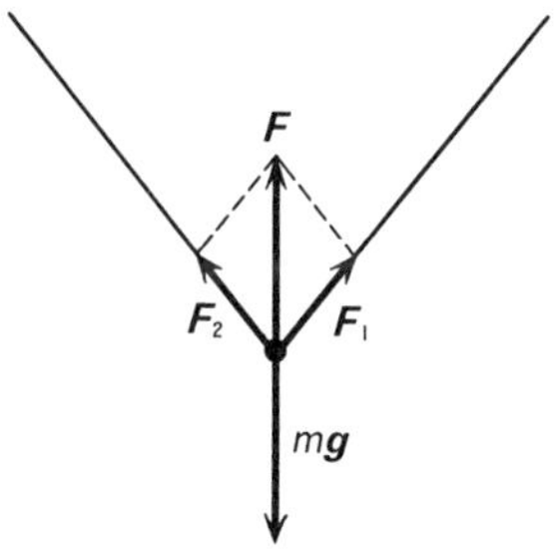

例題 1.1　1つの点Oからベクトル $\boldsymbol{A}$ を表わす矢印と $\boldsymbol{B}$ を表わす矢印を引き，これらを2辺とする平行四辺形を作る．ベクトル $\boldsymbol{A}$ と $\boldsymbol{B}$ の和 $\boldsymbol{C}$ は，Oを起点とする対角線で表わされる．これが平行四辺形の法則である．

大きさが等しい2つのベクトルの和を，平行四辺形の法則を使って，次の与えられた角について求め，また，合成されたベクトルの絶対値を求めよ．

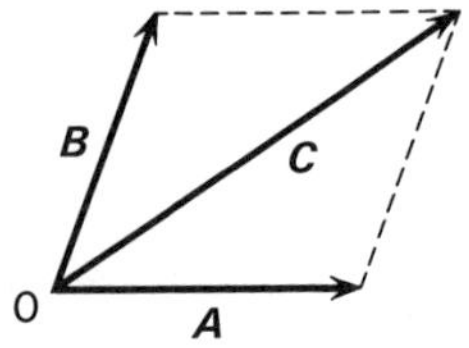

(i)　2つのベクトルのなす角が0のとき．

(ii)　$\pi/3$ のとき．

(iii)　$\pi/2$ のとき．

(iv)　π のとき．

［解］　1つのベクトルを $\boldsymbol{A}$ で表わし，それを水平右向きに固定する．他のベクトル $\boldsymbol{B}$ は起点を $\boldsymbol{A}$ と共通にとり，$\boldsymbol{A}$ から与えられた角だけ回転させる．長さの等しい2つのベクトルを2辺とする平行四辺形(この場合は菱形になる)を作り，起点から対角線を引く．合成されたベクトルを $\boldsymbol{C}$ とする．

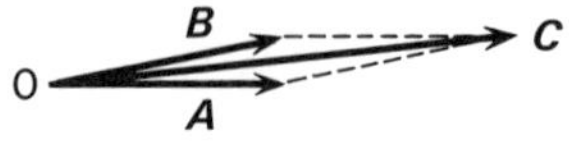

(i)

(i)　2つのベクトルのなす角が0のとき，平行四辺形を書くことはできないが，角が十分小さい図形の極限から，2つのベクトルの合成は $2\boldsymbol{A}$ になることがわかる．合成ベクトルの絶対値は $2A$ である．

(ii)　図から，合成されたベクトルと直交する対角線の長さは A となる．したがって，求める対角線の長さの半分は

$$\sqrt{A^2-\left(\frac{A}{2}\right)^2} = \frac{\sqrt{3}}{2}A$$

である．合成ベクトルの絶対値は $\sqrt{3}\,A$ となる．

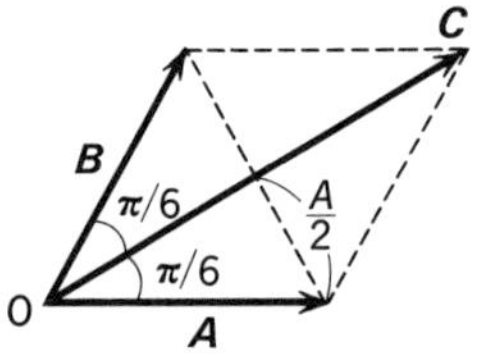

(ii)

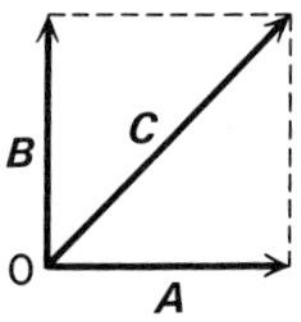

(iii)

(iii)　このとき，$\boldsymbol{C}$ は正方形の対角線と一致する．合成ベクトルの大きさは $\sqrt{2}\,A$ で

ある．

(iv)　角が0のときと同様に平行四辺形を図示することはできない．角がπに近い場合の図形の極限から，2つのベクトルの和は$\mathbf{0}$となり，絶対値は0である．

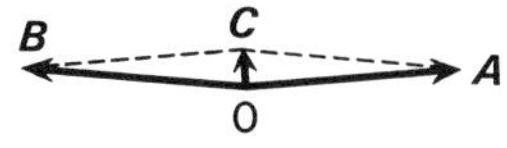

(iv)

例題 1.2　単位の大きさ(単位の長さ)をもったベクトルを**単位ベクトル**(unit vector)という．ベクトル$\boldsymbol{A}$をその大きさ(絶対値) Aで割った

$$\boldsymbol{e}_A = \frac{\boldsymbol{A}}{A}$$

の大きさは

$$|\boldsymbol{e}_A| = 1$$

となるから，ベクトル$\boldsymbol{A}$の向きを表わす単位ベクトルである．

x方向の単位ベクトルを$\boldsymbol{i}$で表わすことにする．単位ベクトルはxの正方向を向いている．xの正方向を向いた大きさ5のベクトルを$\boldsymbol{A}$とし，xの負方向を向いた大きさ3のベクトルを$\boldsymbol{B}$とする．ベクトル $\boldsymbol{i}, \boldsymbol{A}, \boldsymbol{B}$を図示せよ．また，ベクトル$\boldsymbol{A}$と$\boldsymbol{B}$の和$\boldsymbol{A}+\boldsymbol{B}$と差$\boldsymbol{A}-\boldsymbol{B}$を描け．

［解］　単位ベクトル$\boldsymbol{i}$を用いて，$\boldsymbol{A}$と$\boldsymbol{B}$は

$$\boldsymbol{A} = 5\boldsymbol{i}, \quad \boldsymbol{B} = -3\boldsymbol{i}$$

と表わすことができる．これを描くには，x軸の正方向(たとえば右向き)に長さ1と5の矢印を引くと，ベクトル$\boldsymbol{i}$と$\boldsymbol{A}$が求められる．負方向に長さ3の矢印をかけば，ベクトル$\boldsymbol{B}$が得られる．

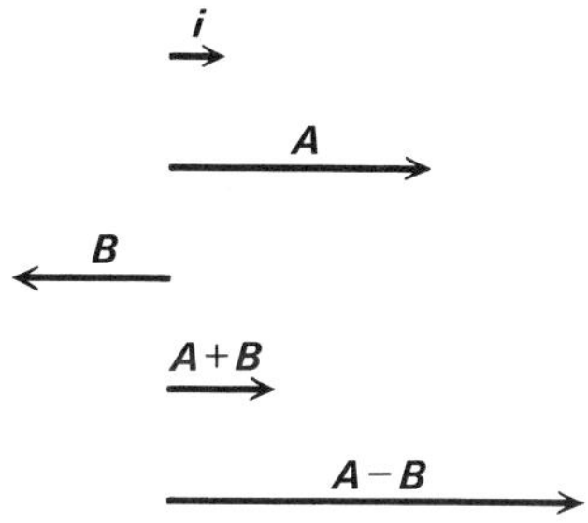

2つのベクトル$\boldsymbol{A}$と$\boldsymbol{B}$の和は

$$\boldsymbol{A}+\boldsymbol{B} = 5\boldsymbol{i}-3\boldsymbol{i} = 2\boldsymbol{i}$$

となるから，正方向に長さ2の矢印を作ると，ベクトル$\boldsymbol{A}+\boldsymbol{B}$を描くことができる．

$\boldsymbol{A}$と$\boldsymbol{B}$の差は

$$\boldsymbol{A}-\boldsymbol{B} = 5\boldsymbol{i}-(-3\boldsymbol{i}) = 8\boldsymbol{i}$$

であるから，正方向に長さ8の矢印をかけば，ベクトル$\boldsymbol{A}$と$\boldsymbol{B}$の差が求められる．

問　題1-1

［1］　共通の起点をもつ2つのベクトル $\boldsymbol{A}$ と $\boldsymbol{B}$ の和 $\boldsymbol{A}+\boldsymbol{B}$ は，ベクトル $\boldsymbol{B}$ の起点をベクトル $\boldsymbol{A}$ の終点まで平行移動させたとき，ベクトル $\boldsymbol{A}$ の起点からベクトル $\boldsymbol{B}$ の終点へ引いたベクトルによって表わされることを示せ．

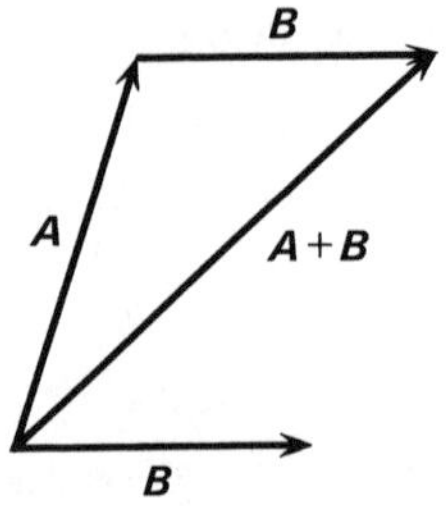

［2］　共通の起点をもち，長さと向きが異なる2つのベクトル $\boldsymbol{A}$ と $\boldsymbol{B}$ との差を，$\boldsymbol{C}=\boldsymbol{A}-\boldsymbol{B}$ と $\boldsymbol{D}=\boldsymbol{B}-\boldsymbol{A}$ とする．$\boldsymbol{C}$ と $\boldsymbol{D}$ を図示し，ベクトル $\boldsymbol{C}$ と $\boldsymbol{D}$ のあいだの関係を述べよ．

［3］　共通の起点をもち，大きさが等しく向きが異なる2つのベクトル $\boldsymbol{A}$ と $\boldsymbol{B}$ の和 $\boldsymbol{C}$ を作る．ベクトル $\boldsymbol{C}$ の大きさが，もとのベクトル $\boldsymbol{A}$ または $\boldsymbol{B}$ の大きさと等しいとき，$\boldsymbol{A}$ と $\boldsymbol{B}$ のなす角を求めよ．

［4］　図(i)および(ii)のような大きさの等しい3つのベクトルの和を平行四辺形の法則により作図し，ベクトル $\boldsymbol{A}, \boldsymbol{B}, \boldsymbol{C}$ のいずれかを用いて表わせ．

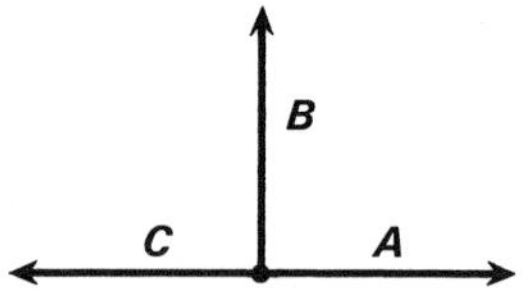

(i)

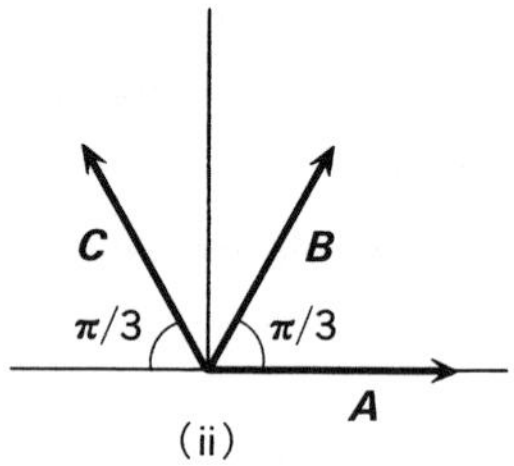

(ii)

1–2　ベクトルの成分

3次元空間のベクトル $\boldsymbol{A}$ の起点(始点)を原点にとり，直交座標系 Ox, Oy, Oz を選んだとき，$\boldsymbol{A}$ の終点の座標 A_x, A_y, A_z をベクトル $\boldsymbol{A}$ の**成分**という(図1–2).

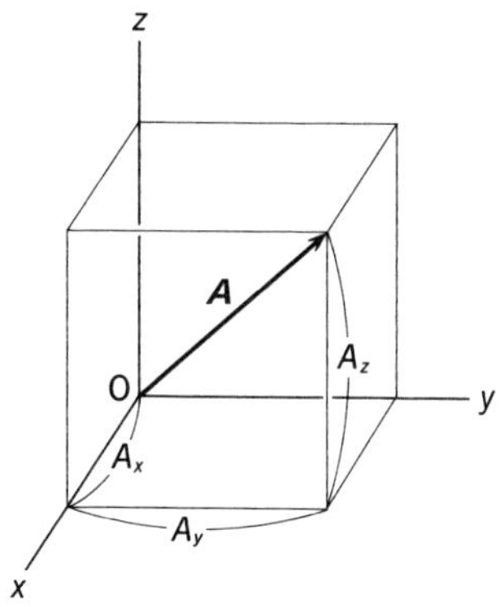

図1–2

ベクトルを成分で表わし

$$\boldsymbol{A} = (A_x, A_y, A_z)$$

と書く．また，次式のように成分を縦に書くことも多い.

$$\boldsymbol{A} = \begin{pmatrix} A_x \\ A_y \\ A_z \end{pmatrix}$$

多数のベクトルの和や差は，それぞれのベクトルの成分の和や差によって表わされる．ベクトル $\boldsymbol{A}=(A_x, A_y, A_z)$ とベクトル $\boldsymbol{B}=(B_x, B_y, B_z)$ の和と差は

$$\begin{aligned} \boldsymbol{A}+\boldsymbol{B} &= (A_x+B_x, A_y+B_y, A_z+B_z) \\ \boldsymbol{A}-\boldsymbol{B} &= (A_x-B_x, A_y-B_y, A_z-B_z) \end{aligned} \tag{1.1}$$

によって与えられる.

ベクトルの絶対値と向き　ベクトルの絶対値はベクトルの長さ(大きさ)であるから，図1–2にピタゴラスの定理を適用して

$$A = |\boldsymbol{A}| = \sqrt{A_x^2+A_y^2+A_z^2} \tag{1.2}$$

と表わされる.

ベクトル $\boldsymbol{A}$ が x 軸, y 軸, z 軸となす角をそれぞれ α, β, γ とすると，$\cos\alpha = A_x/|\boldsymbol{A}|$ などが成り立つから,

$$l = \cos\alpha = \frac{A_x}{|\boldsymbol{A}|}, \quad m = \cos\beta = \frac{A_y}{|\boldsymbol{A}|}, \quad n = \cos\gamma = \frac{A_z}{|\boldsymbol{A}|} \tag{1.3}$$

はベクトルの方向を表わす．l, m, n を**方向余弦**(よげん)という．(1.3)からベクトル $\boldsymbol{A}$

の成分を，方向余弦 (l, m, n) を用いて

$$A_x = |\boldsymbol{A}|l, \quad A_y = |\boldsymbol{A}|m, \quad A_z = |\boldsymbol{A}|n \tag{1.4}$$

と書くことができる．これらを(1.2)に代入すると

$$l^2+m^2+n^2 = 1 \tag{1.5}$$

が成り立つことがわかる．

基本ベクトル　直交座標系の x, y, z 軸の正の向きにとった単位ベクトルをそれぞれ $\boldsymbol{i}, \boldsymbol{j}, \boldsymbol{k}$ とする．任意のベクトル $\boldsymbol{A}=(A_x, A_y, A_z)$ は

$$\boldsymbol{A} = A_x\boldsymbol{i}+A_y\boldsymbol{j}+A_z\boldsymbol{k}$$

と表わされる．この $\boldsymbol{i}, \boldsymbol{j}, \boldsymbol{k}$ を**基本ベクトル**という．成分で表わすと，$\boldsymbol{i}=(1, 0, 0)$，$\boldsymbol{j}=(0, 1, 0)$，$\boldsymbol{k}=(0, 0, 1)$ となり，その長さは1であるから $|\boldsymbol{i}|=|\boldsymbol{j}|=|\boldsymbol{k}|=1$ である．

Tips：　ベクトルの分解

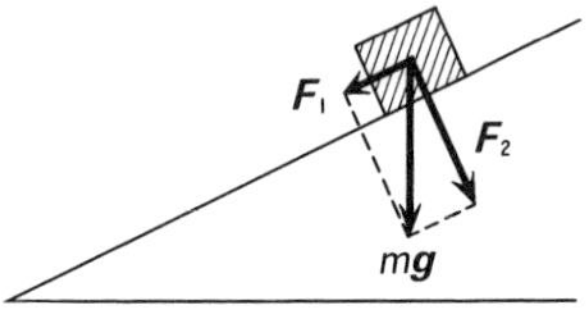

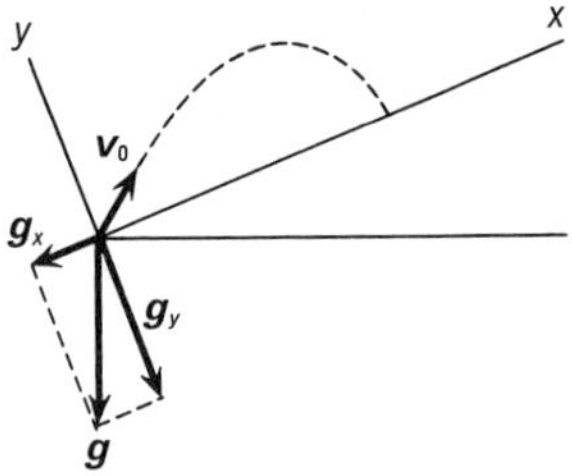

ベクトル $\boldsymbol{A}$ を単位ベクトル $\boldsymbol{i}, \boldsymbol{j}, \boldsymbol{k}$ を用いて $\boldsymbol{A}=A_x\boldsymbol{i}+A_y\boldsymbol{j}+A_z\boldsymbol{k}$ と書くことは，1つのベクトルを3つの方向に分解することと見なすこともできる．ベクトルの分解は必ずしも3つの方向に対して行なわれるとは限らない．斜面をすべり落ちる物体の運動を考えるときには，物体に働く重力を，斜面に平行な方向と垂直な方向に分解すると都合がよい．平行方向の力 $\boldsymbol{F}_1$ は物体を斜面に沿って下方に押しやる力を表わし，垂直方向の力 $\boldsymbol{F}_2$ に動摩擦係数をかけた量は物体がすべり落ちるのを妨げようとする摩擦力を表わす．

また，斜面で投げ上げられる物体の運動を解析するときには，重力加速度を，斜面に平行な成分と垂直な成分に分解すると，問題はずっと簡単になる．

ベクトルの分解はうまく問題を解く秘密兵器である．

例題 1.3　問題 1-1[4]で与えた 3 つのベクトル $\boldsymbol{A}, \boldsymbol{B}, \boldsymbol{C}$ の大きさを A とする．$\boldsymbol{A}, \boldsymbol{B}, \boldsymbol{C}$ の成分を書き，3 つのベクトルを基本ベクトル $\boldsymbol{i}, \boldsymbol{j}$ を用いて表わせ．ベクトルの和の公式(1.1)を使って，$\boldsymbol{A}+\boldsymbol{B}+\boldsymbol{C}$ を計算せよ．また，ベクトルの和の絶対値を求めよ．なお，水平方向右向きの単位ベクトルを $\boldsymbol{i}$，鉛直上向きの単位ベクトルを $\boldsymbol{j}$ とする．

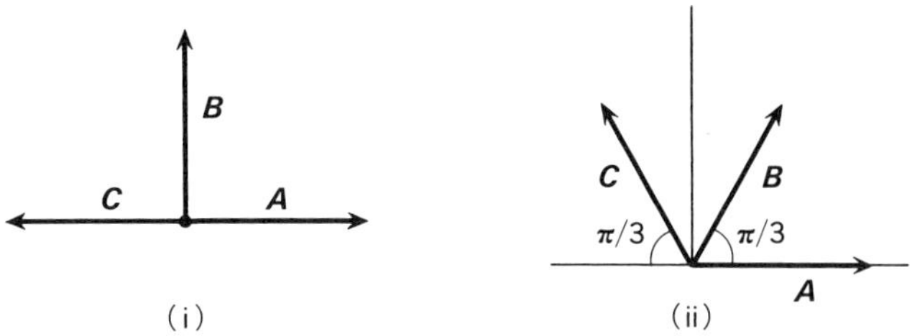

［解］ (i)　図から

$$\boldsymbol{A} = (A, 0), \quad \boldsymbol{B} = (0, A), \quad \boldsymbol{C} = (-A, 0)$$

であることがわかる．単位ベクトル $\boldsymbol{i}, \boldsymbol{j}$ を使うと

$$\boldsymbol{A} = A\boldsymbol{i}, \quad \boldsymbol{B} = A\boldsymbol{j}, \quad \boldsymbol{C} = -A\boldsymbol{i}$$

を書くことができる．3 つのベクトルの和は

$$\begin{aligned}\boldsymbol{A}+\boldsymbol{B}+\boldsymbol{C} &= (A+0-A)\boldsymbol{i}+(0+A+0)\boldsymbol{j} = A\boldsymbol{j} \\ &= \boldsymbol{B}\end{aligned}$$

これから，3 つのベクトルの和はベクトル $\boldsymbol{B}$ と等しく，その絶対値は A である．

(ii)　同様に

$$\boldsymbol{A} = (A, 0), \quad \boldsymbol{B} = \left(\frac{1}{2}A, \frac{\sqrt{3}}{2}A\right), \quad \boldsymbol{C} = \left(-\frac{1}{2}A, \frac{\sqrt{3}}{2}A\right)$$

である．したがって

$$\boldsymbol{A} = A\boldsymbol{i}, \quad \boldsymbol{B} = \frac{1}{2}A\boldsymbol{i}+\frac{\sqrt{3}}{2}A\boldsymbol{j}, \quad \boldsymbol{C} = -\frac{1}{2}A\boldsymbol{i}+\frac{\sqrt{3}}{2}A\boldsymbol{j}$$

が得られる．$\boldsymbol{A}, \boldsymbol{B}, \boldsymbol{C}$ の和は

$$\begin{aligned}\boldsymbol{A}+\boldsymbol{B}+\boldsymbol{C} &= \left(1+\frac{1}{2}-\frac{1}{2}\right)A\boldsymbol{i}+\left(0+\frac{\sqrt{3}}{2}+\frac{\sqrt{3}}{2}\right)A\boldsymbol{j} \\ &= A\boldsymbol{i}+\sqrt{3}A\boldsymbol{j}\end{aligned}$$

と計算できる．これは，ベクトル $\boldsymbol{B}$ の 2 倍すなわち $2\boldsymbol{B}$ に等しい．ベクトルの和の絶対値は $\sqrt{A^2+(\sqrt{3}A)^2} = 2A$ となる．

例題 1. 4　xy 平面で原点を通り x 軸と $\pi/6$ の角をなす直線がある．この直線の方向余弦 (l, m, n) を求め，(1. 5)式が成り立つことを確かめよ．

また，この直線上の任意の点 r の位置ベクトル $\boldsymbol{r}$ を方向余弦 (l, m)，基本ベクトル $\boldsymbol{i}, \boldsymbol{j}$ とパラメタ t を用いて表わせ．

点 r の座標を (x, y) とするとき，上で求めた位置ベクトル $\boldsymbol{r}$ を成分に分けて表わし，パラメタ t を消去して直線の方程式を導け．

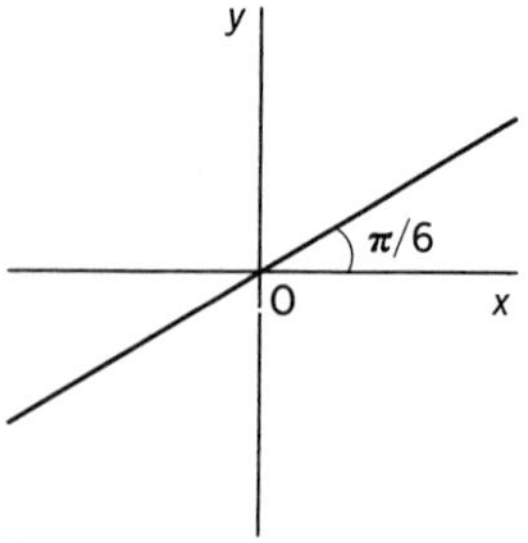

［解］　直線が x, y, z 軸となす角はそれぞれ $\pi/6$, $\pi/3$, $\pi/2$ であるから

$$l = \cos\frac{\pi}{6} = \frac{\sqrt{3}}{2}, \quad m = \cos\frac{\pi}{3} = \frac{1}{2}, \quad n = \cos\frac{\pi}{2} = 0$$

となる．これらを使って

$$l^2+m^2+n^2 = \frac{3}{4}+\frac{1}{4}+0 = 1$$

と計算できるから(1. 5)が成立している．

直線上の任意の点の位置ベクトル $\boldsymbol{r}$ の x 座標は方向余弦 l に比例し，y 座標は m に比例するので，パラメタ t を用いると

$$\boldsymbol{r} = \frac{\sqrt{3}}{2}t\boldsymbol{i}+\frac{1}{2}t\boldsymbol{j}$$

と書くことができる．

ベクトル $\boldsymbol{r}$ の成分 (x, y) を使うと

$$x = \frac{\sqrt{3}}{2}t, \quad y = \frac{1}{2}t$$

となる．これらから t を消去すると，直線の方程式として

$$y = \frac{x}{\sqrt{3}}$$

が得られる．

問　題1-2

［1］ 2つのベクトル $\boldsymbol{A}=(4,2,6)$ と $\boldsymbol{B}=(1,2,2)$ の和 $\boldsymbol{A}+\boldsymbol{B}$ と差 $\boldsymbol{A}-\boldsymbol{B}$ を求めよ．また，和 $\boldsymbol{A}+\boldsymbol{B}$ と差 $\boldsymbol{A}-\boldsymbol{B}$ の大きさを計算せよ．

［2］ 任意のベクトル $\boldsymbol{A}$ は，その方向余弦 (l, m, n) を用いて

$$\boldsymbol{A} = |\boldsymbol{A}|(l\boldsymbol{i}+m\boldsymbol{j}+n\boldsymbol{k})$$

と表わすことができることを示せ．$\boldsymbol{A}$ の向きの単位ベクトル $\boldsymbol{e}_A$ は

$$\boldsymbol{e}_A = l\boldsymbol{i}+m\boldsymbol{j}+n\boldsymbol{k}$$

であることを示せ．ベクトル $\boldsymbol{e}_A$ の絶対値 $|\boldsymbol{e}_A|$ は1となることを計算せよ．

［3］ 2つの位置ベクトル $\boldsymbol{r}_1$ と $\boldsymbol{r}_2$ の差 $\boldsymbol{r}_2-\boldsymbol{r}_1$ は，ベクトル $\boldsymbol{r}_1$ の終点から $\boldsymbol{r}_2$ の終点に向いたベクトルである(問題1-1［2］を参照)．他の位置ベクトル $\boldsymbol{r}$ が，ベクトル $\boldsymbol{r}_2-\boldsymbol{r}_1$ の上，またはその延長上にあるとき，$\boldsymbol{r}-\boldsymbol{r}_1$ は $\boldsymbol{r}_2-\boldsymbol{r}_1$ に比例しなければならない．つまり，任意のパラメタ t を用いて

$$\boldsymbol{r}-\boldsymbol{r}_1 = t(\boldsymbol{r}_2-\boldsymbol{r}_1)$$

が成り立つ．この式を用いて，次の問に答えよ．

例題1.4で与えた直線を上方に1だけずらし，点 $(0,1)$ を通るように平行移動する．この直線上の任意の点 r の位置ベクトル $\boldsymbol{r}$ を，方向余弦 (l, m)，基本ベクトル $\boldsymbol{i}, \boldsymbol{j}$，およびパラメタ t を用いて表わせ．$\boldsymbol{r}$ を成分 (x, y) に分けてパラメタ t を消去し，直線の方程式を求めよ．

1–3　スカラー積

2つのベクトル $\boldsymbol{A}$ と $\boldsymbol{B}$ の**スカラー積**(scalar product)を

$$\boldsymbol{A}\cdot\boldsymbol{B} = AB\cos\theta \tag{1.6}$$

によって定義する．ここで，$A=|\boldsymbol{A}|$，$B=|\boldsymbol{B}|$ は $\boldsymbol{A}$ と $\boldsymbol{B}$ の絶対値，θ はこれらのベクトルのあいだの角である(図 1–3)．

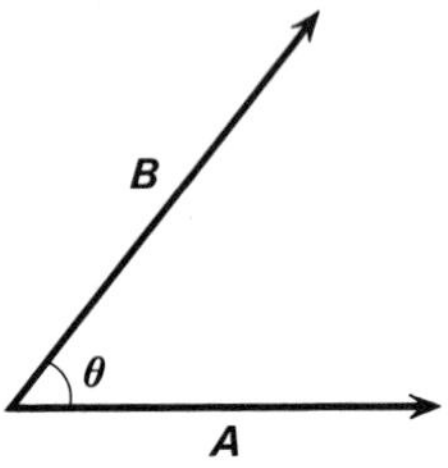

図 1–3

スカラー積は，**内積**(inner product)ともよばれる．また，$(\boldsymbol{A}, \boldsymbol{B})$ と表わすこともある．スカラー積は，2つのベクトルから作られるスカラーである．

スカラー積 $\boldsymbol{A}\cdot\boldsymbol{B}$ は，$\boldsymbol{A}$ 方向の $\boldsymbol{B}$ の成分(射影)と A の積 $(B\cos\theta)A$ に等しく，また $\boldsymbol{B}$ 方向の $\boldsymbol{A}$ の成分と B の積 $(A\cos\theta)B$ に等しい(図 1–4)．これは

$$\boldsymbol{A}\cdot\boldsymbol{B} = AB\cos\theta = (B\cos\theta)A = (A\cos\theta)B$$

から明らかである．

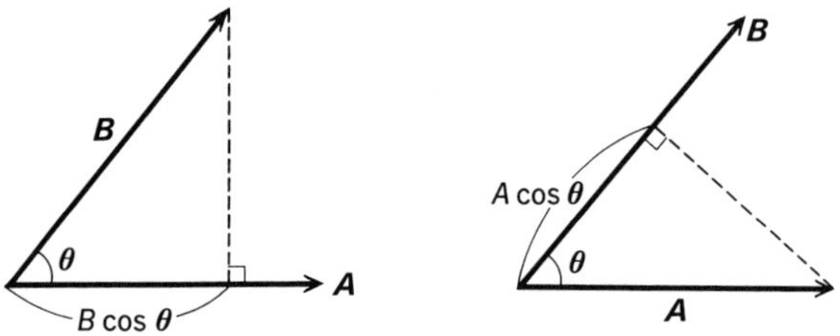

図 1–4

スカラー積の演算　$\boldsymbol{A}, \boldsymbol{B}, \boldsymbol{C}$ を任意のベクトル，c をスカラーとするとき，

$$\begin{aligned} &\boldsymbol{A}\cdot\boldsymbol{B} = \boldsymbol{B}\cdot\boldsymbol{A} && \text{(交換法則)} \\ &c(\boldsymbol{A}\cdot\boldsymbol{B}) = (c\boldsymbol{A})\cdot\boldsymbol{B} && \text{(結合法則)} \\ &(\boldsymbol{A}+\boldsymbol{B})\cdot\boldsymbol{C} = \boldsymbol{A}\cdot\boldsymbol{C}+\boldsymbol{B}\cdot\boldsymbol{C} && \text{(分配法則)} \end{aligned} \tag{1.7}$$

が成り立つ．

垂直なベクトル　2つのベクトル $\boldsymbol{A}, \boldsymbol{B}$ に対して

(i)　　$\boldsymbol{A} \perp \boldsymbol{B}$　ならば　$\theta = \pi/2, \quad \boldsymbol{A} \cdot \boldsymbol{B} = 0$　　(1.8)

(ii)　　$\boldsymbol{A} \cdot \boldsymbol{B} = 0 \ (\boldsymbol{A} \neq 0, \ \boldsymbol{B} \neq 0)$　ならば　$\boldsymbol{A} \perp \boldsymbol{B}$　　(1.9)

が成り立つ．

基本ベクトルのスカラー積　基本ベクトル $\boldsymbol{i}, \boldsymbol{j}, \boldsymbol{k}$ は長さが1で，たがいに直交するから，そのスカラー積は

$$
\begin{aligned}
&\boldsymbol{i}^2 = \boldsymbol{i} \cdot \boldsymbol{i} = 1, \quad \boldsymbol{j}^2 = \boldsymbol{j} \cdot \boldsymbol{j} = 1, \quad \boldsymbol{k}^2 = \boldsymbol{k} \cdot \boldsymbol{k} = 1 \\
&\boldsymbol{i} \cdot \boldsymbol{j} = \boldsymbol{j} \cdot \boldsymbol{k} = \boldsymbol{k} \cdot \boldsymbol{i} = 0 \\
&\boldsymbol{j} \cdot \boldsymbol{i} = \boldsymbol{k} \cdot \boldsymbol{j} = \boldsymbol{i} \cdot \boldsymbol{k} = 0
\end{aligned}
\tag{1.10}
$$

である．これを単位ベクトルの**直交関係**という．

成分で書いたスカラー積　2つのベクトル $\boldsymbol{A}$ と $\boldsymbol{B}$ の成分を (A_x, A_y, A_z), (B_x, B_y, B_z) とすると，スカラー積 $\boldsymbol{A} \cdot \boldsymbol{B}$ は

$$
\boldsymbol{A} \cdot \boldsymbol{B} = A_x B_x + A_y B_y + A_z B_z \tag{1.11}
$$

となる．

(1.6)と(1.11)から $\boldsymbol{A} \cdot \boldsymbol{B}$ を消去すると

$$
\cos\theta = \frac{1}{AB}(A_x B_x + A_y B_y + A_z B_z)
$$

が得られる．これに(1.3)の関係式を用い，$l_1 = A_x/A$，$l_2 = B_x/B$ などと表わすと，

$$
\cos\theta = l_1 l_2 + m_1 m_2 + n_1 n_2 \tag{1.12}
$$

となる．これは方向余弦が (l_1, m_1, n_1) と (l_2, m_2, n_2) の2直線のなす角 θ を与える三角公式である．

例題 1.5　2 つのベクトル $\boldsymbol{A}$ と $\boldsymbol{B}$ によって作られる平行四辺形の 2 本の対角線を表わすベクトルを求めよ．対角線がたがいに直交するとき，$\boldsymbol{A}$ と $\boldsymbol{B}$ の大きさのあいだの関係を求めよ．

［解］　2 つのベクトルの共通の起点から出る対角線を表わすベクトルは，$\boldsymbol{A}$ と $\boldsymbol{B}$ の和に等しい．つまり，$\boldsymbol{A}+\boldsymbol{B}$ である．また，2 つのベクトルの終点を結んで得られる対角線を表わすベクトルは，$\boldsymbol{A}$ と $\boldsymbol{B}$ の差に等しい．それは $\boldsymbol{B}-\boldsymbol{A}$，あるいは，その逆を向いた $\boldsymbol{A}-\boldsymbol{B}$ によって表わされる．

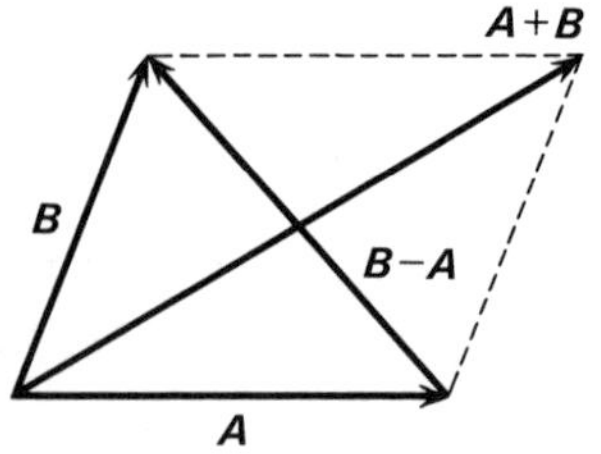

対角線がたがいに直交するには，ベクトル $(\boldsymbol{A}+\boldsymbol{B})$ と $(\boldsymbol{B}-\boldsymbol{A})$ のスカラー積が 0 になればよい．つまり

$$(\boldsymbol{A}+\boldsymbol{B})\cdot(\boldsymbol{B}-\boldsymbol{A}) = \boldsymbol{A}\cdot\boldsymbol{B}-\boldsymbol{A}^2+\boldsymbol{B}^2-\boldsymbol{B}\cdot\boldsymbol{A} = 0$$

である．上式の中央の式において，第 1 項と第 4 項はスカラー積に関する交換法則によってたがいに打ち消し合う．したがって，スカラー積が 0 になるのは

$$\boldsymbol{A}^2 = \boldsymbol{B}^2$$

のときである．これは，ベクトル $\boldsymbol{A}$ と $\boldsymbol{B}$ の大きさが等しいことを意味する．

以上により，平行四辺形の 2 つの対角線が直交するのは，平行四辺形のすべての辺の長さが等しいときであることがわかる．この場合，平行四辺形は菱形となる．

例題 1.6　xy 平面の原点 O を起点とし，平面内の 1 点 (x, y) を終点とするベクトルを $\boldsymbol{r}$ とする．$\boldsymbol{r}$ を単位ベクトル $\boldsymbol{i}, \boldsymbol{j}$ を用いて表わせ．また，$\boldsymbol{r}$ 方向の単位ベクトル $\boldsymbol{e}_r$ を求めよ．

ベクトル $\boldsymbol{r}$ と長さが等しく，これと直交する xy 平面内のベクトルを $\boldsymbol{\theta}$ とする．ベクトル $\boldsymbol{\theta}$，および $\boldsymbol{\theta}$ 方向の単位ベクトル $\boldsymbol{e}_\theta$ を求めよ．

［解］　ベクトル $\boldsymbol{r}$ の x 成分は x，y 成分は y であるから

$$\boldsymbol{r} = x\boldsymbol{i}+y\boldsymbol{j}$$

である．$\boldsymbol{r}$ の絶対値（長さ）を r とすると

$$r = \sqrt{x^2+y^2}$$

となる．単位ベクトル $\boldsymbol{e}_r$ は，$\boldsymbol{r}$ 方向の長さ 1 のベクトルである．したがって，$\boldsymbol{r}$ をその長さ r で割ると単位ベクトル $\boldsymbol{e}_r$ が得られる．

$$\boldsymbol{e}_r = \frac{\boldsymbol{r}}{r} = \frac{1}{r}(x\boldsymbol{i}+y\boldsymbol{j}) \tag{1}$$

ベクトル $\boldsymbol{r}$ と直交するベクトルを $\boldsymbol{\theta}=a\boldsymbol{i}+b\boldsymbol{j}$ とおく．$\boldsymbol{r}$ と $\boldsymbol{\theta}$ は直交するから，それらのスカラー積は 0 となる．

$$\begin{aligned} \boldsymbol{r}\cdot\boldsymbol{\theta} &= (x\boldsymbol{i}+y\boldsymbol{j})\cdot(a\boldsymbol{i}+b\boldsymbol{j}) \\ &= ax+by \\ &= 0 \end{aligned}$$

1 行目から 2 行目に移るとき，基本ベクトル $\boldsymbol{i}, \boldsymbol{j}$ についての関係(1. 10)を用いた．上式と $r=\sqrt{x^2+y^2}=\sqrt{a^2+b^2}$ を満足する a と b は

$$a = y, \quad b = -x$$

または，

$$a = -y, \quad b = x$$

である．つまり

$$\boldsymbol{\theta} = y\boldsymbol{i}-x\boldsymbol{j} \quad \text{または} \quad \boldsymbol{\theta} = -y\boldsymbol{i}+x\boldsymbol{j}$$

これらの成分を定数倍したベクトルもまた $\boldsymbol{r}$ と直交する．$\boldsymbol{\theta}$ の長さは $\boldsymbol{r}$ と同様に r であるから，単位ベクトル $\boldsymbol{e}_\theta$ は

$$\boldsymbol{e}_\theta = \frac{1}{r}(y\boldsymbol{i}-x\boldsymbol{j}) \quad \text{または} \quad \frac{1}{r}(-y\boldsymbol{i}+x\boldsymbol{j}) \tag{2}$$

によって与えられる．

力学では 2 次元極座標 (r, θ) がしばしば用いられる．座標 r は原点からの距離，θ は x 軸とベクトル $\boldsymbol{r}$ のなす角を表わす．ただし，角 θ は x 軸から反時計回りの方向を正とする．単位ベクトル $\boldsymbol{e}_r, \boldsymbol{e}_\theta$ は，座標 r, θ が増加する向きに選ぶ．したがって，$\boldsymbol{e}_r$ は(1)で表わされ，$\boldsymbol{e}_\theta$ は(2)の第 2 式によって与えられる．

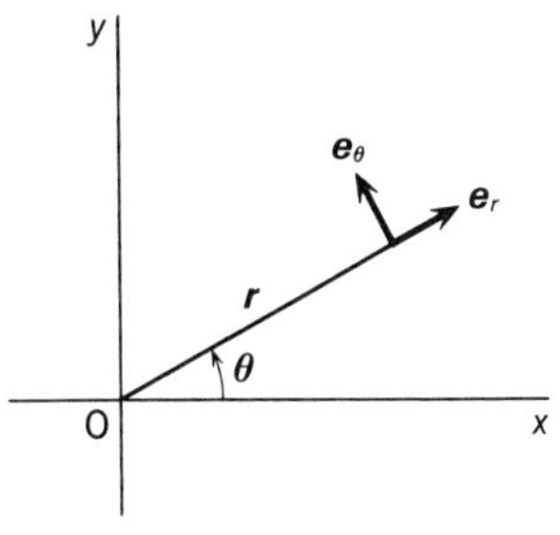

問　題 1-3

[1] 力学では，力が物体にする**仕事** W は物体に働く力 $\boldsymbol{F}$ と力の働きによる物体の変位 $\boldsymbol{s}$ のスカラー積 $W=\boldsymbol{F}\cdot\boldsymbol{s}$ によって与えられる．力と変位のなす角を θ とすると，

$$W = Fs\cos\theta$$

となる．この式の意味を言い表わせ．

[2] 前問で定義された仕事 W が次の条件を満足する運動の例を挙げよ．ただし，力 $\boldsymbol{F}$ と物体の変位 $\boldsymbol{s}$ の大きさはともに0でないとする．

(i)　$W>0$　　(ii)　$W<0$　　(iii)　$W=0$

[3] 位置ベクトル $\boldsymbol{A}=-a\boldsymbol{i}+a\boldsymbol{j}$ に垂直な位置ベクトル $\boldsymbol{B}$，および $\boldsymbol{B}$ の向きを表わす単位ベクトル $\boldsymbol{e}_B$ を求めよ．

[4] 原点Oからひとつの平面に引いた垂線を表わすベクトルを $\boldsymbol{r}_1=(x_1, y_1, z_1)$ とする．平面上の任意の点の位置ベクトルを $\boldsymbol{r}=(x, y, z)$ とする．$\boldsymbol{r}-\boldsymbol{r}_1$ は垂線の足と平面上の任意の点を結ぶベクトルであるから，垂線を表わす位置ベクトル $\boldsymbol{r}_1$ と直交する．つまり

$$\boldsymbol{r}_1\cdot(\boldsymbol{r}-\boldsymbol{r}_1) = 0$$

これを成分を使って書けば

$$x_1(x-x_1)+y_1(y-y_1)+z_1(z-z_1) = 0$$

となる．この式を $\sqrt{x_1^2+y_1^2+z_1^2}=p$ で割り，垂線の方向余弦 $l=x_1/p$，$m=y_1/p$，$n=z_1/p$ を用いると，平面の方程式として

$$lx+my+nz-p = 0 \tag{1.13}$$

が得られる．これを平面を表わす**ヘッセ**(Hesse)**の標準形**という．p は垂線の長さを表わす．(1.13)で nz の項を落した

$$lx+my-p = 0 \tag{1.14}$$

は，平面上の直線の方程式である．ここで l, m は原点から直線へ下した垂線の方向余弦，p はその長さである．(1.14)は平面内の直線を表わすヘッセの標準形である．

平面内の直線を表わすヘッセの標準形(1.14)を導け．

[5] 点 (3, 0) と (0, 4) を結ぶ直線の方程式を求めよ．この直線に原点から下した垂線の長さ p を求めよ．

[6] 前問の直線上の任意の点と原点を結ぶ直線の長さを求めよ．これが最小になる条件から，この直線に原点から下した垂線の長さを求めよ．

[7] 点 (1, 0, 0), (0, 2, 0), (0, 0, 3) を通る平面の方程式を求めよ．原点からこの平面に下した垂線の長さ p を求めよ．

1–4　ベクトル積

2つのベクトル $\boldsymbol{A}$ と $\boldsymbol{B}$ のあいだの角を θ とし，$|\boldsymbol{A}|=A$, $|\boldsymbol{B}|=B$ とすると，$\boldsymbol{A}$ と $\boldsymbol{B}$ を2辺とする平行四辺形の面積は

$$S = AB\sin\theta$$

である．この面積を表わす長さをもち，$\boldsymbol{A}$ と $\boldsymbol{B}$ に垂直なベクトル $\boldsymbol{C}$ を考え，これを $\boldsymbol{A}$ と $\boldsymbol{B}$ の**ベクトル積**(vector product)とよび，$\boldsymbol{A}\times\boldsymbol{B}$ と書く．ただし，$\boldsymbol{C}=\boldsymbol{A}\times\boldsymbol{B}$ の向きは $\boldsymbol{A}$ から $\boldsymbol{B}$ へ180° 以内の角でまわすときに右ねじの進む向きとする(図1–5)．ベクトル積の大きさは

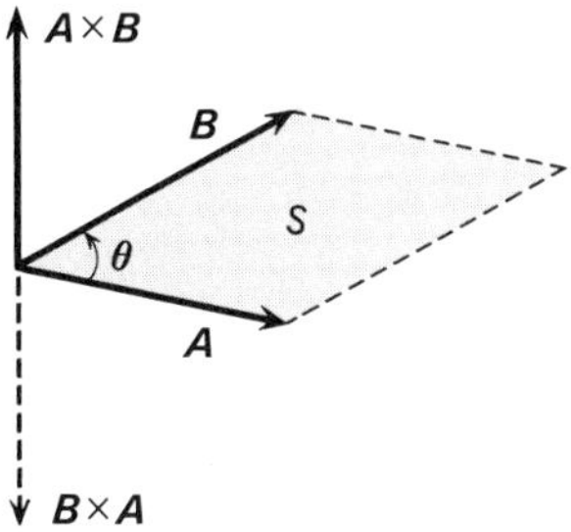

図1–5

$$|\boldsymbol{A}\times\boldsymbol{B}| = AB\sin\theta = S$$

ベクトル積 $\boldsymbol{A}\times\boldsymbol{B}$ を**外積**(outer product)とよぶこともある．また，$\boldsymbol{A}\times\boldsymbol{B}$ を $[\boldsymbol{A},\boldsymbol{B}]$ とも書く．

$\boldsymbol{A}$ と $\boldsymbol{B}$ がたがいに垂直($\boldsymbol{A}\perp\boldsymbol{B}$)ならば，$|\boldsymbol{A}\times\boldsymbol{B}|=AB$ である．また $\boldsymbol{A}$ と $\boldsymbol{B}$ がたがいに平行($\boldsymbol{A}/\!\!/\boldsymbol{B}$)あるいは反平行であれば，$|\boldsymbol{A}\times\boldsymbol{B}|=0$ あるいは $\boldsymbol{A}\times\boldsymbol{B}=0$ である．特に同じベクトルどうしのベクトル積は

$$\boldsymbol{A}\times\boldsymbol{A} = 0$$

である．

ベクトル積の演算　$\boldsymbol{A}, \boldsymbol{B}, \boldsymbol{C}$ を任意のベクトル，c をスカラーとするとき

$$\boldsymbol{A}\times\boldsymbol{B} = -\boldsymbol{B}\times\boldsymbol{A}$$

$$(c\boldsymbol{A})\times\boldsymbol{B} = \boldsymbol{A}\times(c\boldsymbol{B}) = c\boldsymbol{A}\times\boldsymbol{B}$$

$$\boldsymbol{A}\times(\boldsymbol{B}+\boldsymbol{C}) = \boldsymbol{A}\times\boldsymbol{B}+\boldsymbol{A}\times\boldsymbol{C}$$

が成り立つ．

基本ベクトルのベクトル積　直交する基本ベクトル $\boldsymbol{i}, \boldsymbol{j}, \boldsymbol{k}$ のあいだに次の関

係が成り立つ．

$$\boldsymbol{i}\times\boldsymbol{i} = \boldsymbol{j}\times\boldsymbol{j} = \boldsymbol{k}\times\boldsymbol{k} = 0 \tag{1.15}$$

$$\boldsymbol{i}\times\boldsymbol{j} = -\boldsymbol{j}\times\boldsymbol{i} = \boldsymbol{k}, \quad \boldsymbol{j}\times\boldsymbol{k} = -\boldsymbol{k}\times\boldsymbol{j} = \boldsymbol{i}, \quad \boldsymbol{k}\times\boldsymbol{i} = -\boldsymbol{i}\times\boldsymbol{k} = \boldsymbol{j}$$

ベクトル積の成分　ベクトル $\boldsymbol{A}=(A_x, A_y, A_z)$ と $\boldsymbol{B}=(B_x, B_y, B_z)$ のベクトル積の x, y, z 成分を $(\boldsymbol{A}\times\boldsymbol{B})_x$, $(\boldsymbol{A}\times\boldsymbol{B})_y$, $(\boldsymbol{A}\times\boldsymbol{B})_z$ とすれば

$$\boldsymbol{A}\times\boldsymbol{B} = (\boldsymbol{A}\times\boldsymbol{B})_x\boldsymbol{i}+(\boldsymbol{A}\times\boldsymbol{B})_y\boldsymbol{j}+(\boldsymbol{A}\times\boldsymbol{B})_z\boldsymbol{k} \tag{1.16}$$

ここで

$$\begin{aligned}(\boldsymbol{A}\times\boldsymbol{B})_x &= A_yB_z-A_zB_y\\(\boldsymbol{A}\times\boldsymbol{B})_y &= A_zB_x-A_xB_z\\(\boldsymbol{A}\times\boldsymbol{B})_z &= A_xB_y-A_yB_x\end{aligned} \tag{1.17}$$

となる．添字が $x\to y\to z$ の順に周期的に変わるとおぼえておくとよい．上のベクトル積は，行列式を用いて

$$\boldsymbol{A}\times\boldsymbol{B} = \begin{vmatrix}\boldsymbol{i} & \boldsymbol{j} & \boldsymbol{k}\\ A_x & A_y & A_z\\ B_x & B_y & B_z\end{vmatrix} \tag{1.18}$$

と書ける．

Tips：　直交するベクトル，平行なベクトル

2つのベクトル $\boldsymbol{A}$ と $\boldsymbol{B}$ のスカラー積 $\boldsymbol{A}\cdot\boldsymbol{B}$ が $AB\cos\theta$ で与えられ，ベクトル積 $\boldsymbol{A}\times\boldsymbol{B}$ の大きさが $AB\sin\theta$ によって与えられることはすでに学んだ．2つのベクトルがなす角 θ が $\pi/2$ のとき，つまり2つのベクトルが直交するとき，スカラー積は0になる．また，$\theta=0$ または π のとき，ベクトル積は0になる．逆にいうと，スカラー積が0になる2つのベクトルはたがいに直交していることを意味し，ベクトル積が0になるベクトルは，平行または反平行であることを意味している．これらの性質は，2つのベクトルの関係を調べるときに重要な役割をはたす．

力 $\boldsymbol{F}$ を受けて物体が $d\boldsymbol{r}$ だけ微小変位をしたとき，力が物体にする微小仕事 dW は，$\boldsymbol{F}$ と $d\boldsymbol{r}$ のスカラー積 $dW=\boldsymbol{F}\cdot d\boldsymbol{r}$ で与えられる．$\boldsymbol{F}$ と $d\boldsymbol{r}$ が直交していると $dW=0$ となり，力による仕事は0，つまり物体の運動エネルギーは増加することも減少することもない．このとき，力は物体の運動の向きを変える働きをする．等速円運動における向心力 $\boldsymbol{F}$ は，こうした力の例である．

例題 1.7　力学では，**力のモーメント** $\boldsymbol{N}$ は，物体(剛体)の支点から力の作用点に引いたベクトル $\boldsymbol{r}$ と力 $\boldsymbol{F}$ のベクトル積によって定義される．

$$\boldsymbol{N} = \boldsymbol{r}\times\boldsymbol{F}$$

力のモーメントが働くと，物体は支点の回りに回転をはじめる．図のように，支点 O を通り質量の無視できる棒の左端に質量 m の物体をおき，棒の右端に下向きの力 $\boldsymbol{F}$ を加える．水平方向右向きの単位ベクトルを $\boldsymbol{i}$，鉛直上向きの単位ベクトルを $\boldsymbol{j}$，紙面に垂直上向きの単位ベクトルを $\boldsymbol{k}$ とする．

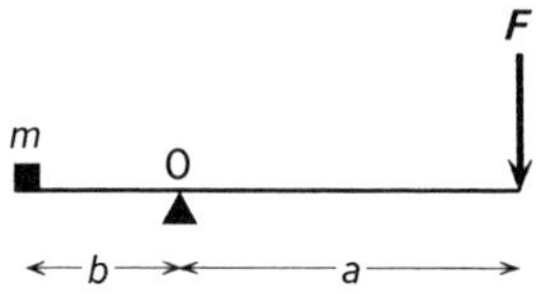

力 $\boldsymbol{F}$ による力のモーメント $\boldsymbol{N}_1$ と，物体の重力による力のモーメント $\boldsymbol{N}_2$ を求めよ．モーメント $\boldsymbol{N}_1$ と $\boldsymbol{N}_2$ の和が 0 となる釣り合いの条件を求めよ．

なお，重力加速度を g とせよ．

［解］　支点から力 $\boldsymbol{F}$ の作用点に引いたベクトル $\boldsymbol{r}_1$ は $\boldsymbol{r}_1=a\boldsymbol{i}$，また物体の重力の作用点に引いたベクトル $\boldsymbol{r}_2$ は $\boldsymbol{r}_2=-b\boldsymbol{i}$ である．力 $\boldsymbol{F}$ の大きさを F，重力を $\boldsymbol{F}_2$ で表わすと

$$\boldsymbol{F} = -F\boldsymbol{j}, \qquad \boldsymbol{F}_2 = -mg\boldsymbol{j}$$

となるから，力のモーメントは

$$\boldsymbol{N}_1 = \boldsymbol{r}_1\times\boldsymbol{F} = (a\boldsymbol{i})\times(-F\boldsymbol{j}) = -aF\boldsymbol{k}$$

$$\boldsymbol{N}_2 = \boldsymbol{r}_2\times\boldsymbol{F}_2 = (-b\boldsymbol{i})\times(-mg\boldsymbol{j}) = bmg\boldsymbol{k}$$

と計算できる．力 $\boldsymbol{F}$ による力のモーメントは紙面に垂直下向きであり，重力による力のモーメントは紙面に垂直上向きである．

2 つのモーメントがたがいに打ち消し合い，釣り合う条件は

$$\boldsymbol{N}_1+\boldsymbol{N}_2 = 0$$

つまり

$$(-aF+bmg)\boldsymbol{k} = 0$$

である．これから

$$F = \frac{b}{a}mg$$

が得られる．これは，てこの釣り合いの条件にほかならない．

上で与えられた力の大きさ F よりも少しだけ大きい力を加えると，棒は時計回りの方向に回転する．力は長さ a に反比例するから，a が大きければ小さい力で物体を持ち上げることができる．これは日常的に経験していることである．

例題 1.8 ベクトル $\boldsymbol{A}$ と $\boldsymbol{B}$, および $\boldsymbol{A}$ の終点と $\boldsymbol{B}$ の終点を結ぶ線分で作られる三角形の面積を S とする．面積 S は $\boldsymbol{A}, \boldsymbol{B}$ を 2 辺とする平行四辺形の面積の半分であるから

$$S = \frac{1}{2}|\boldsymbol{A}\times\boldsymbol{B}| \tag{1}$$

である．

三角形の第 3 の辺を表わすベクトルは $\boldsymbol{B}-\boldsymbol{A}$, または $\boldsymbol{A}-\boldsymbol{B}$ である．ベクトル $\boldsymbol{B}-\boldsymbol{A}$ と $\boldsymbol{A}$ または $\boldsymbol{B}$ のベクトル積の大きさも，三角形の面積 S を表わす (1) と一致することを示せ．

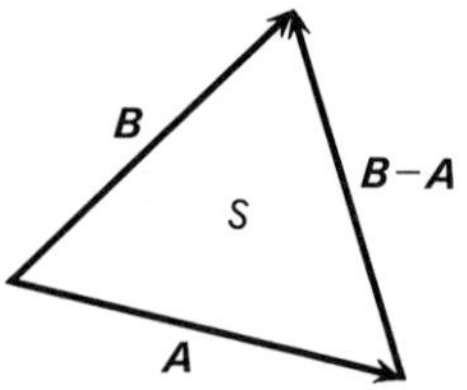

この結果を使って，位置ベクトル $\boldsymbol{A}, \boldsymbol{B}, \boldsymbol{C}$ の 3 頂点を結んで得られる三角形の面積 S は

$$S = \frac{1}{2}|\boldsymbol{A}\times\boldsymbol{B}+\boldsymbol{B}\times\boldsymbol{C}+\boldsymbol{C}\times\boldsymbol{A}| \tag{2}$$

で与えられることを示せ．

［解］ ベクトル $\boldsymbol{A}$ と $\boldsymbol{B}-\boldsymbol{A}$ によって作られる三角形はもとの三角形に等しい．

$$S = \frac{1}{2}|\boldsymbol{A}\times(\boldsymbol{B}-\boldsymbol{A})|$$

$$= \frac{1}{2}|\boldsymbol{A}\times\boldsymbol{B}-\boldsymbol{A}\times\boldsymbol{A}|$$

最後の式の第 2 項は，同じベクトルどうしのベクトル積であるから 0 となり，上式は (1) と一致する．

同様に，ベクトル $\boldsymbol{B}$ と $\boldsymbol{B}-\boldsymbol{A}$ によって作られる三角形についても

$$S = \frac{1}{2}|\boldsymbol{B}\times(\boldsymbol{B}-\boldsymbol{A})| = \frac{1}{2}|\boldsymbol{A}\times\boldsymbol{B}|$$

を得る．

位置ベクトル $\boldsymbol{A}, \boldsymbol{B}, \boldsymbol{C}$ の頂点を結んで得られる三角形の 3 辺を表わすベクトルは，$\pm(\boldsymbol{A}-\boldsymbol{B})$, $\pm(\boldsymbol{B}-\boldsymbol{C})$, $\pm(\boldsymbol{C}-\boldsymbol{A})$ である．任意の 2 辺を表わすベクトル積の大きさの半分が，求める面積の半分に等しい．たとえば

$$S = \frac{1}{2}|(\boldsymbol{A}-\boldsymbol{B})\times(\boldsymbol{B}-\boldsymbol{C})|$$

$$= \frac{1}{2}|\boldsymbol{A}\times\boldsymbol{B}-\boldsymbol{A}\times\boldsymbol{C}-\boldsymbol{B}\times\boldsymbol{B}+\boldsymbol{B}\times\boldsymbol{C}|$$

$\boldsymbol{B}\times\boldsymbol{B}=0$, $-\boldsymbol{A}\times\boldsymbol{C}=\boldsymbol{C}\times\boldsymbol{A}$ を用いると，これは (2) に帰着する．

問　題 1-4

［1］ ベクトル積 $\boldsymbol{A}\times\boldsymbol{B}$ が(1.16), (1.17)で表わされることを確かめよ．また，それは(1.18)の行列式で表示されることを示せ．

［2］ 電荷 q をもつ荷電粒子が速度 $\boldsymbol{v}$ で磁束密度 $\boldsymbol{B}$ の磁場の中を運動するときには，$q\boldsymbol{v}\times\boldsymbol{B}$ の力 $\boldsymbol{F}$ を受ける．$\boldsymbol{B}$ が z 方向成分のみをもつとき，力 $\boldsymbol{F}=(F_x, F_y, F_z)$ の各成分を求めよ．$\boldsymbol{v}=(v_x, v_y, v_z)$ とする．

［3］ 任意のベクトル $\boldsymbol{A}$ と $\boldsymbol{B}$ のベクトル積はひとつのベクトル $\boldsymbol{A}\times\boldsymbol{B}$ を作る．このベクトルと任意のベクトルのスカラー積やベクトル積を計算することがしばしば必要になる．次の式が成り立つことを，式を使わずに説明せよ．

$$\boldsymbol{A}\cdot(\boldsymbol{A}\times\boldsymbol{B}) = 0$$
$$\boldsymbol{A}\cdot(\boldsymbol{B}\times\boldsymbol{A}) = 0$$
$$\boldsymbol{B}\cdot(\boldsymbol{A}\times\boldsymbol{B}) = 0$$
$$\boldsymbol{B}\cdot(\boldsymbol{B}\times\boldsymbol{A}) = 0$$

なお，3つのベクトル $\boldsymbol{A}, \boldsymbol{B}, \boldsymbol{C}$ を使った演算は次節でくわしく勉強する．

［4］ 位置ベクトル $\boldsymbol{A}=(1, 0, 0)$，$\boldsymbol{B}=(0, 2, 0)$，$\boldsymbol{C}=(0, 0, 3)$ の頂点を結んで得られる三角形の面積を求めよ．

［5］ ベクトル $\boldsymbol{A}$ の方向余弦を (l_1, m_1, n_1) とし，ベクトル $\boldsymbol{B}$ の方向余弦を (l_2, m_2, n_2) とすると

$$\boldsymbol{A} = A(l_1\boldsymbol{i}+m_1\boldsymbol{j}+n_1\boldsymbol{k})$$
$$\boldsymbol{B} = B(l_2\boldsymbol{i}+m_2\boldsymbol{j}+n_2\boldsymbol{k})$$

と書けることはすでに学んだ．A, B は $\boldsymbol{A}, \boldsymbol{B}$ の絶対値である．ベクトル積 $\boldsymbol{A}\times\boldsymbol{B}$ の大きさが $AB\sin\theta$ に等しいという性質を使い

$$\sin\theta = \sqrt{(m_1n_2-m_2n_1)^2+(n_1l_2-n_2l_1)^2+(l_1m_2-l_2m_1)^2}$$

となることを示せ．

また，スカラー積の性質から導かれる

$$\cos\theta = l_1l_2+m_1m_2+n_1n_2$$

と上式を組み合わせ，次式が成立することを示せ．

$$\sin^2\theta+\cos^2\theta = 1$$

［6］ 直線 $y=0$ と $y=x/\sqrt{3}$ とがなす角を θ とするとき，前問で与えた $\cos\theta$ と $\sin\theta$ の値を計算せよ．さらに，角 θ を求めよ．

1–5　ベクトルの 3 重積

スカラー 3 重積　$\boldsymbol{A}\cdot(\boldsymbol{B}\times\boldsymbol{C})$ を $\boldsymbol{A}, \boldsymbol{B}, \boldsymbol{C}$ の**スカラー 3 重積**(scalar triple product)という．次の公式が成り立つ．

$$\boldsymbol{A}\cdot(\boldsymbol{B}\times\boldsymbol{C}) = \boldsymbol{B}\cdot(\boldsymbol{C}\times\boldsymbol{A}) = \boldsymbol{C}\cdot(\boldsymbol{A}\times\boldsymbol{B}) \tag{1.19}$$

第 1 式から第 2 式に移るとき，さらに第 2 式から第 3 式に移るとき，$\boldsymbol{A}\to\boldsymbol{B}\to\boldsymbol{C}$ の順に，ベクトルを入れ換えていることに注意しよう．$\boldsymbol{A}, \boldsymbol{B}, \boldsymbol{C}$ のスカラー 3 重積を

$$[\boldsymbol{A}, \boldsymbol{B}, \boldsymbol{C}] = \boldsymbol{A}\cdot(\boldsymbol{B}\times\boldsymbol{C})$$

のように書くこともある．$\boldsymbol{A}, \boldsymbol{B}, \boldsymbol{C}$ の順序を変えると符号が変わる．

$$\boldsymbol{A}\cdot(\boldsymbol{B}\times\boldsymbol{C}) = -\boldsymbol{B}\cdot(\boldsymbol{A}\times\boldsymbol{C}) \tag{1.20}$$

$\boldsymbol{A}\cdot(\boldsymbol{B}\times\boldsymbol{C})$ は，$\boldsymbol{A}, \boldsymbol{B}, \boldsymbol{C}$ で作られる平行六面体の体積 $SA\cos\theta$ に等しい．図 1–6 のように矢印 $\boldsymbol{A}, \boldsymbol{B}, \boldsymbol{C}$ の終点 P, Q, R が右手系を作るとき，$\boldsymbol{A}\cdot(\boldsymbol{B}\times\boldsymbol{C})>0$ であるが，左手系を作るとき，$\boldsymbol{A}\cdot(\boldsymbol{B}\times\boldsymbol{C})<0$ である．

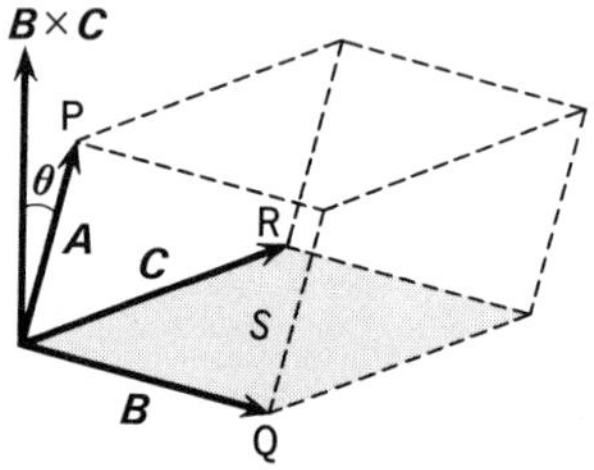

図 1–6

もしも，

$$\boldsymbol{A}\cdot(\boldsymbol{B}\times\boldsymbol{C}) = 0$$

ならば，起点を一致させたとき，3 つのベクトル $\boldsymbol{A}, \boldsymbol{B}, \boldsymbol{C}$ は同一平面上にある．

ベクトル 3 重積　3 つのベクトルから作られるベクトル $\boldsymbol{A}\times(\boldsymbol{B}\times\boldsymbol{C})$ および $(\boldsymbol{A}\times\boldsymbol{B})\times\boldsymbol{C}$ を**ベクトル 3 重積**(vector triple product)という．

ベクトル 3 重積について次式が成り立つ．

$$\begin{aligned} \boldsymbol{A}\times(\boldsymbol{B}\times\boldsymbol{C}) &= \boldsymbol{B}(\boldsymbol{C}\cdot\boldsymbol{A}) - \boldsymbol{C}(\boldsymbol{A}\cdot\boldsymbol{B}) \\ \boldsymbol{B}\times(\boldsymbol{C}\times\boldsymbol{A}) &= \boldsymbol{C}(\boldsymbol{A}\cdot\boldsymbol{B}) - \boldsymbol{A}(\boldsymbol{B}\cdot\boldsymbol{C}) \\ \boldsymbol{C}\times(\boldsymbol{A}\times\boldsymbol{B}) &= \boldsymbol{A}(\boldsymbol{B}\cdot\boldsymbol{C}) - \boldsymbol{B}(\boldsymbol{C}\cdot\boldsymbol{A}) \end{aligned} \tag{1.21}$$

それぞれの式で，左辺→右辺第 1 項→右辺第 2 項に移るとき，$\boldsymbol{A}\to\boldsymbol{B}\to\boldsymbol{C}$ の順

に周期的にベクトルを入れ換えていることがわかる.

(1.21) の 3 式の和を作ると

$$\boldsymbol{A}\times(\boldsymbol{B}\times\boldsymbol{C})+\boldsymbol{B}\times(\boldsymbol{C}\times\boldsymbol{A})+\boldsymbol{C}\times(\boldsymbol{A}\times\boldsymbol{B}) = 0$$

が成り立つ.

例題 1.9　スカラー 3 重積の公式 (1.19) をベクトルの成分 $\boldsymbol{A}=(A_x, A_y, A_z)$, $\boldsymbol{B}=(B_x, B_y, B_z)$, $\boldsymbol{C}=(C_x, C_y, C_z)$ を用いて証明せよ. 特に, $\boldsymbol{A}, \boldsymbol{B}, \boldsymbol{C}$ の中の任意の 2 つのベクトルが平行であるとき, $\boldsymbol{A}\cdot(\boldsymbol{B}\times\boldsymbol{C})=0$ となることを示せ.

[**解**]　はじめに

$$\boldsymbol{A}\cdot(\boldsymbol{B}\times\boldsymbol{C}) = \boldsymbol{B}\cdot(\boldsymbol{C}\times\boldsymbol{A}) \tag{1}$$

を証明しよう.

$$\begin{aligned}\boldsymbol{B}\times\boldsymbol{C} &= \begin{vmatrix}\boldsymbol{i} & \boldsymbol{j} & \boldsymbol{k}\\ B_x & B_y & B_z\\ C_x & C_y & C_z\end{vmatrix}\\ &= \boldsymbol{i}(B_yC_z-B_zC_y)+\boldsymbol{j}(B_zC_x-B_xC_z)+\boldsymbol{k}(B_xC_y-B_yC_x)\\ \boldsymbol{C}\times\boldsymbol{A} &= \boldsymbol{i}(C_yA_z-C_zA_y)+\boldsymbol{j}(C_zA_x-C_xA_z)+\boldsymbol{k}(C_xA_y-C_yA_x)\end{aligned}$$

を使うと

$$\begin{aligned}\boldsymbol{A}\cdot(\boldsymbol{B}\times\boldsymbol{C}) &= A_x(B_yC_z-B_zC_y)+A_y(B_zC_x-B_xC_z)+A_z(B_xC_y-B_yC_x)\\ \boldsymbol{B}\cdot(\boldsymbol{C}\times\boldsymbol{A}) &= B_x(C_yA_z-C_zA_y)+B_y(C_zA_x-C_xA_z)+B_z(C_xA_y-C_yA_x)\end{aligned}$$

が得られる. 最後の 2 式において, たとえば C_x を含む項は

$$C_x(A_yB_z-A_zB_y) \tag{2}$$

であり, 同様に C_y, C_z を含む項は

$$C_y(A_zB_x-A_xB_z) \tag{3}$$

$$C_z(A_xB_y-A_yB_x) \tag{4}$$

と書ける. つまり, (1) が成立する.

ところで, (1) は (2), (3), (4) の和に等しいから

$$\begin{aligned}\boldsymbol{A}\cdot(\boldsymbol{B}\times\boldsymbol{C}) &= \boldsymbol{B}\cdot(\boldsymbol{C}\times\boldsymbol{A})\\ &= C_x(A_yB_z-A_zB_y)+C_y(A_zB_x-A_xB_z)+C_z(A_xB_y-A_yB_x)\\ &= C_x(\boldsymbol{A}\times\boldsymbol{B})_x+C_y(\boldsymbol{A}\times\boldsymbol{B})_y+C_z(\boldsymbol{A}\times\boldsymbol{B})_z\end{aligned}$$

となるが, 最後の式は $\boldsymbol{C}\cdot(\boldsymbol{A}\times\boldsymbol{B})$ を成分で書いた式にほかならない. したがって

$$\boldsymbol{A}\cdot(\boldsymbol{B}\times\boldsymbol{C}) = \boldsymbol{B}\cdot(\boldsymbol{C}\times\boldsymbol{A}) = \boldsymbol{C}\cdot(\boldsymbol{A}\times\boldsymbol{B})$$

が成り立つ．

2つのベクトルが平行の場合．$\boldsymbol{B}$ と $\boldsymbol{C}$ が平行であると，c を定数として $\boldsymbol{C}=c\boldsymbol{B}$ と書くことができる．このとき

$$\boldsymbol{A}\cdot(\boldsymbol{B}\times\boldsymbol{C}) = c\boldsymbol{A}\cdot(\boldsymbol{B}\times\boldsymbol{B})$$

となる．同じベクトルのベクトル積は0であるから

$$\boldsymbol{A}\cdot(\boldsymbol{B}\times\boldsymbol{C}) = 0 \tag{5}$$

が得られる．

$\boldsymbol{A}$ と $\boldsymbol{B}$ が平行の場合には，まずスカラー3重積の公式

$$\boldsymbol{A}\cdot(\boldsymbol{B}\times\boldsymbol{C}) = \boldsymbol{C}\cdot(\boldsymbol{A}\times\boldsymbol{B})$$

の右辺に $\boldsymbol{B}=c\boldsymbol{A}$ を代入すると

$$\boldsymbol{A}\cdot(\boldsymbol{B}\times\boldsymbol{C}) = c\boldsymbol{C}\cdot(\boldsymbol{A}\times\boldsymbol{A})$$

であるから，前と同じ理由により(5)が成り立つ．

$\boldsymbol{A}, \boldsymbol{B}, \boldsymbol{C}$ のうち2つのベクトルが平行ならば，起点を一致させたとき，3つのベクトルは同一平面上にあり，$\boldsymbol{A}, \boldsymbol{B}, \boldsymbol{C}$ で作られる平行六面体の体積は0になることを(5)は述べている．

例題 1.10　次の式を証明せよ．

(i)　$(\boldsymbol{A}\times\boldsymbol{B})\cdot(\boldsymbol{C}\times\boldsymbol{D}) = (\boldsymbol{A}\cdot\boldsymbol{C})(\boldsymbol{B}\cdot\boldsymbol{D})-(\boldsymbol{A}\cdot\boldsymbol{D})(\boldsymbol{B}\cdot\boldsymbol{C})$

(ii)　$(\boldsymbol{A}\times\boldsymbol{B})\times(\boldsymbol{C}\times\boldsymbol{D}) = [\boldsymbol{A}, \boldsymbol{B}, \boldsymbol{D}]\boldsymbol{C}-[\boldsymbol{A}, \boldsymbol{B}, \boldsymbol{C}]\boldsymbol{D}$
$\qquad = [\boldsymbol{A}, \boldsymbol{C}, \boldsymbol{D}]\boldsymbol{B}-[\boldsymbol{B}, \boldsymbol{C}, \boldsymbol{D}]\boldsymbol{A}$

［解］　(i)　$\boldsymbol{A}\times\boldsymbol{B}$ をひとつのベクトルとみなし，スカラー3重積の公式を用いる．

$$(\boldsymbol{A}\times\boldsymbol{B})\cdot(\boldsymbol{C}\times\boldsymbol{D}) = \boldsymbol{C}\cdot\{\boldsymbol{D}\times(\boldsymbol{A}\times\boldsymbol{B})\}$$

次に右辺のカッコ内にベクトル3重積の公式を使い，整理する．

$$\begin{aligned} \text{与式} &= \boldsymbol{C}\cdot\{\boldsymbol{A}(\boldsymbol{B}\cdot\boldsymbol{D})-\boldsymbol{B}(\boldsymbol{D}\cdot\boldsymbol{A})\} \\ &= (\boldsymbol{A}\cdot\boldsymbol{C})(\boldsymbol{B}\cdot\boldsymbol{D})-(\boldsymbol{A}\cdot\boldsymbol{D})(\boldsymbol{B}\cdot\boldsymbol{C}) \end{aligned}$$

最後の式に移るとき，$\boldsymbol{C}\cdot\boldsymbol{A}=\boldsymbol{A}\cdot\boldsymbol{C}$ などのスカラー積に関する交換法則を用いた．

(ii)　前と同様に，$\boldsymbol{A}\times\boldsymbol{B}$ をひとつのベクトルとみて，ベクトル3重積の公式を適用する．

$$(\boldsymbol{A}\times\boldsymbol{B})\times(\boldsymbol{C}\times\boldsymbol{D}) = \boldsymbol{C}\{\boldsymbol{D}\cdot(\boldsymbol{A}\times\boldsymbol{B})\}-\boldsymbol{D}\{(\boldsymbol{A}\times\boldsymbol{B})\cdot\boldsymbol{C}\} \tag{1}$$

右辺のカッコ内にスカラー3重積の公式を用いる．

$$与式 = \boldsymbol{C}\{\boldsymbol{A}\cdot(\boldsymbol{B}\times\boldsymbol{D})\}-\boldsymbol{D}\{\boldsymbol{A}\cdot(\boldsymbol{B}\times\boldsymbol{C})\}$$
$$= [\boldsymbol{A},\boldsymbol{B},\boldsymbol{D}]\boldsymbol{C}-[\boldsymbol{A},\boldsymbol{B},\boldsymbol{C}]\boldsymbol{D}$$

これで前半の証明が終了した.

後半の証明には，与えられた式を

$$(\boldsymbol{A}\times\boldsymbol{B})\times(\boldsymbol{C}\times\boldsymbol{D}) = -(\boldsymbol{C}\times\boldsymbol{D})\times(\boldsymbol{A}\times\boldsymbol{B})$$

と書きかえ，$(\boldsymbol{C}\times\boldsymbol{D})$をひとつのベクトルとみなし，ベクトル3重積の公式を用いる.

$$-(\boldsymbol{C}\times\boldsymbol{D})\times(\boldsymbol{A}\times\boldsymbol{B}) = -\boldsymbol{A}\{\boldsymbol{B}\cdot(\boldsymbol{C}\times\boldsymbol{D})\}+\boldsymbol{B}\{(\boldsymbol{C}\times\boldsymbol{D})\cdot\boldsymbol{A}\}$$
$$= \{\boldsymbol{A}\cdot(\boldsymbol{C}\times\boldsymbol{D})\}\boldsymbol{B}-\{\boldsymbol{B}\cdot(\boldsymbol{C}\times\boldsymbol{D})\}\boldsymbol{A}$$
$$= [\boldsymbol{A},\boldsymbol{C},\boldsymbol{D}]\boldsymbol{B}-[\boldsymbol{B},\boldsymbol{C},\boldsymbol{D}]\boldsymbol{A}$$

これで後半が証明できた.

問　題1-5

［1］　スカラー3重積$\boldsymbol{A}\cdot(\boldsymbol{B}\times\boldsymbol{C})=[\boldsymbol{A},\boldsymbol{B},\boldsymbol{C}]$は

$$\boldsymbol{A}\cdot(\boldsymbol{B}\times\boldsymbol{C}) = \begin{vmatrix} A_x & A_y & A_z \\ B_x & B_y & B_z \\ C_x & C_y & C_z \end{vmatrix}$$

と書けることを示せ．ここで$\boldsymbol{A}=(A_x, A_y, A_z)$，$\boldsymbol{B}=(B_x, B_y, B_z)$，$\boldsymbol{C}=(C_x, C_y, C_z)$である.

［2］　ベクトル3重積の公式

$$\boldsymbol{A}\times(\boldsymbol{B}\times\boldsymbol{C}) = \boldsymbol{B}(\boldsymbol{C}\cdot\boldsymbol{A})-\boldsymbol{C}(\boldsymbol{A}\cdot\boldsymbol{B})$$

をベクトルの成分$\boldsymbol{A}=(A_x, A_y, A_z)$，$\boldsymbol{B}=(B_x, B_y, B_z)$，$\boldsymbol{C}=(C_x, C_y, C_z)$を用いて証明せよ.

［3］　ベクトル積の定義によると，ベクトル$\boldsymbol{A}$とそれに平行でない他のベクトルとのベクトル積は，$\boldsymbol{A}$と垂直である．他のベクトルとして$\boldsymbol{B}\times\boldsymbol{C}$を選ぶと，$\boldsymbol{A}\times(\boldsymbol{B}\times\boldsymbol{C})$もまた$\boldsymbol{A}$と直交する．ベクトル3重積の公式$\boldsymbol{A}\times(\boldsymbol{B}\times\boldsymbol{C})=\boldsymbol{B}(\boldsymbol{C}\cdot\boldsymbol{A})-\boldsymbol{C}(\boldsymbol{A}\cdot\boldsymbol{B})$の両辺に$\boldsymbol{A}$をスカラー的に掛けて，実際に$\boldsymbol{A}\times(\boldsymbol{B}\times\boldsymbol{C})$は$\boldsymbol{A}$と垂直であることを示せ.

$\boldsymbol{A}$をスカラー的に掛けるとは，$\boldsymbol{A}$とのスカラー積を作るという意味であり，たとえば$\boldsymbol{A}\times(\boldsymbol{B}\times\boldsymbol{C})$に$\boldsymbol{A}$をスカラー的に掛けると$\boldsymbol{A}\cdot\{\boldsymbol{A}\times(\boldsymbol{B}\times\boldsymbol{C})\}$または$\{\boldsymbol{A}\times(\boldsymbol{B}\times\boldsymbol{C})\}\cdot\boldsymbol{A}$となる．スカラー積の交換法則から，$\boldsymbol{A}$と$\boldsymbol{A}\times(\boldsymbol{B}\times\boldsymbol{C})$のスカラー積は両者の積の順序によらないことに注意しよう.

［4］　電場$\boldsymbol{E}$，磁束密度$\boldsymbol{B}$の電磁場中を速度$\boldsymbol{v}$で運動する電荷qをもつ荷電粒子は，次式で与えられる**ローレンツ力**$\boldsymbol{F}$を受ける.

$$\boldsymbol{F} = q(\boldsymbol{E}+\boldsymbol{v}\times\boldsymbol{B})$$

いま，$\boldsymbol{E}$と$\boldsymbol{B}$がたがいに直交しているとしよう．速度$\boldsymbol{E}\times\boldsymbol{B}/B^2$で動く座標系でみた荷

電粒子の速度を $\boldsymbol{u}$ とすると

$$\boldsymbol{v} = \boldsymbol{u} + \frac{\boldsymbol{E}\times\boldsymbol{B}}{B^2}$$

となる．この座標系では，ローレンツ力から電場が消えることを示せ．

特に，$\boldsymbol{E}=(0, E, 0)$，$\boldsymbol{B}=(0, 0, B)$ のとき，速度 $\boldsymbol{E}\times\boldsymbol{B}/B^2$ の大きさと向きを求めよ．

［5］ 位置ベクトル $\boldsymbol{A}, \boldsymbol{B}, \boldsymbol{C}$ の終点をそれぞれ A, B, C とするとき，点 A から直線 BC に下した垂線の長さは次式で与えられることを示せ．

$$\frac{|\boldsymbol{A}\times\boldsymbol{B}+\boldsymbol{B}\times\boldsymbol{C}+\boldsymbol{C}\times\boldsymbol{A}|}{|\boldsymbol{B}-\boldsymbol{C}|}$$

ヒント　垂線を表わすベクトルを $\boldsymbol{D}$，垂線の長さを L，垂線の足を P とする．また，B, C を通る線上にあるベクトルを $\boldsymbol{E}$ とすると，$\boldsymbol{D}$ と $\boldsymbol{E}$ は直交しているから，$|\boldsymbol{D}\times\boldsymbol{E}|=L|\boldsymbol{E}|$ である．ベクトル $\boldsymbol{E}$ を $\boldsymbol{B}$ と $\boldsymbol{C}$ で表わし，さらに，$\boldsymbol{D}$ をベクトル $\boldsymbol{A}, \boldsymbol{B}, \boldsymbol{E}$ を用いて表現した後，再び $|\boldsymbol{D}\times\boldsymbol{E}|$ を計算し，前の結果と比較する．結果からわかることであるが，ベクトル $\boldsymbol{E}$ の大きさを正確に指定する必要はない．

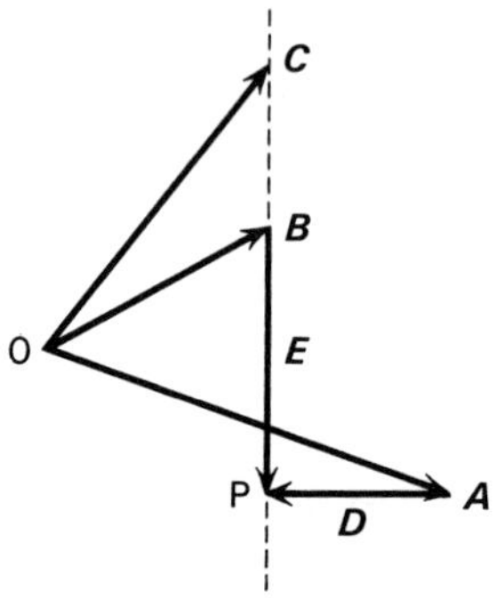

1–6　座標変換

変換行列　原点 O を共有する 2 つの直交直線座標系 (x, y, z) と (x', y', z') の基本ベクトルをそれぞれ $\boldsymbol{i}, \boldsymbol{j}, \boldsymbol{k}$ および $\boldsymbol{i}', \boldsymbol{j}', \boldsymbol{k}'$ とする(図 1–7)．$\boldsymbol{i}', \boldsymbol{j}', \boldsymbol{k}'$ を $\boldsymbol{i}, \boldsymbol{j}, \boldsymbol{k}$ で表わした式を

$$\begin{aligned} \boldsymbol{i}' &= a_{11}\boldsymbol{i}+a_{12}\boldsymbol{j}+a_{13}\boldsymbol{k} \\ \boldsymbol{j}' &= a_{21}\boldsymbol{i}+a_{22}\boldsymbol{j}+a_{23}\boldsymbol{k} \\ \boldsymbol{k}' &= a_{31}\boldsymbol{i}+a_{32}\boldsymbol{j}+a_{33}\boldsymbol{k} \end{aligned} \qquad (1.22)$$

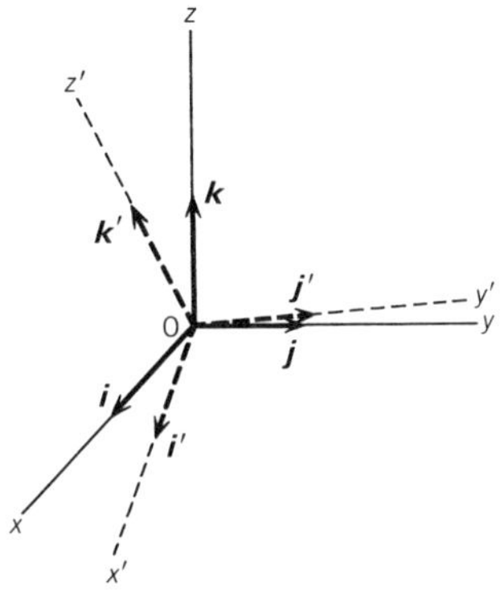

図 1–7

とする．第 1 式に $\boldsymbol{i}$ をスカラー的に掛けると，$\boldsymbol{i}\cdot\boldsymbol{i}'=a_{11}$ を得る．こうして次式が成り立つ．

$$\begin{aligned} &a_{11} = \boldsymbol{i}\cdot\boldsymbol{i}', \quad a_{12} = \boldsymbol{j}\cdot\boldsymbol{i}', \quad a_{13} = \boldsymbol{k}\cdot\boldsymbol{i}' \\ &a_{21} = \boldsymbol{i}\cdot\boldsymbol{j}', \quad a_{22} = \boldsymbol{j}\cdot\boldsymbol{j}', \quad a_{23} = \boldsymbol{k}\cdot\boldsymbol{j}' \\ &a_{31} = \boldsymbol{i}\cdot\boldsymbol{k}', \quad a_{32} = \boldsymbol{j}\cdot\boldsymbol{k}', \quad a_{33} = \boldsymbol{k}\cdot\boldsymbol{k}' \end{aligned} \qquad (1.23)$$

この式を縦に読むと，ベクトル $\boldsymbol{i}$ の $\boldsymbol{i}', \boldsymbol{j}', \boldsymbol{k}'$ 成分がそれぞれ a_{11}, a_{21}, a_{31} であることがわかる．したがって，逆の式

$$\begin{aligned} \boldsymbol{i} &= a_{11}\boldsymbol{i}'+a_{21}\boldsymbol{j}'+a_{31}\boldsymbol{k}' \\ \boldsymbol{j} &= a_{12}\boldsymbol{i}'+a_{22}\boldsymbol{j}'+a_{32}\boldsymbol{k}' \\ \boldsymbol{k} &= a_{13}\boldsymbol{i}'+a_{23}\boldsymbol{j}'+a_{33}\boldsymbol{k}' \end{aligned} \qquad (1.24)$$

が成り立つ．(a_{jk}) を**変換行列**という．

(a_{11}, a_{12}, a_{13}) は $\boldsymbol{i}'$ と $(\boldsymbol{i}, \boldsymbol{j}, \boldsymbol{k})$ のあいだの方向余弦である．また，(a_{11}, a_{21}, a_{31}) は $\boldsymbol{i}$ と $(\boldsymbol{i}', \boldsymbol{j}', \boldsymbol{k}')$ のあいだの方向余弦である．他の方向余弦も，(a_{j1}, a_{j2}, a_{j3})，(a_{1j}, a_{2j}, a_{3j}) などにより表わされる．

$\boldsymbol{i}'\cdot\boldsymbol{i}'=\boldsymbol{j}'\cdot\boldsymbol{j}'=\boldsymbol{k}'\cdot\boldsymbol{k}'=1$，$\boldsymbol{i}'\cdot\boldsymbol{j}'=\boldsymbol{j}'\cdot\boldsymbol{k}'=\boldsymbol{k}'\cdot\boldsymbol{i}'=0$ から

$$\begin{cases} a_{11}^2+a_{12}^2+a_{13}^2 = 1 \\ a_{21}^2+a_{22}^2+a_{23}^2 = 1 \\ a_{31}^2+a_{32}^2+a_{33}^2 = 1 \end{cases} \qquad \begin{cases} a_{11}a_{21}+a_{12}a_{22}+a_{13}a_{23} = 0 \\ a_{21}a_{31}+a_{22}a_{32}+a_{23}a_{33} = 0 \\ a_{31}a_{11}+a_{32}a_{12}+a_{33}a_{13} = 0 \end{cases} \tag{1.25}$$

また，$\boldsymbol{i}\cdot\boldsymbol{i}=\boldsymbol{j}\cdot\boldsymbol{j}=\boldsymbol{k}\cdot\boldsymbol{k}=1$，$\boldsymbol{i}\cdot\boldsymbol{j}=\boldsymbol{j}\cdot\boldsymbol{k}=\boldsymbol{k}\cdot\boldsymbol{i}=0$ から

$$\begin{cases} a_{11}^2+a_{21}^2+a_{31}^2 = 1 \\ a_{12}^2+a_{22}^2+a_{32}^2 = 1 \\ a_{13}^2+a_{23}^2+a_{33}^2 = 1 \end{cases} \qquad \begin{cases} a_{11}a_{12}+a_{21}a_{22}+a_{31}a_{32} = 0 \\ a_{12}a_{13}+a_{22}a_{23}+a_{32}a_{33} = 0 \\ a_{13}a_{11}+a_{23}a_{21}+a_{33}a_{31} = 0 \end{cases} \tag{1.26}$$

を得る．これを**直交関係**という．$\boldsymbol{i}, \boldsymbol{j}, \boldsymbol{k}$ は辺の長さが 1 の正立方体を作り，その体積は $[\boldsymbol{i}, \boldsymbol{j}, \boldsymbol{k}]=1$ である．

例題 1.11　原点を共有する 2 つの直線直交座標の単位ベクトルのあいだの変換行列を使い，(x, y, z) 座標のベクトル $\boldsymbol{A}=(A_x, A_y, A_z)$ を (x', y', z') 座標の成分 (A_x', A_y', A_z') に書き改めよ．

［解］　(x, y, z) 座標の単位ベクトル $\boldsymbol{i}, \boldsymbol{j}, \boldsymbol{k}$ を用いると

$$\boldsymbol{A} = A_x\boldsymbol{i}+A_y\boldsymbol{j}+A_z\boldsymbol{k}$$

である．これらの単位ベクトルを $\boldsymbol{i}', \boldsymbol{j}', \boldsymbol{k}'$ で表わした(1.24)を代入すると

$$\begin{aligned} \boldsymbol{A} &= A_x(a_{11}\boldsymbol{i}'+a_{21}\boldsymbol{j}'+a_{31}\boldsymbol{k}') \\ &\quad +A_y(a_{12}\boldsymbol{i}'+a_{22}\boldsymbol{j}'+a_{32}\boldsymbol{k}') \\ &\quad +A_z(a_{13}\boldsymbol{i}'+a_{23}\boldsymbol{j}'+a_{33}\boldsymbol{k}') \\ &= A_x'\boldsymbol{i}'+A_y'\boldsymbol{j}'+A_z'\boldsymbol{k}' \end{aligned}$$

となるから，各成分ごとにまとめて，

$$\begin{aligned} A_x' &= a_{11}A_x+a_{12}A_y+a_{13}A_z \\ A_y' &= a_{21}A_x+a_{22}A_y+a_{23}A_z \\ A_z' &= a_{31}A_x+a_{32}A_y+a_{33}A_z \end{aligned}$$

を得る．行列に関する記号を用いれば，これを

$$\begin{pmatrix} A_x' \\ A_y' \\ A_z' \end{pmatrix} = \begin{pmatrix} a_{11} & a_{12} & a_{13} \\ a_{21} & a_{22} & a_{23} \\ a_{31} & a_{32} & a_{33} \end{pmatrix} \begin{pmatrix} A_x \\ A_y \\ A_z \end{pmatrix} \tag{1}$$

と書ける．行列 (a_{jk}) は単位行列だけでなく，ベクトルの成分を変換する行列であることがわかる．

なお，(x', y', z') 座標のベクトルの成分 (A_x', A_y', A_z') を (x, y, z) 座標で書き表わすには，(1.22)を用いて

$$\begin{aligned}A_x'\boldsymbol{i}'+A_y'\boldsymbol{j}'+A_z'\boldsymbol{k}' &= A_x'(a_{11}\boldsymbol{i}+a_{12}\boldsymbol{j}+a_{13}\boldsymbol{k})\\ &\quad +A_y'(a_{21}\boldsymbol{i}+a_{22}\boldsymbol{j}+a_{23}\boldsymbol{k})\\ &\quad +A_z'(a_{31}\boldsymbol{i}+a_{32}\boldsymbol{j}+a_{33}\boldsymbol{k})\end{aligned}$$

と書いて

$$\begin{pmatrix}A_x\\A_y\\A_z\end{pmatrix}=\begin{pmatrix}a_{11}&a_{21}&a_{31}\\a_{12}&a_{22}&a_{32}\\a_{13}&a_{23}&a_{33}\end{pmatrix}\begin{pmatrix}A_x'\\A_y'\\A_z'\end{pmatrix}$$

とすればよい．これは(1)と逆の変換である．

例題 1.12　z 軸を共有する 2 つの平面座標系がある．xy 平面の x 軸から反時計方向に角 φ だけずれて $x'y'$ 平面の x' 軸がある．xy 平面の座標 (x, y) は $x'y'$ 平面で

$$x' = x\cos\varphi+y\sin\varphi$$
$$y' = -x\sin\varphi+y\cos\varphi$$

と書けることを示せ．また，$x'y'$ 平面の座標 (x', y') は xy 平面でどのように表わすことができるか．

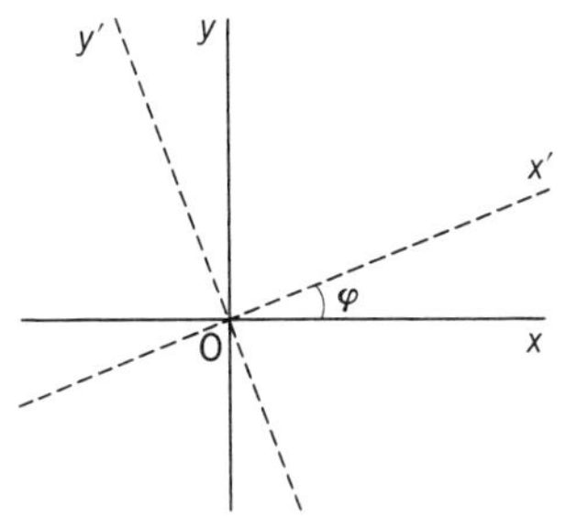

［解］　z 軸成分を無視した単位ベクトルの変換式

$$\boldsymbol{i} = a_{11}\boldsymbol{i}'+a_{21}\boldsymbol{j}', \qquad \boldsymbol{j} = a_{12}\boldsymbol{i}'+a_{22}\boldsymbol{j}'$$

は，a_{11} が単位ベクトル $\boldsymbol{i}'$ の $\boldsymbol{i}$ 方向成分，つまり方向余弦であり，a_{21} が $\boldsymbol{j}'$ の $\boldsymbol{i}$ 方向成分(方向余弦)であることを示している．これは，第 1 式に $\boldsymbol{i}'$ または $\boldsymbol{j}'$ をスカラー的に掛けることにより理解できる．同様に，第 2 式の a_{12} と a_{22} は $\boldsymbol{i}'$ と $\boldsymbol{j}'$ の，$\boldsymbol{j}$ とのあいだの方向余弦である．以上から，

$$a_{11} = \cos\varphi, \qquad a_{21} = \cos\left(\frac{\pi}{2}+\varphi\right) = -\sin\varphi$$

$$a_{12} = \cos\left(\frac{\pi}{2}-\varphi\right) = \sin\varphi, \qquad a_{22} = \cos\varphi$$

と計算できる．したがって

$$\begin{aligned}x\boldsymbol{i}+y\boldsymbol{j} &= x(a_{11}\boldsymbol{i}'+a_{21}\boldsymbol{j}')+y(a_{12}\boldsymbol{i}'+a_{22}\boldsymbol{j}') \\ &= (a_{11}x+a_{12}y)\boldsymbol{i}'+(a_{21}x+a_{22}y)\boldsymbol{j}' \\ &= x'\boldsymbol{i}'+y'\boldsymbol{j}'\end{aligned}$$

により，

$$x' = x\cos\varphi+y\sin\varphi, \qquad y' = -x\sin\varphi+y\cos\varphi$$

が得られる．

逆に，

$$\boldsymbol{i}' = a_{11}\boldsymbol{i}+a_{12}\boldsymbol{j}, \qquad \boldsymbol{j}' = a_{21}\boldsymbol{i}+a_{22}\boldsymbol{j}$$

を用い，$x'y'$ 平面の座標 (x', y') を xy 平面の座標に書きかえると，前と同様の操作により，

$$x = x'\cos\varphi-y'\sin\varphi, \qquad y = x'\sin\varphi+y'\cos\varphi$$

が求められる．

問　題1-6

［1］　例題1.12では，xy 平面座標と $x'y'$ 平面座標の単位ベクトルのあいだの方向余弦に関する関係を使って座標変換を行なった．xy 平面の座標 (x, y) を $x'y'$ 平面の座標 (x', y') に変換する式を図形上の長さ $\overline{\mathrm{OC}}$, $\overline{\mathrm{OD}}$ を計算することにより求めよ．

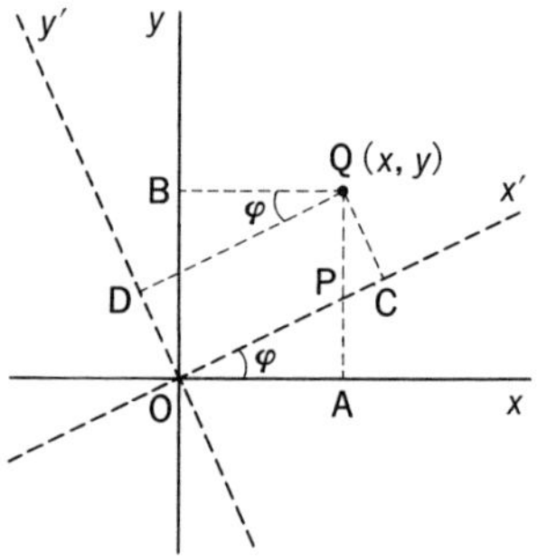

［2］　xy 平面の位置ベクトル $\boldsymbol{A}=(A_x, A_y)$ と $\boldsymbol{B}=(B_x, B_y)$ を角 φ だけ回転した平面座標 $x'y'$ で書け．$x'y'$ 座標で2つのベクトルの終点の間の長さを計算し，それが xy 平面ではかった長さ

$$\sqrt{(A_x-B_x)^2+(A_y-B_y)^2}$$

と等しいことを示せ．

［3］　xy 座標を角 φ_1 だけ回転して x_1y_1 座標を作る．次に x_1y_1 座標を角 φ_2 だけ回転

させて x_2y_2 座標を作る．xy 座標の点 (x, y) は x_2y_2 座標ではどのように表わされるか．2回の回転の結果は，一度に $\varphi_1+\varphi_2$ だけ回転させる操作と同一であることを示せ．

また，2つの操作の順序をとりかえて，はじめに角 φ_2 だけ回転し，次に φ_1 だけ回転させる操作が，上の操作と等しくなることを示せ．

［4］　3次元の**回転操作**は，前問の2次元の場合と異なり，回転操作の順序をとりかえると異なる結果になる．たとえば，x 軸のまわりに $\pi/2$ だけ回転させると，y 軸と z 軸は $\pi/2$ 回転する．回転によって移動した y, z 軸を新たに y', z' 軸とよぶ．x 軸は変わらないが，これも x' 軸とする．次に y' 軸のまわりに $\pi/2$ だけ回転させ，新しい座標軸を前と同様に x'', y'', z'' 軸とよぶ．

2つの操作の順序を入れかえ，はじめに y 軸のまわりの回転をし，次に x 軸のまわりの回転を行なうと，前とはちがう結果になることを示せ．

これらの回転操作を表わす変換行列を求め，回転の順序をとりかえると結果が異なることを示せ．

点 $(0, 0, 1)$ が x 軸，あるいは y 軸のまわりの $\pi/2$ の回転操作によって，どのように座標を変えるか．

なお，回転の方向はすべて反時計回りとする．

［5］　**クロネッカーの $\boldsymbol{\delta}$**（デルタ）**関数** δ_{ij} はつぎの性質をもっている．

$$\delta_{ij} = \begin{cases} 1 & (i=j) \\ 0 & (i\neq j) \end{cases}$$

この δ_{ij} を使うと(1.25), (1.26)は

$$\sum_{j=1}^{3} a_{kj}a_{lj} = \delta_{kl}$$

$$\sum_{j=1}^{3} a_{jk}a_{jl} = \delta_{kl}$$

と書けることを確かめよ．

［6］　$\boldsymbol{i}, \boldsymbol{j}, \boldsymbol{k}$ は辺の長さが1の正立方体をつくり，その体積は $[\boldsymbol{i}, \boldsymbol{j}, \boldsymbol{k}]=1$ である．$[\boldsymbol{i}, \boldsymbol{j}, \boldsymbol{k}]=1$ を変換行列 (a_{jk}) の行列式によって表わせ．

2

ベクトルの微分

ベクトルの和や差，スカラー積とベクトル積に続いてベクトルの微分を学習する．位置ベクトルの時間に関する微分係数が速度ベクトルを表わし，速度ベクトルの時間変化の割合が加速度ベクトルを与えることをはじめに導く．つぎにニュートンの運動方程式をベクトル方程式として書く．

2-1 運　　動

力学では小さな物体(質点)の運動を扱うが，**運動**はその物体の位置の時間的変化である．物体の位置Pが時間 t の関数であるとし，座標を $x(t)$, $y(t)$, $z(t)$ と書く．時間 t におけるPの位置ベクトル $\boldsymbol{r}(t)$ の成分はこれらの座標で与えられる．時間が t から t' になったときの位置ベクトルを $\boldsymbol{r}(x(t'), y(t'), z(t'))$ とすると，差 $\boldsymbol{r}(t')-\boldsymbol{r}(t)$

$$\boldsymbol{r}(t')-\boldsymbol{r}(t) = \begin{pmatrix} x(t')-x(t) \\ y(t')-y(t) \\ z(t')-z(t) \end{pmatrix}$$

は変位を与える．$t'\to t$ の極限

$$\lim_{t'\to t}\frac{x(t')-x(t)}{t'-t} = \frac{dx(t)}{dt}$$

は $x(t)$ を t について微分したもの，すなわち x の t に関する導関数(微分係数)である．また，これは x の時間変化の割合，つまり**速度**の x 成分である．他の成分についても同様である．そこで

$$\boldsymbol{v}(t) = \lim_{t'\to t}\frac{\boldsymbol{r}(t')-\boldsymbol{r}(t)}{t'-t} = \frac{d\boldsymbol{r}(t)}{dt} \tag{2.1}$$

と書けば，$\boldsymbol{v}(t)$ は速度を表わすベクトルであって，成分で書けば

$$\boldsymbol{v}(t) = \frac{d\boldsymbol{r}(t)}{dt} = \begin{pmatrix} \dfrac{dx}{dt} \\ \dfrac{dy}{dt} \\ \dfrac{dz}{dt} \end{pmatrix} \tag{2.2}$$

となる．このように，ベクトル $\boldsymbol{r}(t)$ のパラメタ t に関する導関数は，$\boldsymbol{r}(t)$ の成分の導関数を成分とするベクトルである．

加速度　速度の時間変化の割合を表わすベクトルが**加速度** $\boldsymbol{\alpha}$ である．

$$\boldsymbol{\alpha} = \frac{d\boldsymbol{v}(t)}{dt} = \frac{d^2\boldsymbol{r}(t)}{dt^2} \tag{2.3}$$

運動方程式　質点の加速度$\boldsymbol{\alpha}$は，これにはたらく力$\boldsymbol{F}$に比例し，質点の質量mに反比例する．すなわち，$\boldsymbol{\alpha}=\boldsymbol{F}/m$または$\boldsymbol{F}=m\boldsymbol{\alpha}$である．したがって，**ニュートンの運動方程式**は

$$m\frac{d^2\boldsymbol{r}(t)}{dt^2} = \boldsymbol{F} \tag{2.4}$$

と書ける．

Tips：　ベクトルによる簡潔な表現

ベクトルを用いて書いたニュートンの運動方程式(2.4)を成分ごとに書き下すと

$$m\frac{d^2x}{dt^2} = F_x, \quad m\frac{d^2y}{dt^2} = F_y, \quad m\frac{d^2z}{dt^2} = F_z$$

となる．位置ベクトルと力のベクトルを成分で書くと

$$\boldsymbol{r}(t) = \begin{pmatrix} x \\ y \\ z \end{pmatrix}, \quad \boldsymbol{F} = \begin{pmatrix} F_x \\ F_y \\ F_z \end{pmatrix}$$

となり，(2.4)の等式は左辺と右辺が成分ごとに等しいことを意味しているからである．

成分ごとに運動方程式を書くのに比べ，(2.4)のベクトルによる表現はずっと簡潔である．このような例は，これから数多く現われる．ベクトルによる表現を用いるときの約束(規則)とその表現に含まれる物理的な意味を理解しておけば，複雑な式もベクトルを用いて簡潔に表現することができる．

例題 2.1 半径 a の円周上を一定の速さで円運動をする質量 m の物体(質点)がある．ある時間 t に物体の位置ベクトルと x 軸のなす角が θ であるとき，位置ベクトル $\boldsymbol{r}=(x, y)$ を a と θ を用いて表わせ．速度ベクトル $\boldsymbol{v}$, および加速度ベクトル $\boldsymbol{\alpha}$ を求めよ．

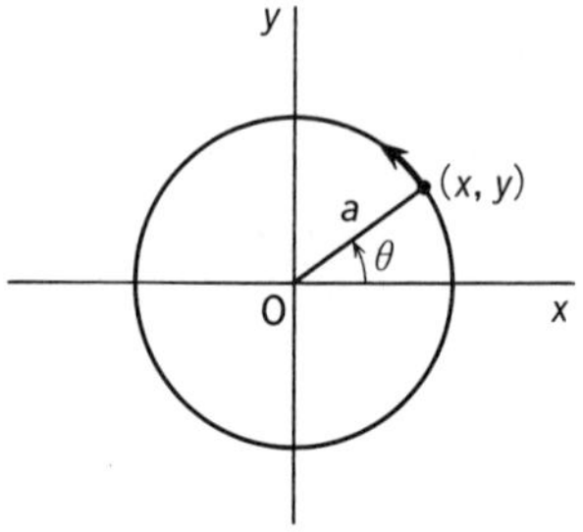

また，ニュートンの運動方程式とこの円運動をさせる力(向心力) $\boldsymbol{F}$ をベクトル $\boldsymbol{r}$ を用いて書け．

角 θ の時間変化の割合(**角速度**という)を ω とせよ．

［**解**］ 図から，位置ベクトル $\boldsymbol{r}$ の成分 (x, y) は，

$$x = a\cos\theta, \qquad y = a\sin\theta \tag{1}$$

となる．速度ベクトルは，位置ベクトルの成分の時間変化の割合を成分とするベクトルであるから，(2.1)の x, y 成分は

$$\frac{dx}{dt} = -a\frac{d\theta}{dt}\sin\theta = -a\omega\sin\theta, \qquad \frac{dy}{dt} = a\omega\cos\theta$$

と計算できる．これらは(1)から，それぞれ $-\omega y$ と ωx と書けることに注意しよう．加速度ベクトル $\boldsymbol{\alpha}$ の成分は速度ベクトルの成分の時間変化の割合，あるいは位置ベクトルの成分の時間に関する 2 階微分によって表わされる．したがって

$$\frac{d^2x}{dt^2} = -a\omega^2\cos\theta = -\omega^2 x, \qquad \frac{d^2y}{dt^2} = -a\omega^2\sin\theta = -\omega^2 y$$

を得る．以上より，

$$\boldsymbol{r} = \begin{pmatrix} a\cos\theta \\ a\sin\theta \end{pmatrix}, \qquad \boldsymbol{v} = \begin{pmatrix} -\omega y \\ \omega x \end{pmatrix}, \qquad \boldsymbol{\alpha} = \begin{pmatrix} -\omega^2 x \\ -\omega^2 y \end{pmatrix}$$

である．最後の結果から，物体にはたらく力 $\boldsymbol{F}$ は $-m\omega^2\boldsymbol{r}$ となり，ニュートンの運動方程式として

$$m\frac{d^2\boldsymbol{r}}{dt^2} = -m\omega^2\boldsymbol{r}$$

が得られる(一様な円運動はこの方程式の特解の 1 つである)．向心力は

$$\boldsymbol{F} = -m\omega^2\boldsymbol{r}$$

である．

例題 2.2 位置ベクトルを時間で微分して得られる速度ベクトルの向きは，物体の運動の道筋を表わす曲線(**軌道**という)の接線の方向にあることを示せ．

前問の円運動の結果を図示し，速度ベクトルは軌道の接線方向にあることを確かめよ．さらに，加速度ベクトルは速度ベクトルの先端(終点)がえがく軌道の接線方向にあることを確かめよ．

［解］ $d\boldsymbol{r} = \boldsymbol{r}(t') - \boldsymbol{r}(t)$ は，ベクトル $\boldsymbol{r}(t)$ の終点から $\boldsymbol{r}(t')$ の終点に向かうベクトルであるから，時間 t' と t の差 dt を小さくすると，$d\boldsymbol{r}$ は軌道の接線方向と一致する．一方，(2.1)から

$$\begin{aligned} d\boldsymbol{r} &= \boldsymbol{r}(t+dt) - \boldsymbol{r}(t) \\ &= \boldsymbol{v}(t)dt \end{aligned}$$

となり，速度ベクトル $\boldsymbol{v}$ も $d\boldsymbol{r}$ と同じく接線方向を向く．

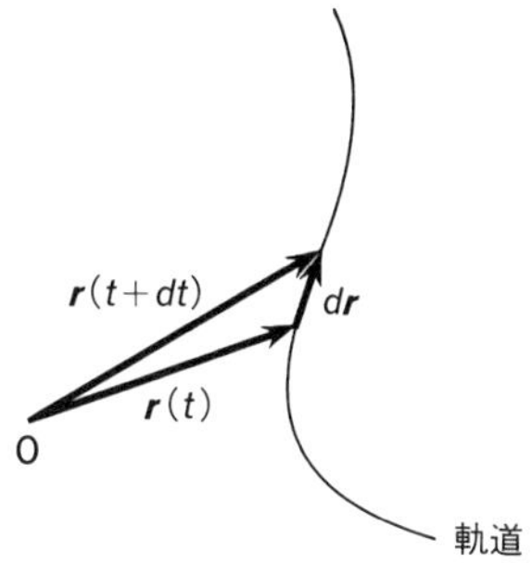

円運動では，位置ベクトル $\boldsymbol{r}$ の先端は半径 a の円周上を反時計回りに回転する．つまり軌道は円である．軌道の接線方向を向いた速度ベクトル $\boldsymbol{v}$ も円をえがく．さらに，加速度ベクトル $\boldsymbol{\alpha}$ は速度ベクトルの時間変化の割合によって与えられるから，速度空間における $\boldsymbol{v}$ の軌道の接線方向を向き，やはり円周上を動く．

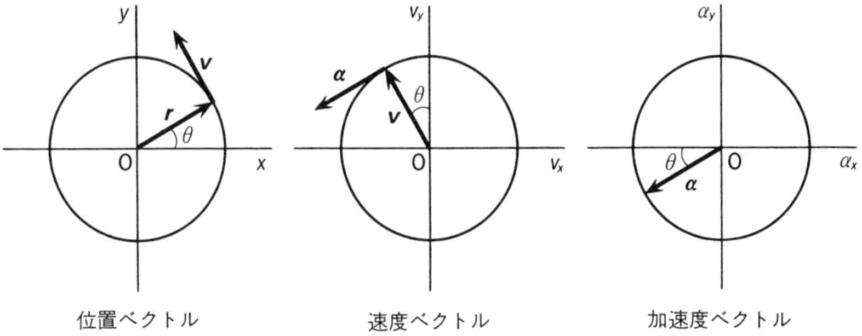

問　題 2-1

[1] 円運動をする物体の位置ベクトル，速度ベクトル，加速度ベクトルの大きさを求めよ．例題 2.1 の結果を利用せよ．

[2] 等速円運動をする物体にはたらく力(向心力)は，物体の位置ベクトルと反平行であることを示せ．

[3] 円運動をする物体にはたらく向心力 $\boldsymbol{F}$ と物体の微小変位 $d\boldsymbol{r}$ のスカラー積 $\boldsymbol{F}\cdot d\boldsymbol{r}$ によって定義される仕事 dW は 0 であることを示せ．

[4] 位置ベクトル $\boldsymbol{r}$ が

$$\boldsymbol{r} = \begin{pmatrix} x_0+at \\ y_0+bt \\ z_0+ct-\dfrac{1}{2}gt^2 \end{pmatrix}$$

によって与えられるとき，速度ベクトル，加速度ベクトルを求めよ．x_0, y_0, z_0, a, b, c はどのような物理量を表わすか．また，物体にはたらく力の大きさと向きを求めよ．考えている物体の質量を m とする．

Tips： 磁場の中の荷電粒子

電子などの荷電粒子が磁場から受ける力 $\boldsymbol{F}$ は，粒子の速度 $\boldsymbol{v}$ に垂直である．磁場 $\boldsymbol{B}$ が z 方向にはたらくとき，粒子にはたらく力は(問題 1-4[2]と解答を参照)，

$$F_x = qv_yB, \quad F_y = -qv_xB, \quad F_z = 0$$

である．速度 $\boldsymbol{v}=(v_x, v_y, v_z)$ と $\boldsymbol{F}$ とのスカラー積をつくると，

$$\boldsymbol{v}\cdot\boldsymbol{F} = qB(v_xv_y-v_yv_x) = 0$$

これは $\boldsymbol{v}$ と $\boldsymbol{F}$ が垂直であることを表わす．

2–2　微分と積分

ベクトルの導関数　成分 A_x, A_y, A_z があるパラメタ t に依存する一般のベクトル $\boldsymbol{A}$ の t についての導関数は，前節の位置ベクトル $\boldsymbol{r}(t)$ の導関数と同じように，成分の導関数を成分とするベクトルである．$\boldsymbol{A}(t)$ とその導関数を横ベクトルで書くと

$$\begin{aligned}\boldsymbol{A}(t) &= (A_x(t), A_y(t), A_z(t))\\ \frac{d\boldsymbol{A}(t)}{dt} &= \left(\frac{dA_x}{dt}, \frac{dA_y}{dt}, \frac{dA_z}{dt}\right)\end{aligned} \tag{2.5}$$

である．基本ベクトル $\boldsymbol{i}, \boldsymbol{j}, \boldsymbol{k}$ を使うと，

$$\begin{aligned}\boldsymbol{A}(t) &= A_x(t)\boldsymbol{i}+A_y(t)\boldsymbol{j}+A_z(t)\boldsymbol{k}\\ \frac{d\boldsymbol{A}(t)}{dt} &= \frac{dA_x}{dt}\boldsymbol{i}+\frac{dA_y}{dt}\boldsymbol{j}+\frac{dA_z}{dt}\boldsymbol{k}\end{aligned} \tag{2.6}$$

と書くことができる．基本ベクトル $\boldsymbol{i}, \boldsymbol{j}, \boldsymbol{k}$ はパラメタ t によらず一定であるからである．

パラメタに関する積分　パラメタ t に依存するベクトル $\boldsymbol{A}(t)$ を与え，その導関数を $\boldsymbol{B}(t)$ と書くと，$\boldsymbol{B}(t) = d\boldsymbol{A}(t)/dt$ である．$\boldsymbol{B}(t)$ の成分 (B_x, B_y, B_z) は(2.5)または(2.6)の右辺で与えられる．

ここで，$\boldsymbol{B}(t)$ が先に与えられたとし，$\boldsymbol{A}(t)$ を求める問題を考える．つまり，微分すると $\boldsymbol{B}(t)$ となるベクトル $\boldsymbol{A}(t)$ を求める．微分の逆操作は積分であるから，$\boldsymbol{B}$ の成分を積分した

$$\begin{aligned}\boldsymbol{A}(t)-\boldsymbol{A}(t_0) &= \int_{t_0}^{t}\boldsymbol{B}(t')dt'\\ &= \left(\int_{t_0}^{t}B_x(t')dt', \int_{t_0}^{t}B_y(t')dt', \int_{t_0}^{t}B_z(t')dt'\right)\end{aligned}$$

によってベクトル $\boldsymbol{A}(t)$ が与えられる．

例題 2.3　原点から速度 $\boldsymbol{v}=(v_x(0), v_y(0), v_z(0))$ で打ち出された質量 m の物体が重力 $\boldsymbol{F}=(0, 0, -mg)$ を受けて運動する．ニュートンの運動方程式を時間について積分して，速度ベクトル $\boldsymbol{v}$ と位置ベクトル $\boldsymbol{r}$ を求めよ．$t=0$ で $\boldsymbol{r}=(0, 0, 0)$ とせよ．

［解］　ニュートンの運動方程式(2.4)は時間についての2階微分方程式であるが，この問題のように力が位置ベクトル $\boldsymbol{r}$ の関数でない場合には，加速度 $\boldsymbol{\alpha}$ を速度ベクトル $\boldsymbol{v}$ の時間変化の割合で表わし，(2.4)を

$$m\frac{d\boldsymbol{v}}{dt} = \boldsymbol{F}$$

の形に書き，積分を実行するとよい．この問題の場合，上式は

$$m\left(\frac{dv_x}{dt}, \frac{dv_y}{dt}, \frac{dv_z}{dt}\right) = (0, 0, -mg)$$

と書くことができる．上式の x 成分に関して積分を行なうと

$$v_x(t) = v_x(0)$$

を得る．$v_x(t)$ をさらに時間について積分して位置 x を求めると

$$x(t) = v_x(0)t$$

となる．ここで，$t=0$ で $x(0)=0$ を用いた．y 成分についても同様の計算をして，

$$v_y(t) = v_y(0), \qquad y(t) = v_y(0)t$$

を得る．z 方向の運動方程式

$$m\frac{dv_z}{dt} = -mg$$

を積分して得られる速度

$$v_z(t) = -gt+v_z(0)$$

をもう一度積分すると位置 z が求められる．

$$z(t) = -\frac{1}{2}gt^2+v_z(0)t$$

以上をまとめると，

$$\boldsymbol{v}(t) = \begin{pmatrix} v_x(0) \\ v_y(0) \\ -gt+v_z(0) \end{pmatrix}, \qquad \boldsymbol{r}(t) = \begin{pmatrix} v_x(0)t \\ v_y(0)t \\ -\frac{1}{2}gt^2+v_z(0)t \end{pmatrix}$$

となる．

例題 2.4　原点から速度 $\boldsymbol{v}=(v_x(0), v_y(0), v_z(0))$ で打ち出された質量 m の物体が速度に比例する力 $\boldsymbol{F}=-a\boldsymbol{v}$ を受けて運動する．ニュートンの運動方程式を時間について積分して，速度ベクトルと位置ベクトルを求めよ．

［解］　前問と同様に，ニュートンの運動方程式を

$$m\begin{pmatrix} \dfrac{dv_x}{dt} \\ \dfrac{dv_y}{dt} \\ \dfrac{dv_z}{dt} \end{pmatrix} = \begin{pmatrix} -av_x \\ -av_y \\ -av_z \end{pmatrix}$$

と書く．x 成分について上式を積分する．そのために，x 成分の式を変形し，変数を分離する．

$$\frac{dv_x}{v_x} = -\frac{a}{m}dt$$

積分を実行し，整理すると

$$\log|v_x| = -\frac{a}{m}t+c_1$$

となる．ここで c_1 は定数である．上式を v_x について解くと，

$$v_x = v_x(0)e^{-at/m}$$

を得る．e^{c_1} を初速度 $v_x(0)$ とおいた．さらに積分すると

$$x = -\frac{m}{a}v_x(0)e^{-at/m}+c_2$$

となる．$t=0$ で物体は $x=0$ にあるから $c_2=mv_x(0)/a$ である．

他の成分についても同様の計算を実行すると，

$$\boldsymbol{v} = \begin{pmatrix} v_x(0)e^{-at/m} \\ v_y(0)e^{-at/m} \\ v_z(0)e^{-at/m} \end{pmatrix}, \qquad \boldsymbol{r} = \begin{pmatrix} \dfrac{m}{a}v_x(0)(1-e^{-at/m}) \\ \dfrac{m}{a}v_y(0)(1-e^{-at/m}) \\ \dfrac{m}{a}v_z(0)(1-e^{-at/m}) \end{pmatrix}$$

を得る．

問　題 2-2

[1]　質量 m の物体が重力場で速度に比例する力(抵抗力) $-a\boldsymbol{v}$ を受けて運動している．$t=0$ で物体は原点にあり，速度は $(v_x(0), v_y(0), v_z(0))$ であるとして，任意の時間における物体の速度ベクトル $\boldsymbol{v}$ と位置ベクトル $\boldsymbol{r}$ を求めよ．重力加速度は $(0, 0, -g)$ であるとする．

[2]　前問の結果から，$t\to\infty$ における物体の速度を求めよ．

Tips：　線形微分方程式

例題 2.4 で扱った微分方程式

$$m\frac{dv_x}{dt} = -av_x$$

を線形同次(斉次)微分方程式という．線形とは，すべての項が v_x の 1 次の項のみで表わされ，v_x^2 などを含む項がないという意味であり，同次(斉次)とは，すべての項に v_x が含まれているという意味である．例題 2.4 では変数分離法を用いたが，線形微分方程式の解法は多種多様である．典型的な解法を以下に示す．

上の微分方程式は，v_x を時間で微分したものが，元の v_x にある定数を掛けたものに等しいことを表わしている．この性質を満たす関数は指数関数である．そこで解を $v_x=e^{\lambda t}$ とおき，これを与えられた微分方程式に代入して λ を決めればよい．この操作により，$\lambda=-a/m$ を得る．一方，線形微分方程式では，ある解 $f(t)$ が求められたとき，それを定数倍した $cf(t)$ もまた解である．したがって，上式の解は一般に

$$v_x = ce^{-at/m}$$

となる．初期条件から定数 c を決めれば，解を求めたことになる．

この方法は，線形微分方程式であればここで考えた 1 階の微分方程式だけではなく，高階の微分方程式にも適用できる．

2–3　微分演算

$f(t)$ をスカラーとし，ベクトル $\boldsymbol{A}(t)$ を $f(t)$ 倍した $f\boldsymbol{A}$ を考える．その x 成分をパラメタ t で微分すれば

$$\frac{d}{dt}(f\boldsymbol{A})_x = \frac{d}{dt}(fA_x)$$

$$= \frac{df}{dt}A_x + f\frac{dA_x}{dt}$$

となる．y 成分，z 成分についても同様なので

$$\frac{d}{dt}(f\boldsymbol{A}) = \frac{df}{dt}\boldsymbol{A} + f\frac{d\boldsymbol{A}}{dt} \tag{2.7}$$

が成り立つ．以下の微分公式も同じように証明することができる．

ベクトルの和の微分

$$\frac{d}{dt}(\boldsymbol{A}+\boldsymbol{B}) = \frac{d\boldsymbol{A}}{dt} + \frac{d\boldsymbol{B}}{dt} \tag{2.8}$$

スカラー積の微分

$$\frac{d}{dt}(\boldsymbol{A}\cdot\boldsymbol{B}) = \frac{d\boldsymbol{A}}{dt}\cdot\boldsymbol{B} + \boldsymbol{A}\cdot\frac{d\boldsymbol{B}}{dt} \tag{2.9}$$

ベクトル積の微分

$$\frac{d}{dt}(\boldsymbol{A}\times\boldsymbol{B}) = \frac{d\boldsymbol{A}}{dt}\times\boldsymbol{B} + \boldsymbol{A}\times\frac{d\boldsymbol{B}}{dt} \tag{2.10}$$

スカラー 3 重積の微分

$$\frac{d}{dt}[\boldsymbol{A}, \boldsymbol{B}, \boldsymbol{C}] = \left[\frac{d\boldsymbol{A}}{dt}, \boldsymbol{B}, \boldsymbol{C}\right] + \left[\boldsymbol{A}, \frac{d\boldsymbol{B}}{dt}, \boldsymbol{C}\right] + \left[\boldsymbol{A}, \boldsymbol{B}, \frac{d\boldsymbol{C}}{dt}\right] \tag{2.11}$$

公式(2.10), (2.11)を証明するには，ベクトル積の行列表示(1.18)およびスカラー 3 重積の行列表示(問題 1–5[1])に，次の行列式の微分公式を用いればよい．

$$\frac{d}{dt}\begin{vmatrix} a_1 & a_2 & a_3 \\ b_1 & b_2 & b_3 \\ c_1 & c_2 & c_3 \end{vmatrix} = \begin{vmatrix} \dfrac{da_1}{dt} & \dfrac{da_2}{dt} & \dfrac{da_3}{dt} \\ b_1 & b_2 & b_3 \\ c_1 & c_2 & c_3 \end{vmatrix} + \begin{vmatrix} a_1 & a_2 & a_3 \\ \dfrac{db_1}{dt} & \dfrac{db_2}{dt} & \dfrac{db_3}{dt} \\ c_1 & c_2 & c_3 \end{vmatrix}$$

$$+\begin{vmatrix} a_1 & a_2 & a_3 \\ b_1 & b_2 & b_3 \\ \dfrac{dc_1}{dt} & \dfrac{dc_2}{dt} & \dfrac{dc_3}{dt} \end{vmatrix}$$

例題 2.5　ある点，たとえば原点からの距離のみによって大きさが決まる力を**中心力**とよぶ．中心力 $\boldsymbol{F}$ は $f(r)\boldsymbol{e}_r$ によって表わされる．ここで，$\boldsymbol{e}_r$ は r 方向の単位ベクトル，$\boldsymbol{e}_r=\boldsymbol{r}/r$，$f(r)$ は位置ベクトル $\boldsymbol{r}$ の大きさ r のみに依存する関数である．中心力の場の中で運動する物体に対して，$\boldsymbol{r}\times(d\boldsymbol{r}/dt)$ は時間によらず一定であること，および運動はある 1 つの平面内に限定されることを示せ．

［解］　中心力場で運動する質量 m の物体の運動方程式は

$$m\frac{d^2\boldsymbol{r}}{dt^2} = \boldsymbol{e}_r f(r)$$

と書ける．与えられたベクトル積 $\boldsymbol{r}\times(d\boldsymbol{r}/dt)$ の時間微分を作ると

$$\frac{d}{dt}\left(\boldsymbol{r}\times\frac{d\boldsymbol{r}}{dt}\right) = \frac{d\boldsymbol{r}}{dt}\times\frac{d\boldsymbol{r}}{dt}+\boldsymbol{r}\times\frac{d^2\boldsymbol{r}}{dt^2}$$

となる．ここで(2.10)を用いた．上式の右辺第 1 項は同じベクトルどうしのベクトル積であるから 0 になる．第 2 項の $d^2\boldsymbol{r}/dt^2$ は，運動方程式から

$$\boldsymbol{r}\times\frac{d^2\boldsymbol{r}}{dt^2} = \frac{f(r)}{m}\boldsymbol{r}\times\boldsymbol{e}_r$$

となり，単位ベクトル $\boldsymbol{e}_r$ の定義，$\boldsymbol{e}_r=\boldsymbol{r}/r$ からこれも同じベクトル $\boldsymbol{r}$ どうしのベクトル積である．したがって，$\boldsymbol{r}\times(d\boldsymbol{r}/dt)$ は時間によらない一定のベクトルであることがわかる．この定ベクトルは，位置ベクトル $\boldsymbol{r}$ と速度ベクトル $d\boldsymbol{r}/dt$ と直交している．つまり，位置ベクトルと速度ベクトルは，定ベクトルと直交する 1 つの平面内にある．

このように，中心力の場の中で物体の運動は平面的である．

例題 2.6　時間 t とともに向きは変化するが大きさが変わらないベクトル $\boldsymbol{A}$ とその時間微分 $d\boldsymbol{A}/dt$ はたがいに直交することを示せ.

原点からの距離 a を一定に保ちながら，角速度 ω で回転運動する物体の位置ベクトル $\boldsymbol{r}$ と速度ベクトル $\boldsymbol{v}$ はたがいに直交することを示せ.

［解］　ベクトル $\boldsymbol{A}$ の大きさは一定であるから，スカラー積 $\boldsymbol{A}\cdot\boldsymbol{A}=A^2$ は時間によらない定数である．ここで A は $\boldsymbol{A}$ の大きさ(絶対値)を表わす．定数 $\boldsymbol{A}\cdot\boldsymbol{A}$ の時間微分は 0 であるから

$$0 = \frac{d}{dt}(\boldsymbol{A}\cdot\boldsymbol{A}) = \frac{d\boldsymbol{A}}{dt}\cdot\boldsymbol{A}+\boldsymbol{A}\cdot\frac{d\boldsymbol{A}}{dt} = 2\boldsymbol{A}\cdot\frac{d\boldsymbol{A}}{dt}$$

を得る．ここで，スカラー積は積の順序によらない性質を用いた．スカラー積が 0 になるのは，大きさが 0 でない 2 つのベクトルが直交するときである．したがって，$\boldsymbol{A}$ と $d\boldsymbol{A}/dt$ はたがいに直交する.

原点を中心に半径 a で回転運動する物体について，位置ベクトル $\boldsymbol{r}$ と速度ベクトル $\boldsymbol{v}$ が直交することを実際に示そう．xy 平面で回転運動をしているとする．物体の位置は θ_0 を定数として

$$\boldsymbol{r} = \begin{pmatrix} a\cos(\omega t+\theta_0) \\ a\sin(\omega t+\theta_0) \end{pmatrix}$$

によって与えられる．a と θ_0 は定数であることに注意して，ベクトル $\boldsymbol{r}$ を時間で微分すると，速度ベクトル $\boldsymbol{v}$ を得る.

$$\boldsymbol{v} = \begin{pmatrix} -a\omega\sin(\omega t+\theta_0) \\ a\omega\cos(\omega t+\theta_0) \end{pmatrix}$$

これからスカラー積を計算すると，$\boldsymbol{r}\cdot\boldsymbol{v}=0$ を得る.

問 題 2–3

[1] スカラー積およびベクトル積の微分公式(2.9), (2.10)を証明せよ.

[2] 時間に依存するベクトル $\boldsymbol{A}$ が, $\boldsymbol{A}\times\dfrac{d\boldsymbol{A}}{dt}=0$ を満足するとき, ベクトル $\boldsymbol{A}$ の向きは時間によらず一定であることを示せ.

[3] スカラー3重積について次の公式を証明せよ.

$$\frac{d}{dt}\left[\boldsymbol{A}, \frac{d\boldsymbol{A}}{dt}, \frac{d^2\boldsymbol{A}}{dt^2}\right] = \left[\boldsymbol{A}, \frac{d\boldsymbol{A}}{dt}, \frac{d^3\boldsymbol{A}}{dt^3}\right]$$

Tips: 運動量と角運動量

ニュートンの運動方程式(2.4)を速度ベクトル $\boldsymbol{v}=d\boldsymbol{r}/dt$ を用いて書くと, $md\boldsymbol{v}/dt=\boldsymbol{F}$, あるいは $d(m\boldsymbol{v})/dt=\boldsymbol{F}$ となる. 速度ベクトルに質量をかけた量 $m\boldsymbol{v}$ を**運動量**とよぶ. だから, ニュートンの運動方程式は, 運動量の時間変化の割合が力に等しいことを述べている.

力学では, 物体に働く力を運動方程式に代入し, それを積分することによって物体の速度や位置を計算する. しかし運動量の変化がわかっていると, 逆に物体に働く力や物体が他の物体に及ぼす力を計算することができる.

たとえば, 箱の中に閉じ込められた気体が壁に及ぼす圧力を計算することを考えよう. 1個の気体が壁に垂直に衝突した結果, 運動の向きが逆転して, 運動量が mv から $-mv$ になったとすると, 運動量の変化は $-mv-(mv)=-2mv$ に等しい. これは, 衝突により気体が壁から受ける力である. また, 1個の気体が壁に及ぼす力は $2mv$ である. すべての気体についてこの力の和をとると, 気体の圧力を計算することができる.

例題2.5で導入した $\boldsymbol{r}\times(d\boldsymbol{r}/dt)$ に質量 m をかけた量を**角運動量**という. 中心力の場で運動する物体の角運動量は時間によらず一定であることを例題の結果は述べている. 角運動量は物体の回転に関連した量である. たとえば円運動する物体について角運動量を計算してみると(例題2.6), 大きさは $ma^2\omega$ であり, z 軸の正の方向を向いている. 一定の角速度 ω で円運動する物体の角運動量は時間によらず一定である.

運動量や角運動量は, 力学を学ぶうえで重要な概念のひとつである.

2–4　回転操作

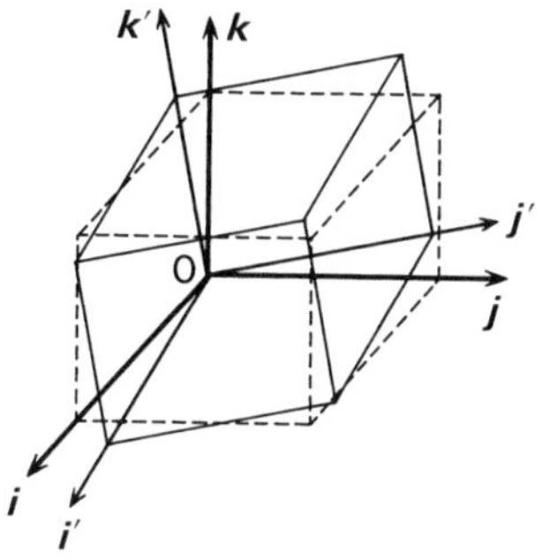

図 2–1

3 次元空間で物体の向きをわずかだけ変える回転を考察する．そのために，動かない座標系 S と物体に固定して物体とともに回る座標系 S' を用意する．S と S' ははじめ一致しているとし，物体を S との共通の原点のまわりに少し回す(図 2–1)．S' の基本ベクトル $\boldsymbol{i}', \boldsymbol{j}', \boldsymbol{k}'$ はこの回転で S の基本ベクトル $\boldsymbol{i}, \boldsymbol{j}, \boldsymbol{k}$ からわずかだけずれる．このずれを

$$d\boldsymbol{i}' = \boldsymbol{i}'-\boldsymbol{i}, \quad d\boldsymbol{j}' = \boldsymbol{j}'-\boldsymbol{j}, \quad d\boldsymbol{k}' = \boldsymbol{k}'-\boldsymbol{k}$$

と書こう．これらの微小なベクトルを

$$\begin{aligned} d\boldsymbol{i}' &= c_{11}\boldsymbol{i}'+c_{12}\boldsymbol{j}'+c_{13}\boldsymbol{k}', \quad d\boldsymbol{j}' = c_{21}\boldsymbol{i}'+c_{22}\boldsymbol{j}'+c_{23}\boldsymbol{k}', \\ d\boldsymbol{k}' &= c_{31}\boldsymbol{i}'+c_{32}\boldsymbol{j}'+c_{33}\boldsymbol{k}' \end{aligned} \tag{2.12}$$

とおくと，成分 c_{jk} はきわめて小さい．基本ベクトル $\boldsymbol{i}', \boldsymbol{j}', \boldsymbol{k}'$ はそれぞれ単位ベクトルで，たがいに直交する性質(問題 2–4[1])を用いると，

$$\begin{aligned} &c_{11} = 0, \quad c_{22} = 0, \quad c_{33} = 0 \\ &c_{12}+c_{21} = 0, \quad c_{23}+c_{32} = 0, \quad c_{31}+c_{13} = 0 \end{aligned} \tag{2.13}$$

が成立するから，9 個の係数の中で独立なものは 3 つである．そこで，$c_{12}=-c_{21}=c_3$，$c_{23}=-c_{32}=c_1$，$c_{31}=-c_{13}=c_2$ とおき，

$$d\boldsymbol{i}' = c_3\boldsymbol{j}'-c_2\boldsymbol{k}', \quad d\boldsymbol{j}' = -c_3\boldsymbol{i}'+c_1\boldsymbol{k}', \quad d\boldsymbol{k}' = c_2\boldsymbol{i}'-c_1\boldsymbol{j}' \tag{2.14}$$

と書くことができる．S と S' はきわめて接近しているとしているから，c_1, c_2, c_3 はきわめて小さく，$(\boldsymbol{i}', \boldsymbol{j}', \boldsymbol{k}')$ は $(\boldsymbol{i}, \boldsymbol{j}, \boldsymbol{k})$ にきわめて近い．したがって高次の微小量を無視すれば，上式の右辺の $(\boldsymbol{i}', \boldsymbol{j}', \boldsymbol{k}')$ を $(\boldsymbol{i}, \boldsymbol{j}, \boldsymbol{k})$ におきかえてよい．このような高次の微小量を無視できる無限に小さい回転を**無限小回転**という．

物体中の 1 点 P の位置ベクトルを $\overrightarrow{\mathrm{OP}}=\boldsymbol{r}$ とする．微小な回転の後における

この点の座標を S 系で (x, y, z) とし，S' 系で (x', y', z') とすると

$$dx = c_2z'-c_3y', \quad dy = c_3x'-c_1z', \quad dz = c_1y'-c_2x' \tag{2.15}$$

が成り立つ(例題2.7).

例題 2.7　無限小回転に対して(2.14)の右辺に含まれる $(\boldsymbol{i}', \boldsymbol{j}', \boldsymbol{k}')$ を $(\boldsymbol{i}, \boldsymbol{j}, \boldsymbol{k})$ におきかえることができることを用い，つぎの手順で(2.15)を導け．

物体の中の1点の位置ベクトル $\boldsymbol{r}$ を S 系と S' 系で書くと

$$\begin{aligned} \boldsymbol{r} &= x\boldsymbol{i}+y\boldsymbol{j}+z\boldsymbol{k} \\ &= x'\boldsymbol{i}'+y'\boldsymbol{j}'+z'\boldsymbol{k}' \end{aligned} \tag{1}$$

である．S' 系は物体に固定されているから，座標 (x', y', z') は不変である．また $\boldsymbol{i}, \boldsymbol{j}, \boldsymbol{k}$ は不動の基本ベクトルである．S 系からみた座標 (x, y, z) の変化を (dx, dy, dz) とし，(1)の微分をとると，(2.15)が求められる．

［解］ $\boldsymbol{i}, \boldsymbol{j}, \boldsymbol{k}$ と x', y', z' が不変であることに注意して(1)の微分をとると

$$\begin{aligned} \boldsymbol{i}dx+\boldsymbol{j}dy+\boldsymbol{k}dz &= x'd\boldsymbol{i}'+y'd\boldsymbol{j}'+z'd\boldsymbol{k}' \\ &= x'(c_3\boldsymbol{j}-c_2\boldsymbol{k})+y'(-c_3\boldsymbol{i}+c_1\boldsymbol{k})+z'(c_2\boldsymbol{i}-c_1\boldsymbol{j}) \\ &= (c_2z'-c_3y')\boldsymbol{i}+(c_3x'-c_1z')\boldsymbol{j}+(c_1y'-c_2x')\boldsymbol{k} \end{aligned}$$

を得る．$d\boldsymbol{i}'$ などには(2.14)の右辺の $(\boldsymbol{i}', \boldsymbol{j}', \boldsymbol{k}')$ を $(\boldsymbol{i}, \boldsymbol{j}, \boldsymbol{k})$ におきかえた

$$d\boldsymbol{i}' = c_3\boldsymbol{j}-c_2\boldsymbol{k}, \quad d\boldsymbol{j}' = -c_3\boldsymbol{i}+c_1\boldsymbol{k}, \quad d\boldsymbol{k}' = c_2\boldsymbol{i}-c_1\boldsymbol{j}$$

を用いた．これは，無限小回転では c_1, c_2, c_3 はきわめて小さく，$(\boldsymbol{i}', \boldsymbol{j}', \boldsymbol{k}')$ は $(\boldsymbol{i}, \boldsymbol{j}, \boldsymbol{k})$ にきわめて近いからである．上式の各成分を比べると(2.15)が得られる．

なお，S と S' はきわめて近く，c_1, c_2, c_3 はきわめて小さいので，(x', y', z') と (x, y, z) の差を無視して (x', y', z') を (x, y, z) でおきかえてよい．したがって，無限小回転に対しては(2.15)にかえて

$$dx = c_2z-c_3y, \quad dy = c_3x-c_1z, \quad dz = c_1y-c_2x \tag{2}$$

が成り立つことがわかる．

例題 2.8 前問で求めた(2)の3式にそれぞれ x, y, z を加えた結果は

$$\begin{pmatrix} x+dx \\ y+dy \\ z+dz \end{pmatrix} = \begin{pmatrix} x-c_3y+c_2z \\ c_3x+y-c_1z \\ -c_2x+c_1y+z \end{pmatrix} = \begin{pmatrix} 1 & -c_3 & c_2 \\ c_3 & 1 & -c_1 \\ -c_2 & c_1 & 1 \end{pmatrix} \begin{pmatrix} x \\ y \\ z \end{pmatrix}$$

と書ける．これは点 (x, y, z) が無限小回転によって移った場所の座標 $(x+dx, y+dy, z+dz)$ を与える式である．また最後の式は，行列

$$U = \begin{pmatrix} 1 & -c_3 & c_2 \\ c_3 & 1 & -c_1 \\ -c_2 & c_1 & 1 \end{pmatrix} \tag{1}$$

と，縦ベクトルとして書いた位置ベクトル $\boldsymbol{r}=(x, y, z)$ との積を意味する．

(1)の行列で表わされる微小回転を与えた後に，さらに

$$V = \begin{pmatrix} 1 & -c_3' & c_2' \\ c_3' & 1 & -c_1' \\ -c_2' & c_1' & 1 \end{pmatrix} \tag{2}$$

で与えられる別の微小回転を与える．2つの無限小回転を重ねるとき，その順序を交換できることを示せ．

［解］ はじめに U の微小回転を与え，つぎに V の微小回転を重ねるときに，座標 (x, y, z) は

$$VU\begin{pmatrix} x \\ y \\ z \end{pmatrix} = \begin{pmatrix} 1 & -c_3' & c_2' \\ c_3' & 1 & -c_1' \\ -c_2' & c_1' & 1 \end{pmatrix} \begin{pmatrix} 1 & -c_3 & c_2 \\ c_3 & 1 & -c_1 \\ -c_2 & c_1 & 1 \end{pmatrix} \begin{pmatrix} x \\ y \\ z \end{pmatrix}$$

$$= \begin{pmatrix} 1-c_3'c_3-c_2'c_2 & -c_3-c_3'+c_2'c_1 & c_2+c_3'c_1+c_2' \\ c_3'+c_3+c_1'c_2 & -c_3'c_3+1-c_1'c_1 & c_3'c_2-c_1-c_1' \\ -c_2'+c_1'c_3-c_2 & -c_2'c_3+c_1'+c_1 & -c_2'c_2-c_1'c_1+1 \end{pmatrix} \begin{pmatrix} x \\ y \\ z \end{pmatrix}$$

へ移る．また，順序を逆にすると，座標

$$UV\begin{pmatrix} x \\ y \\ z \end{pmatrix} = \begin{pmatrix} 1-c_3c_3'-c_2c_2' & -c_3'-c_3+c_2c_1' & c_2'+c_3c_1'+c_2 \\ c_3+c_3'+c_1c_2' & -c_3c_3'+1-c_1c_1' & c_3c_2'-c_1'-c_1 \\ -c_2+c_1c_3'-c_2' & -c_2c_3'+c_1+c_1' & -c_2c_2'-c_1c_1'+1 \end{pmatrix} \begin{pmatrix} x \\ y \\ z \end{pmatrix}$$

へ移る．これは，回転の順序を変えると異なる座標に移ることを示している．しかし，無限小回転に対して c_1, c_1' などは微小量であるから，それらの積は無視でき

$$VU\begin{pmatrix} x \\ y \\ z \end{pmatrix} = UV\begin{pmatrix} x \\ y \\ z \end{pmatrix} = \begin{pmatrix} 1 & -c_3-c_3' & c_2+c_2' \\ c_3+c_3' & 1 & -c_1-c_1' \\ -c_2-c_2' & c_1+c_1' & 1 \end{pmatrix} \begin{pmatrix} x \\ y \\ z \end{pmatrix}$$

となる．したがって，無限小回転の順序を交換できることがわかる．

問　題 2-4

［1］ 基本ベクトル $\boldsymbol{i}', \boldsymbol{j}', \boldsymbol{k}'$ は単位ベクトルで，たがいに直交する性質

$$\boldsymbol{i}'\cdot\boldsymbol{i}' = \boldsymbol{j}'\cdot\boldsymbol{j}' = \boldsymbol{k}'\cdot\boldsymbol{k}' = 1 \tag{1}$$

$$\boldsymbol{i}'\cdot\boldsymbol{j}' = \boldsymbol{j}'\cdot\boldsymbol{k}' = \boldsymbol{k}'\cdot\boldsymbol{i}' = 0 \tag{2}$$

があることを利用し，(2.12)の係数に(2.13)が成り立つことを示せ．

［2］ 例題 2.7 で求めた(2)を用い，$x:y:z=c_1:c_2:c_3$ できまる直線は，微小回転の回転軸であることを示せ．

［3］ 物体の微小回転によって，物体内の 1 点 P が (x, y, z) から $(x+dx, y+dy, z+dz)$ に移る．この変位は物体の回転運動によって微小時間 dt のあいだに達せられたとする．この回転運動は前問より $c_1:c_2:c_3$ を方向余弦とする直線を軸とする回転運動である．そこで

$$\omega_1 = \frac{c_1}{dt}, \qquad \omega_2 = \frac{c_2}{dt}, \qquad \omega_3 = \frac{c_3}{dt}$$

とおけば，不動の座標系 S から見た点 P の速度は例題 2.7 の(2)から

$$\frac{dx}{dt} = \omega_2 z - \omega_3 y$$

$$\frac{dy}{dt} = \omega_3 x - \omega_1 z$$

$$\frac{dz}{dt} = \omega_1 y - \omega_2 x$$

で与えられることを示せ．また，ベクトル $\boldsymbol{\omega} = (\omega_1, \omega_2, \omega_3)$ を定義すると，上式は

$$\frac{d\boldsymbol{r}}{dt} = \boldsymbol{\omega}\times\boldsymbol{r}$$

で与えられることを確かめよ．$\boldsymbol{\omega}$ を**角速度**という．$\boldsymbol{\omega}$ の大きさ ω は単位時間に回転する角(ラジアン)で与えられ，方向は回転に合わせて右ねじを回したとき，右ねじが進む方向である．

［4］ 回転軸を z 軸にとれば，回転は

$$\frac{dx}{dt} = -\omega y, \qquad \frac{dy}{dt} = \omega x$$

で与えられることを示し，$\omega=$一定 のときこの式を積分して，これが一様な円運動であることを示せ．

3

曲　線

空間の中に描かれた複雑な曲線でも，その一部分をとると直線や円に近いことが多い．なめらかな曲線上の接近した2点を結ぶと，曲線は直線で近似される．この直線は2点を近づけた極限で，曲線のその点における接線を表わす．また，曲線上の接近した3点を通る円を描くと，それは曲線を近似した円になる．この円を曲線にそって次々に作ると，曲線の曲がり方を知ることができる．

3-1 平面曲線

平面上の一般の曲線において，x 座標に対して y の値を与えると曲線が定まるから，曲線は方程式 $y=f(x)$ によって表わされる．

原点Oから曲線上の点Pへ引いたベクトル，すなわちPの位置ベクトルを $\boldsymbol{r}$ とする．$\boldsymbol{r}$ の成分 x, y がパラメタ s の関数として与えられたとき，これらを $x(s)$, $y(s)$ と書けば

$$\boldsymbol{r}=\boldsymbol{r}(s)=\begin{pmatrix} x(s) \\ y(s) \end{pmatrix}$$

は1つの曲線を与える．曲線のパラメタとしては，曲線のある定点から曲線にそって測った曲線の長さ(**弧長**) s をとることが多い．

接線　曲線上の接近した2点P, P′をとり，P′を限りなくPに近づけるとき，PP′を延長した直線は曲線に接した直線になる．これを**接線**という．またPにおいて接線と直交する直線を**法線**という．

曲線上の2点P, P′の位置ベクトルを $\boldsymbol{r}, \boldsymbol{r}'$ とすると，$d\boldsymbol{r}=\boldsymbol{r}'-\boldsymbol{r}$ は接線と方向が一致する．位置ベクトルが弧長 s で表示されていれば

$$\boldsymbol{t}=\frac{d\boldsymbol{r}}{ds}=\begin{pmatrix} x' \\ y' \end{pmatrix} \qquad \left(x'=\frac{dx}{ds},\ y'=\frac{dy}{ds}\right)$$

を考えると，$ds=|d\boldsymbol{r}|=\sqrt{(dx)^2+(dy)^2}$ なので

$$|\boldsymbol{t}|=\frac{|d\boldsymbol{r}|}{ds}=1$$

となる．したがって $\boldsymbol{t}$ は接線を表わす単位長さのベクトルである．これを点Pにおける**接線ベクトル**という．

曲率　平面曲線 $y=f(x)$ において

$$\frac{1}{\rho}=\frac{f''(x)}{[1+\{f'(x)\}^2]^{3/2}} \tag{3.1}$$

を曲線の**曲率**，また ρ を**曲率半径**という．$f''(x)<0$ のとき $\rho<0$ となる．曲率半径を正とみなせば，上式の右辺で $f''(x)$ の絶対値をとらなければならない．

例題 3.1 図の円において点 P の座標は

$$x = a\cos\theta, \quad y = a\sin\theta$$

によって表わされる．弧長 s を用いたパラメタ表示によって円を表わせ．

円の接線ベクトル $\boldsymbol{t}$ の成分を求め，$\boldsymbol{t}$ が単位長さのベクトルであることを確かめよ．また，ベクトル $\boldsymbol{t}$ はベクトル $\overrightarrow{\mathrm{OP}}$ と直交していることを示せ．

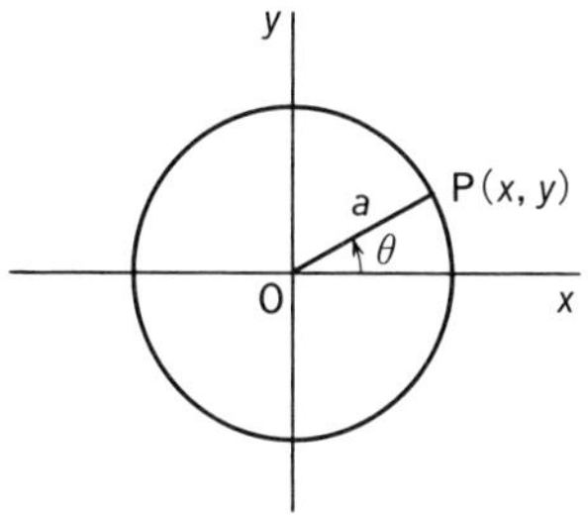

［解］ 弧長 s は $s=a\theta$ によって与えられるから $\theta=s/a$ となり

$$\boldsymbol{r} = \begin{pmatrix} x \\ y \end{pmatrix} = \begin{pmatrix} a\cos(s/a) \\ a\sin(s/a) \end{pmatrix}$$

を得る．これがパラメタ表示による円の方程式である．

接線ベクトルを求めるには $d\boldsymbol{r}/ds$ を計算すればよい．

$$\frac{dx}{ds} = -\sin\frac{s}{a}, \quad \frac{dy}{ds} = \cos\frac{s}{a}$$

を用いると

$$\boldsymbol{t} = \frac{d\boldsymbol{r}}{ds} = \begin{pmatrix} \dfrac{dx}{ds} \\ \dfrac{dy}{ds} \end{pmatrix} = \begin{pmatrix} -\sin\dfrac{s}{a} \\ \cos\dfrac{s}{a} \end{pmatrix}$$

となる．したがって

$$\begin{aligned} |\boldsymbol{t}| &= \left| -\boldsymbol{i}\sin\frac{s}{a} + \boldsymbol{j}\cos\frac{s}{a} \right| \\ &= \sqrt{\sin^2\frac{s}{a} + \cos^2\frac{s}{a}} \\ &= 1 \end{aligned}$$

と計算できる．ここで $\boldsymbol{i}, \boldsymbol{j}$ は x 方向，y 方向の単位ベクトルを表わす．これにより，接線ベクトルは単位長さのベクトルであることがわかる．

ベクトル $\overrightarrow{\mathrm{OP}}$ は $\boldsymbol{r}$ にほかならない．スカラー積

$$\begin{aligned} \boldsymbol{r}\cdot\boldsymbol{t} &= \left(\boldsymbol{i}a\cos\frac{s}{a} + \boldsymbol{j}a\sin\frac{s}{a}\right)\cdot\left(-\boldsymbol{i}\sin\frac{s}{a} + \boldsymbol{j}\cos\frac{s}{a}\right) \\ &= 0 \end{aligned}$$

によって，ベクトル $\boldsymbol{t}$ はベクトル $\overrightarrow{\mathrm{OP}}$ と直交する接線ベクトルであることを実際に確かめることができる．

例題 3.2　平面曲線の曲率を与える式(3.1)を，右図を参照しながら以下の手順で導け．

(i)　直線 $\overline{PQ}$, $\overline{QR}$ の傾き $f'(x)$ と $f'(x+\varDelta x)$ を，θ と $\varDelta\theta$ を用いて表わし，$\varDelta\theta/\varDelta x$ を求める．

(ii)　弧の長さ $\widehat{PQ}$ を $\varDelta s$ として，$\varDelta x$ を $\varDelta s$ によって表わす．

(iii)　$\varDelta s$ は弧 $\widehat{PQ}$ の中点と弧 $\widehat{QR}$ の中点を結ぶ弧の長さに等しいことを利用し，$1/\rho=\varDelta\theta/\varDelta s$ を求める．

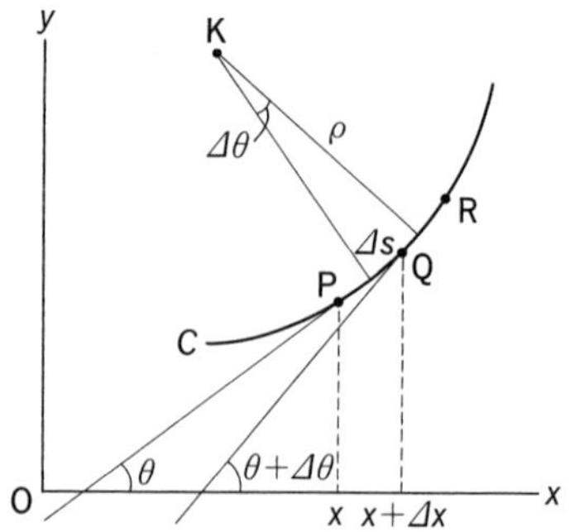

［解］　直線 $\overline{PQ}$, $\overline{QR}$ の傾きは図から

$$\tan\theta = f'(x), \qquad \tan(\theta+\varDelta\theta) = f'(x+\varDelta x) \tag{1}$$

である．$\varDelta x$, $\varDelta\theta$ が十分小さいとすれば

$$f'(x+\varDelta x) = f'(x)+f''(x)\varDelta x$$

$$\tan(\theta+\varDelta\theta) = \tan\theta+\frac{\varDelta\theta}{\cos^2\theta}$$

と近似できる．ここで $d\tan\theta/d\theta=1/\cos^2\theta$ を用いた．(1)から

$$\frac{\varDelta\theta}{\varDelta x} = f''(x)\cos^2\theta = \frac{f''(x)}{1+\tan^2\theta} = \frac{f''(x)}{1+\{f'(x)\}^2}$$

を得る．弧の長さ $\varDelta s$ は，$\varDelta y=f'(x)\varDelta x$ により

$$(\varDelta s)^2 = (\varDelta x)^2+(\varDelta y)^2 = (\varDelta x)^2[1+\{f'(x)\}^2]$$

と書けるから

$$\frac{\varDelta\theta}{\varDelta s} = \frac{f''(x)}{[1+\{f'(x)\}^2]^{3/2}}$$

を得る．$\overline{PQ}$ と $\overline{QR}$ の中点からこれらに垂直に引いた垂線が交わる角度は，図から $\varDelta\theta$ に等しく，その交点は PQR を通る円の中心である．したがって $\rho\varDelta\theta=\varDelta s$ が成り立つ．以上より

$$\frac{1}{\rho} = \frac{\varDelta\theta}{\varDelta s} = \frac{f''(x)}{[1+\{f'(x)\}^2]^{3/2}}$$

曲線にそって進むにつれて，接線の方向は変わってくる．その変化を表わすのが曲率である．

問　題 3-1

［1］ x_0, y_0, θ を定数とし，$-\infty < s < \infty$ とするとき

$$x(s) = x_0 + s\cos\theta, \qquad y(s) = y_0 + s\sin\theta$$

はどのような直線を表わすかを述べよ．この直線の接線ベクトル $\boldsymbol{t}$ を求めよ．

［2］ 前問の直線と直交し，点 (x_0, y_0) を通る直線の方程式を求めよ．

［3］ 楕円の方程式を

$$\frac{x^2}{a^2} + \frac{y^2}{b^2} = 1$$

とする．曲率を求めよ．特に，$a=b$ のとき曲率半径 $|\rho|$ は a に等しくなることを示せ．

［4］ 正弦曲線

$$y = a\sin x$$

の曲率を求めよ．曲率半径 $|\rho|$ が最大または最小になるのはどのようなときか．

Tips： 円の曲率半径

半径 a の円の曲率半径はもちろん a である．こういうわかりきった例で公式をためしてみるのもよい．

円の方程式を $x^2+y^2=a^2$ とすると

$$y = f(x) = \pm\sqrt{a^2-x^2}$$

したがって

$$f'(x) = \mp\frac{x}{\sqrt{a^2-x^2}}$$

$$f''(x) = \mp\left\{\frac{1}{\sqrt{a^2-x^2}} + \frac{x^2}{(a^2-x^2)^{3/2}}\right\} = \mp\frac{a^2}{(a^2-x^2)^{3/2}}$$

52 ページの式(3.1)に代入すれば

$$\frac{1}{\rho} = \frac{|\mp a^2|}{(a^2-x^2+x^2)^{3/2}} = \frac{1}{a}$$

すなわち，曲率半径 $\rho=a$ である．

3–2　空間曲線

曲線上に選んだ定点から曲線にそって測った曲線の長さ s をパラメタとして，曲線上の点の位置ベクトル $\boldsymbol{r}=(x, y, z)$ を与えると，空間曲線は $\boldsymbol{r}=\boldsymbol{r}(s)$ で表わせる．s の微小変化 ds に対する $\boldsymbol{r}$ の変化を $d\boldsymbol{r}$ とすると，$d\boldsymbol{r}=(dx, dy, dz)$ の大きさは ds に等しく，$d\boldsymbol{r}$ は接線方向を向いている．したがって**接線ベクトル**は次式で与えられる．

$$\boldsymbol{t}=\frac{d\boldsymbol{r}(s)}{ds}$$

接線はベクトル $\boldsymbol{t}$ を延長した直線である．接線上の点の位置ベクトルを $\boldsymbol{X}$ とすると，$\boldsymbol{X}$ は $\boldsymbol{r}(s)$ から $\boldsymbol{t}$ にそってある距離を進んだ点である．この距離を α とすると，接線の方程式は $\boldsymbol{X}-\boldsymbol{r}(s)=\alpha\boldsymbol{t}(s)$ $(-\infty<\alpha<\infty)$ となる．

法平面　空間曲線上の点 $\mathrm{P}(s)$ を通り，接線に垂直な平面を $\mathrm{P}(s)$ における**法平面**という．法平面上の点の位置ベクトルを $\boldsymbol{X}$，曲線上の点 $\mathrm{P}(s)$ の位置ベクトルを $\boldsymbol{r}(s)$ とすれば，ベクトル $\boldsymbol{X}-\boldsymbol{r}(s)$ は接線 $\boldsymbol{t}$ に垂直である．したがって法平面を表わす方程式は $(\boldsymbol{X}-\boldsymbol{r}(s))\cdot\boldsymbol{t}(s)=0$ と書ける．

接触平面　空間曲線上のたがいに接近した3点は，特別の場合を除き1つの平面を決定し，この付近で曲線はこの平面の上に乗っている．この平面を曲線の**接触平面**という．空間曲線上の接近した3点はまた1つの円を決定する．その円は接触平面上にある．これら3点を共有する円の半径 ρ を曲線の**曲率半径**といい，その半径の方向を曲線の**主法線**という．主法線は法平面上にあり，同時

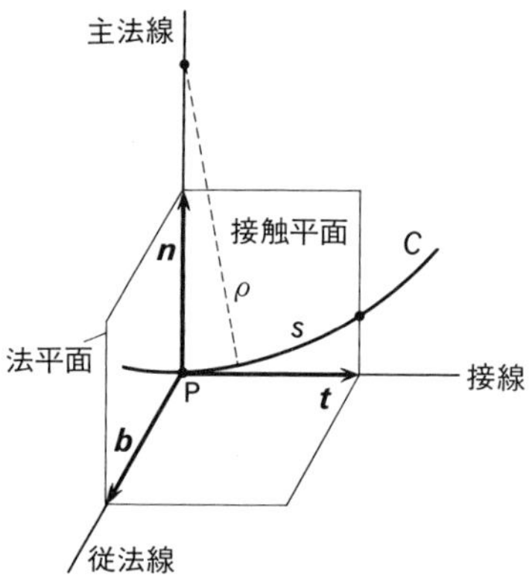

図 3–1

に接触平面上にあるから，これらの交線である(図3-1)．主法線を表わす単位ベクトルを**主法線ベクトル** $\boldsymbol{n}$ という．

従法線　接線 $\boldsymbol{t}$ と主法線 $\boldsymbol{n}$ に直交する単位ベクトル

$$\boldsymbol{b} = \boldsymbol{t}\times\boldsymbol{n}$$

を**従法線ベクトル**とよぶ．これを延長した直線を**従法線**という(**陪法線，次法線**ともいう)．$\boldsymbol{t}, \boldsymbol{n}, \boldsymbol{b}$ は右手座標系の関係にある．

例題 3.3　位置ベクトルが $\boldsymbol{r}(s)=(x, y, z)$ で与えられる曲線上の点において，曲線に接線を引く．接線上の点の位置ベクトルを $\boldsymbol{X}=(X, Y, Z)$ とするとき，接線の方程式は

$$\boldsymbol{X}-\boldsymbol{r}(s) = \alpha\boldsymbol{t}(s) \qquad (-\infty<\alpha<\infty)$$

によって表わされる．ここで $\boldsymbol{t}(s)$ は接線ベクトルである．接線ベクトル $\boldsymbol{t}$ の方向余弦を (l, m, n) とするとき，接線の方程式を $\boldsymbol{r}(s), \boldsymbol{X}, \boldsymbol{t}$ の成分を用いて書き表わせ．

位置ベクトルが $\boldsymbol{r}(s)$ である曲線上の点を通り，その点における接線ベクトルと直交する法平面を考える．法平面上の点の位置ベクトルを $\boldsymbol{X}$ とすると，法平面の方程式は

$$(\boldsymbol{X}-\boldsymbol{r}(s))\cdot\boldsymbol{t}(s) = 0$$

によって与えられる．これを $\boldsymbol{r}(s), \boldsymbol{X}, \boldsymbol{t}$ の成分を用いて書き，方程式を原点から法平面までの距離によって表わせ．

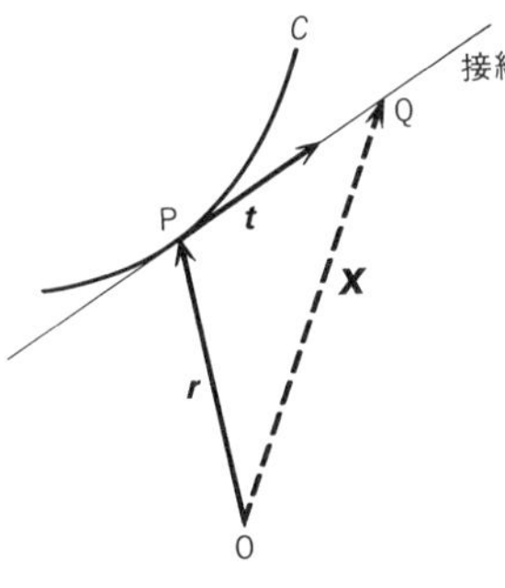

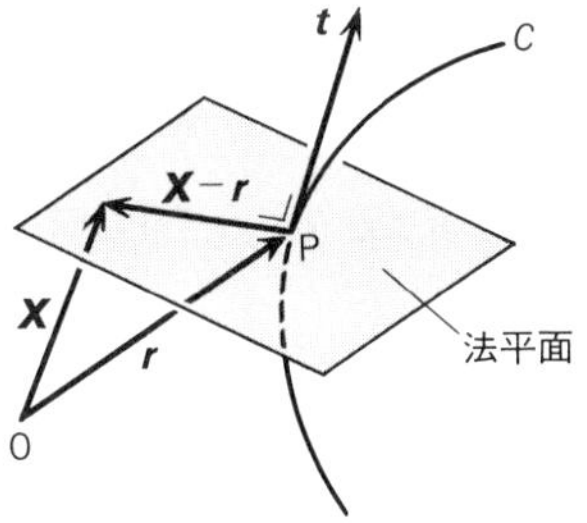

［解］　x, y, z 方向の単位ベクトルを $\boldsymbol{i}, \boldsymbol{j}, \boldsymbol{k}$ とすると

$$\boldsymbol{X}-\boldsymbol{r}(s) = \boldsymbol{i}(X-x)+\boldsymbol{j}(Y-y)+\boldsymbol{k}(Z-z)$$

$$\boldsymbol{t} = \boldsymbol{i}l+\boldsymbol{j}m+\boldsymbol{k}n$$

であるから，

$$X-x = \alpha l, \quad Y-y = \alpha m, \quad Z-z = \alpha n$$

が成立する．したがって接線の方程式は次式で与えられる．

$$\frac{X-x}{l} = \frac{Y-y}{m} = \frac{Z-z}{n} \ (= \alpha)$$

法平面の方程式を成分を使って書くと

$$(X-x)l+(Y-y)m+(Z-z)n = 0$$

となる．したがって，

$$lX+mY+nZ = lx+my+nz$$

を得る．$lx+my+nz$ は $\boldsymbol{r}(s)\cdot\boldsymbol{t}$ であるから，これは位置ベクトル $\boldsymbol{r}(s)$ の接線方向の大きさを表わしている．法平面は，接線ベクトルと直交しているので，$\boldsymbol{r}(s)$ の $\boldsymbol{t}$ 方向成分は，原点から法平面に下した垂線の長さ，つまり原点から法平面までの距離を表わす．

例題 3.4　曲線上の点の位置ベクトルを $\boldsymbol{r}(s)$ とする．その点における曲線の接線を表わす接線ベクトルを $\boldsymbol{t}$ とする．$\boldsymbol{t}$ は単位ベクトルであるから $\boldsymbol{t}\cdot\boldsymbol{t}=1$ である．この両辺を弧の長さ s で微分することにより，

$$\frac{d\boldsymbol{t}}{ds} = \frac{1}{\rho}\boldsymbol{n}$$

となることを示せ．ρ は曲率半径，$\boldsymbol{n}$ は主法線ベクトルを表わす．上式を導くとき，図の点 P, Q における接線ベクトル $\boldsymbol{t}, \boldsymbol{t}'$ の差が $\boldsymbol{t}'-\boldsymbol{t}=d\boldsymbol{t}$ で与えられることを利用せよ．

また，$\boldsymbol{b}=\boldsymbol{t}\times\boldsymbol{n}$ で定義される従法線ベクトル $\boldsymbol{b}$ は

$$\frac{d\boldsymbol{b}}{ds} = -\tau\boldsymbol{n}, \quad |\tau| = \left|\frac{d\boldsymbol{b}}{ds}\right|$$

によって与えられることを，定義式を s で微分して示せ．

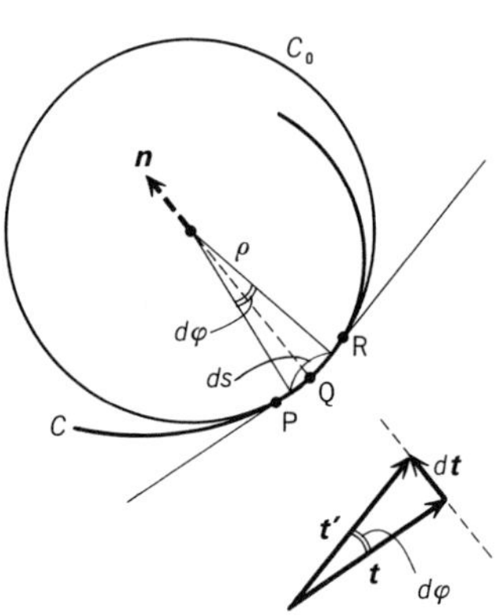

［解］　スカラー積 $\boldsymbol{t}\cdot\boldsymbol{t}=1$ を s で微分すると

$$\frac{d\boldsymbol{t}}{ds}\cdot\boldsymbol{t}+\boldsymbol{t}\cdot\frac{d\boldsymbol{t}}{ds} = 2\boldsymbol{t}\cdot\frac{d\boldsymbol{t}}{ds} = 0$$

となるから，$d\boldsymbol{t}/ds$ は $\boldsymbol{t}$ と直交する．$\boldsymbol{t}'-\boldsymbol{t}=d\boldsymbol{t}$ は円の中心を向き，主法線ベクトル $\boldsymbol{n}$ と

平行である．$d\boldsymbol{t}$ の大きさは角 $d\varphi$ によって切り取られる半径1の円弧の長さに近似できる．つまり，$|d\boldsymbol{t}|=d\varphi$ である．一方，$ds=\rho d\varphi$ であるから

$$\left|\frac{d\boldsymbol{t}}{ds}\right| = \frac{d\varphi}{ds} = \frac{1}{\rho}$$

を得る．以上により

$$\frac{d\boldsymbol{t}}{ds} = \frac{1}{\rho}\boldsymbol{n}$$

となる．

従法線ベクトルの定義式 $\boldsymbol{b}=\boldsymbol{t}\times\boldsymbol{n}$ を s で微分して

$$\frac{d\boldsymbol{b}}{ds} = \frac{d\boldsymbol{t}}{ds}\times\boldsymbol{n}+\boldsymbol{t}\times\frac{d\boldsymbol{n}}{ds}$$

を得る．$d\boldsymbol{t}/ds$ は $\boldsymbol{n}$ に平行であるから，右辺第1項は0となる．右辺第2項から $d\boldsymbol{b}/ds$ は $\boldsymbol{t}$ と直交している．一方，$\boldsymbol{b}\cdot\boldsymbol{b}=1$ の両辺を s で微分することにより $\boldsymbol{b}\cdot(d\boldsymbol{b}/ds)=0$ となるから，$d\boldsymbol{b}/ds$ は $\boldsymbol{b}$ とも直交する．$\boldsymbol{t}$ にも $\boldsymbol{b}$ にも垂直な $d\boldsymbol{b}/ds$ は主法線 $\boldsymbol{n}$ の方向を向いている．$|\tau|=|d\boldsymbol{b}/ds|$ を用いて，

$$\frac{d\boldsymbol{b}}{ds} = -\tau\boldsymbol{n}$$

と書き，τ の符号までも定義する．τ を**ねじれ率**といい，曲線のねじれを表わす．

問　題 3–2

［**1**］　半径 a の球面上の点は，極座標 (r,θ,φ) を用いると

$$x = a\sin\theta\cos\varphi$$
$$y = a\sin\theta\sin\varphi$$
$$z = a\cos\theta$$

によって与えられる．この球面上において $\varphi=\varphi_0=$一定 の曲線を考える．これは経度一定の円(大円)である．経線にそう曲線の長さは $s=a\theta$ である．

接線 $\boldsymbol{t}$，主法線 $\boldsymbol{n}$，従法線 $\boldsymbol{b}$，曲率半径 ρ，ねじれ率 τ を求めよ．

［**2**］　平面上の半径 a の円について，$\boldsymbol{t},\boldsymbol{n},\boldsymbol{b},\rho,\tau$ を求めよ．

［**3**］　例題3.4において

$$\frac{d\boldsymbol{t}}{ds} = \frac{1}{\rho}\boldsymbol{n} \tag{1}$$

$$\frac{d\boldsymbol{b}}{ds} = -\tau\boldsymbol{n} \tag{2}$$

を求めた．主法線ベクトル $\boldsymbol{n}$ を s にそう微分から

$$\frac{d\boldsymbol{n}}{ds} = \tau\boldsymbol{b} - \frac{1}{\rho}\boldsymbol{t} \tag{3}$$

を導け．

式(1)～(3)を**フレネ-セレ**(Frenet-Serret)**の公式**という．

［4］ **ダルブー**(Darboux)**ベクトル**

$$\boldsymbol{\omega} = \tau\boldsymbol{t} + \frac{1}{\rho}\boldsymbol{b}$$

を使うと，フレネ-セレの公式は

$$\frac{d\boldsymbol{t}}{ds} = \boldsymbol{\omega}\times\boldsymbol{t}$$

$$\frac{d\boldsymbol{b}}{ds} = \boldsymbol{\omega}\times\boldsymbol{b}$$

$$\frac{d\boldsymbol{n}}{ds} = \boldsymbol{\omega}\times\boldsymbol{n}$$

によって表わされることを示せ．

［5］ 曲率 $1/\rho$ が 0 であることが，曲線が直線であるための必要かつ十分な条件であることを示せ．

［6］ z 軸を主軸とする**らせん**はパラメタ t を用いて

$$x = a\cos t, \quad y = a\sin t, \quad z = ct$$

によって表わされる．この曲線の $\boldsymbol{t}, \boldsymbol{n}, \boldsymbol{b}, \rho, \tau$ を求めよ．$c=0$ のとき，らせんは円になる．$c=0$ のとき，上で求めた結果は［2］の結果と一致することを示せ．

4

曲　面

私たちが毎日目にする物体の多くは曲面で構成されている．実用的なガラスのコップの円錐と平面，ブランデーグラスや花びんのしなやかで複雑な曲面，もっと単純なものでは地球儀の球面，ゆで卵の面，円柱の面，テーブルの平面などが見られる．これらの曲面を特長づける量として曲率がある．曲面の曲率がどのように計量化できるかをこの章で学ぶ．

4-1 曲面の表現

典型的な曲面である球面や円柱の面などを調べておこう．

曲面の特殊な場合である平面は，x, y, z の1次式によって表わされることをこれまでに学んだ．a, b, c を定数として

$$z = ax+by+c$$

は平面を表わす．

2次曲面　x, y, z の2次方程式で与えられる面を2次曲面という．

(a) **球面**　原点を中心とする半径 a の球面は，方程式

$$x^2+y^2+z^2 = a$$

によって与えられる．

(b) **楕円面**　a, b, c を定数とするとき，方程式

$$\frac{x^2}{a^2}+\frac{y^2}{b^2}+\frac{z^2}{c^2} = 1$$

は楕円面(図4-1)を与える．特に $a=b=c$ のとき球面となる．

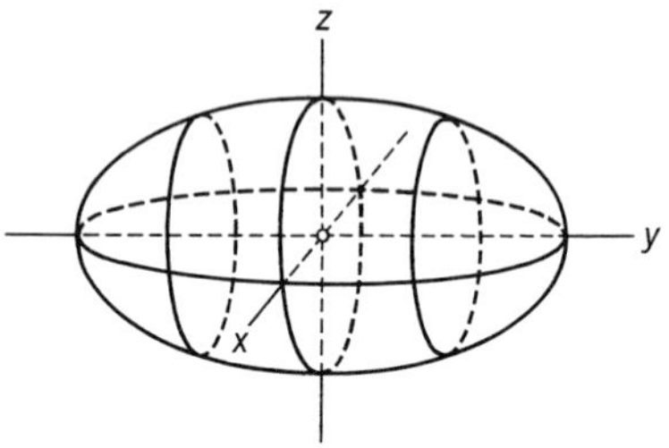

図4-1

一般の曲面　座標 x, y, z に関する方程式

$$F(x, y, z) = 0 \qquad \text{または} \qquad z = f(x, y)$$

によって一般の曲面を与えることができる．座標 x と y の値を与えると，z の値が $z=f(x, y)$ で定まるからである．これを (x, y) 表示とよんでおこう．

パラメタ表示　極座標 (r, θ, φ) を用いると，球面は $r=a$（一定）であり

$$\begin{cases} x = a\sin\theta\cos\varphi \\ y = a\sin\theta\sin\varphi \\ z = a\cos\theta \end{cases}$$

によって与えられる．これは，θ と φ をパラメタとして x, y, z を表わしているとみることもできる．2次曲面に限らず，一般の曲面上の点は2つのパラメタ

を用いて表わすことができる．このパラメタとして文字 u と v を用い，これをパラメタ表示，あるいは (u, v) 表示とよぶことにする．この表示によると，曲面上の点の位置ベクトルは

$$\boldsymbol{r} = \boldsymbol{r}(u, v)$$

と表わされる．

特に u, v を x, y にとると，たとえば球面は

$$x = u, \quad y = v, \quad z = \sqrt{a^2-u^2-v^2}$$

と書ける．また，極座標において $u=\sin\theta$，$v=\varphi$ と選ぶと，球面は

$$x = au\cos v, \quad y = au\sin v, \quad z = a\sqrt{1-u^2}$$

とも書ける．このように，パラメタ u, v のとり方は一義的ではない．

例題 4.1　楕円面はパラメタ u, v を用いて

$$\begin{cases} x = a\sin u\cos v \\ y = b\sin u\sin v \\ z = c\cos u \end{cases} \tag{1}$$

と表わされることを示せ．特に $z=0$ の面などの平面上において，上式は楕円を与えることを確かめよ．また，上式と異なるパラメタ表示を見いだせ．

［**解**］　与えられたパラメタ表示から $(x/a)^2+(y/b)^2$ を作ると

$$\frac{x^2}{a^2}+\frac{y^2}{b^2} = \sin^2 u(\cos^2 v+\sin^2 v) = \sin^2 u$$

を得る．これと第 3 式から導かれる $(z/c)^2$ の和をとり，

$$\frac{x^2}{a^2}+\frac{y^2}{b^2}+\frac{z^2}{c^2} = \sin^2 u+\cos^2 u = 1$$

となる．これは楕円面の方程式にほかならない．したがって(1)は楕円面を表わすパラメタ表示である．

$z=0$ の平面を考えると $u=\pi/2$ であるから，$x=a\cos v$，$y=b\sin v$ を得る．前と同様の計算によって

$$\frac{x^2}{a^2}+\frac{y^2}{b^2} = 1$$

を得る．これは $z=0$ の平面，つまり xy 平面における楕円を表わす．$y=0$ の平面（zx

平面), $x=0$ の平面(yz 平面)においても同様に楕円が得られる.

パラメタ表示として

$$\begin{cases} x = a\cos u\cos v \\ y = b\cos u\sin v \\ z = c\sin u \end{cases} \tag{2}$$

と選んでもやはり楕円面を表わすことが, 上と同様の計算から確かめられる. また, (1), (2) において x の右辺に含まれる $\cos v$ を $\sin v$ と書き, y の右辺の $\sin v$ を $\cos v$ とおきかえた

$$\begin{cases} x = a\sin u\sin v \\ y = b\sin u\cos v \\ z = c\cos u \end{cases} \qquad \begin{cases} x = a\cos u\sin v \\ y = b\cos u\cos v \\ z = c\sin u \end{cases}$$

もまた楕円面のパラメタ表示である.

例題 4.2　p, q を正の定数とするとき

$$\frac{x^2}{2p}+\frac{y^2}{2q} = z \tag{1}$$

は**楕円放物面**とよばれる曲面を与える. この曲面はどのような特徴をもっているかを述べよ. また, 楕円放物面は

$$\begin{cases} x = au\cos v \\ y = bu\sin v \\ z = u^2 \end{cases} \tag{2}$$

によって表わされることを示せ.

［解］ $z=z_0>0$ (z_0=一定)の平面でこの曲面を切りとると, (1)は

$$\frac{x^2}{a^2}+\frac{y^2}{b^2} = 1, \qquad a = \sqrt{2pz_0}, \qquad b = \sqrt{2qz_0}$$

となるから, 楕円を表わす. 一方, $y=0$, または $x=0$ で曲面を切ると

$$\frac{x^2}{2p} = z \qquad \text{または} \qquad \frac{y^2}{2q} = z$$

となり, それぞれ xz 平面あるいは yz 平面における放物線を表わす.

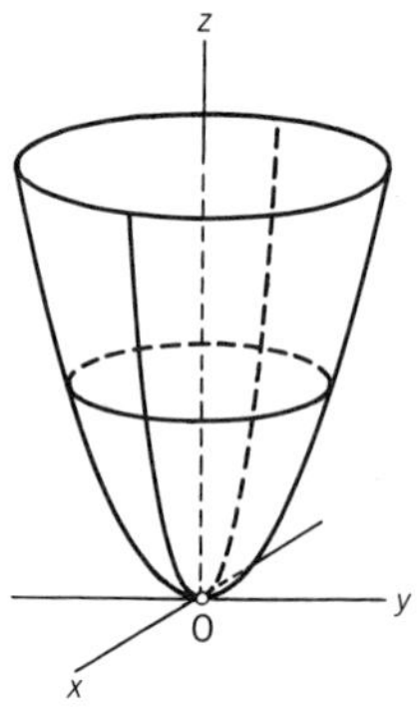

z 軸をふくむ任意の平面でこの曲面を切りとると，$\rho^2=z$ となり，やはり放物線を表わす．ただし，$x=\sqrt{2p}\,\rho\cos\theta$，$y=\sqrt{2q}\,\rho\sin\theta$ とおいた．楕円放物面を図に示す．

与えられたパラメタ表示を用いて $(x/a)^2+(y/b)^2$ を作ると

$$\frac{x^2}{a^2}+\frac{y^2}{b^2}=u^2$$

となる．右辺に(2)の第3式を代入し，$a^2=2p$，$b^2=2q$ とおけば(1)が得られる．したがって(2)は楕円放物面のパラメタ表示である．

問 題 4-1

［1］ **1葉双曲面**とよばれる曲面は

$$\frac{x^2}{a^2}+\frac{y^2}{b^2}-\frac{z^2}{c^2}=1$$

によって表わされる．1葉双曲面の特徴を図示せよ．また，パラメタ表示を用いると，1葉双曲面は

$$\begin{cases} x=a\cosh u\cos v \\ y=b\cosh u\sin v \\ z=c\sinh u \end{cases}$$

で表わされることを示せ．

［2］ **2葉双曲面**

$$\frac{x^2}{a^2}+\frac{y^2}{b^2}-\frac{z^2}{c^2}=-1$$

を図示し，そのパラメタ表示が

$$\begin{cases} x=a\sinh u\cos v \\ y=b\sinh u\sin v \\ z=c\cosh u \end{cases}$$

となることを示せ．

［3］ **双曲放物面**

$$\frac{x^2}{2p}-\frac{y^2}{2q}=z$$

を図示し，その特徴を述べよ．特に原点は**鞍点**(あんてん)，あるいは**鞍部点**とよばれる．原点は馬の鞍(くら)の形をしているからである．双曲放物面は

$$\begin{cases} x=au\cosh v \\ y=bu\sinh v \\ z=u^2 \end{cases}$$

によって表わされることを示せ．

［4］ **円錐面**

$$x^2+y^2 = \frac{a^2z^2}{h^2}$$

および**楕円錐面**

$$\frac{x^2}{a^2}+\frac{y^2}{b^2} = \frac{z^2}{h^2}$$

の特徴を述べ，それらを図示せよ．

［5］ 任意の平面曲線上の各点を通って定方向(たとえば z 軸)に平行に引いた直線群によって作られる曲面を**柱面**という(下図)．柱面は円柱座標 (ρ, φ) を用いるとどのように表わされるか．

［6］ xz 平面内の任意の曲線 $f(x, z)=0$，$y=0$ を z 軸のまわりに回転したときにできる面は，z 軸を回転対称軸とする**回転面**である(下図)．前問と同じように，回転面を表わす方程式を書け．

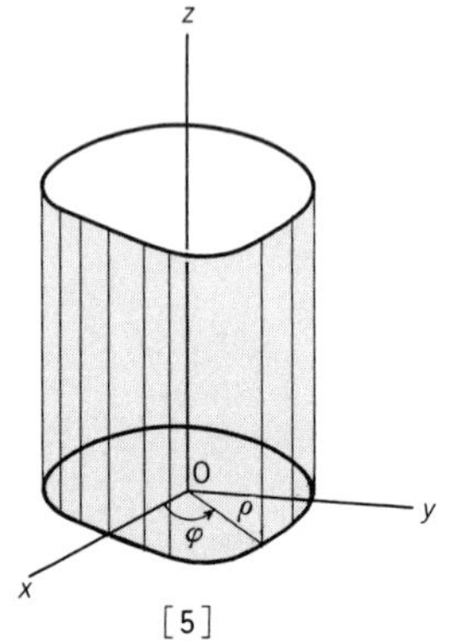

［5］

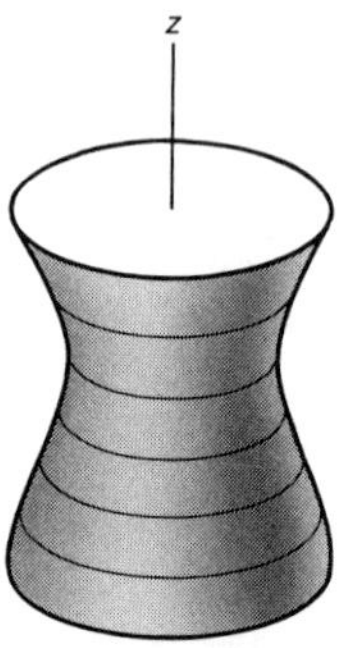

［6］

4–2 距離・面積・法線

(x, y) 表示を用いた曲面の方程式を $z=z(x, y)$ とする．曲面上の点の位置ベクトル $\boldsymbol{r}(x, y)$ は

$$\boldsymbol{r}(x, y) = \boldsymbol{i}x+\boldsymbol{j}y+\boldsymbol{k}z(x, y)$$

で表わされる．これと接近した曲面上の点 $\boldsymbol{r}(x+dx, y+dy)$ をとり，2 点を結ぶベクトル $d\boldsymbol{r}=\boldsymbol{r}(x+dx, y+dy)-\boldsymbol{r}(x, y)$ を作る．dx, dy が十分小さければ

$$d\boldsymbol{r} = \boldsymbol{i}dx+\boldsymbol{j}dy+\boldsymbol{k}(pdx+qdy)$$

と書ける．ここで $p=\partial z/\partial x$，$q=\partial z/\partial y$ である．2 点間の距離を ds とすれば，$ds=|d\boldsymbol{r}|$ であるから

$$ds^2 = (1+p^2)dx^2+2pqdxdy+(1+q^2)dy^2$$

が得られる．$(ds)^2$ などを ds^2 などと書いた．微小距離 ds は**線素**とよばれる．

曲面上に接近した 3 点 $\boldsymbol{r}(x, y)$, $\boldsymbol{r}(x+dx, y)$, $\boldsymbol{r}(x, y+dy)$ を P, Q, R に選び，ベクトル $\overrightarrow{\mathrm{PQ}}$, $\overrightarrow{\mathrm{PR}}$ によって作られる微小面積 dS を求めよう (図 4–2)．ベクトル $\overrightarrow{\mathrm{PQ}}$ と $\overrightarrow{\mathrm{PR}}$ はそれぞれ

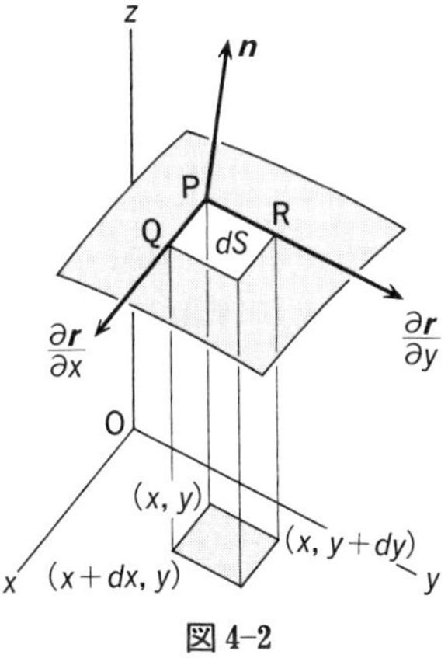

図 4–2

$$\boldsymbol{r}(x+dx, y)-\boldsymbol{r}(x, y) = \frac{\partial \boldsymbol{r}}{\partial x}dx = (\boldsymbol{i}+p\boldsymbol{k})dx$$

$$\boldsymbol{r}(x, y+dy)-\boldsymbol{r}(x, y) = \frac{\partial \boldsymbol{r}}{\partial y}dy = (\boldsymbol{j}+q\boldsymbol{k})dy$$

と近似できる．これらのベクトルのベクトル積の大きさは，$\overrightarrow{\mathrm{PQ}}$ と $\overrightarrow{\mathrm{PR}}$ を 2 辺とする平行四辺形の面積に等しいから

$$\begin{aligned} dS &= |(\boldsymbol{i}+p\boldsymbol{k})\times(\boldsymbol{j}+q\boldsymbol{k})|dxdy = |-p\boldsymbol{i}-q\boldsymbol{j}+\boldsymbol{k}|dxdy \\ &= \sqrt{p^2+q^2+1}\,dxdy \end{aligned}$$

が得られる．微小面積は**面積要素**とよばれる．

曲面に垂直な単位長さのベクトルは曲線の**法線ベクトル** $\boldsymbol{n}$ を与える．それはベクトル積 $\overrightarrow{\mathrm{PQ}}\times\overrightarrow{\mathrm{PR}}$ をその大きさで割れば求められる．つまり

$$\boldsymbol{n} = (-p\boldsymbol{i}-q\boldsymbol{j}+\boldsymbol{k})/\sqrt{p^2+q^2+1}$$

例題 4.3　原点を中心とする半径 a の球の $z\geqq 0$ の部分は $z=\sqrt{a^2-x^2-y^2}$ で与えられる．法線ベクトル $\boldsymbol{n}$ を求めよ．また，面積要素を導き，つぎにそれを積分して $z\geqq 0$ の半球の表面積を求めよ．

［**解**］ 与えられた z の式から，$p=\dfrac{\partial z}{\partial x}=-\dfrac{x}{z}$，$q=\dfrac{\partial z}{\partial y}=-\dfrac{y}{z}$ となるから

$$p^2+q^2+1 = \frac{a^2}{a^2-x^2-y^2} = \frac{a^2}{z^2}$$

が得られる．したがって法線ベクトルは

$$\boldsymbol{n} = \frac{-p\boldsymbol{i}-q\boldsymbol{j}+\boldsymbol{k}}{\sqrt{p^2+q^2+1}} = \frac{1}{a}(x\boldsymbol{i}+y\boldsymbol{j}+z\boldsymbol{k}) = \frac{\boldsymbol{r}}{a}$$

で与えられる．これは，原点を通る直線である．

面積要素 dS は

$$dS = \sqrt{p^2+q^2+1}\,dxdy = \frac{a}{z}\,dxdy = \frac{a}{\sqrt{a^2-x^2-y^2}}\,dxdy$$

となる．x, y に関する積分を半径 ρ の積分に書きかえる(図を参照)．このとき面積要素 $dxdy$ は半径が ρ と $\rho+d\rho$ の円に囲まれた微小面積 $2\pi\rho d\rho$ に変換される．また $\rho^2=x^2+y^2$ であるから

$$dS = \frac{2\pi a\rho}{\sqrt{a^2-\rho^2}}\,d\rho$$

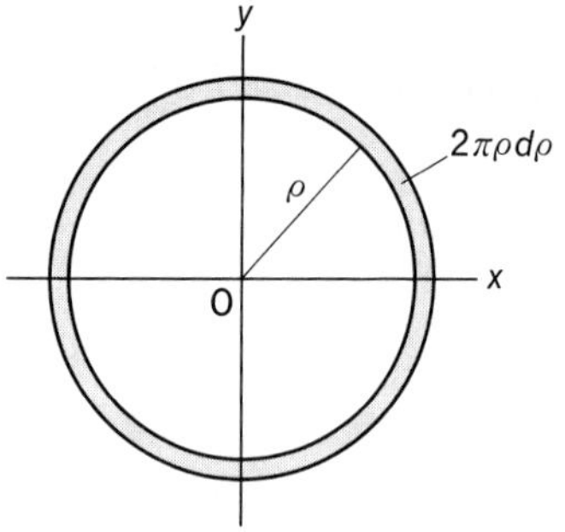

となる．したがって

$$S = \int_0^a \frac{2\pi a\rho}{\sqrt{a^2-\rho^2}}\,d\rho$$

$$= -2\pi a\sqrt{a^2-\rho^2}\,\Big|_0^a = 2\pi a^2$$

が得られる．

$z\leqq 0$ を含めた球全体の表面積は $2S=4\pi a^2$ となる．これはよく知られた結果である．

例題 4.4 2つのパラメタ u, v を用いて曲面上の点の位置ベクトルを表わすと

$$\boldsymbol{r}(u,v) = \boldsymbol{i}x(u,v)+\boldsymbol{j}y(u,v)+\boldsymbol{k}z(u,v)$$

となる．u だけを変えたときに曲面上にできる曲線を **u 曲線**といい，v だけを変えたときにできる曲線を **v 曲線**という．両者の交点 (u, v) は曲面上の点を定める．

図において，v を一定に保ち u を微小量 du だけ変えた点 $\boldsymbol{r}(u+du, v)$ と $\boldsymbol{r}(u, v)$ との差は

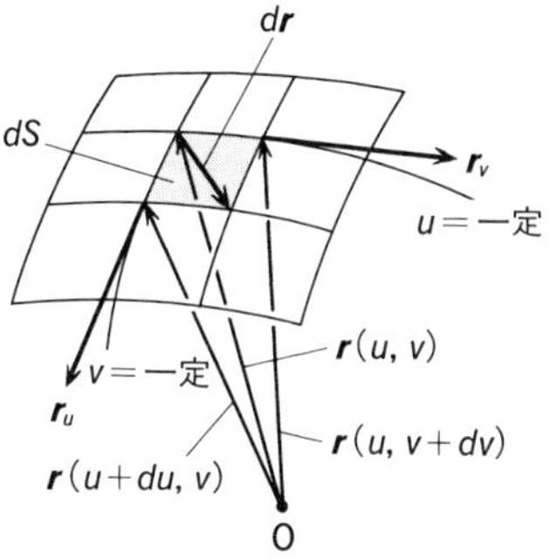

$$\frac{\partial \boldsymbol{r}(u,v)}{\partial u}du = \left(\boldsymbol{i}\frac{\partial x(u,v)}{\partial u}+\boldsymbol{j}\frac{\partial y(u,v)}{\partial u}+\boldsymbol{k}\frac{\partial z(u,v)}{\partial u}\right)du$$

で与えられる．右辺を $\boldsymbol{r}_u du$ と書くことにする．同様に，u を一定にして v を微小量 dv だけ変えた点 $\boldsymbol{r}(u, v+dv)$ と $\boldsymbol{r}(u, v)$ との差は $\boldsymbol{r}_v dv$ と書くことができる．ここで

$$\boldsymbol{r}_v dv = \left(\boldsymbol{i}\frac{\partial x(u,v)}{\partial v}+\boldsymbol{j}\frac{\partial y(u,v)}{\partial v}+\boldsymbol{k}\frac{\partial z(u,v)}{\partial v}\right)dv = \frac{\partial \boldsymbol{r}(u,v)}{\partial v}dv$$

である．(x, y) 表示と同じように，線素 ds，面積要素 dS，法線ベクトル $\boldsymbol{n}$ を $E=\boldsymbol{r}_u^2$, $F=\boldsymbol{r}_u\cdot\boldsymbol{r}_v$，$G=\boldsymbol{r}_v^2$ を用いて表わせ．E, F, G を**第1基本量**とよぶ．

［解］ 曲面上の2点 $\boldsymbol{r}(u, v)$ と $\boldsymbol{r}(u+du, v+dv)$ を結ぶベクトル $d\boldsymbol{r}$ は

$$d\boldsymbol{r} = \boldsymbol{r}(u+du, v+dv)-\boldsymbol{r}(u,v) = \boldsymbol{r}_u du+\boldsymbol{r}_v dv$$

である．$ds^2=|d\boldsymbol{r}|^2$ であるから

$$ds^2 = (\boldsymbol{r}_u du+\boldsymbol{r}_v dv)^2 = Edu^2+2Fdudv+Gdv^2 \tag{1}$$

を得る．これが線素 ds を与える．これは，第1基本量 E, F, G を用いた曲面の**第1基本微分形式**とよばれる．

2つのベクトル $\boldsymbol{r}_u du$ と $\boldsymbol{r}_v dv$ によって作られる平行四辺形の面積 dS は，両者のベクトル積の大きさによって表わされる．

$$dS = |\boldsymbol{r}_u\times\boldsymbol{r}_v|dudv$$

ベクトル積の大きさ $|\boldsymbol{r}_u\times\boldsymbol{r}_v|$ は $\{(\boldsymbol{r}_u\times\boldsymbol{r}_v)\cdot(\boldsymbol{r}_u\times\boldsymbol{r}_v)\}^{1/2}$ によって表わされる．例題 1.10 の計算を用いると

$$\begin{aligned}(\boldsymbol{r}_u\times\boldsymbol{r}_v)\cdot(\boldsymbol{r}_u\times\boldsymbol{r}_v) &= (\boldsymbol{r}_u\cdot\boldsymbol{r}_u)(\boldsymbol{r}_v\cdot\boldsymbol{r}_v)-(\boldsymbol{r}_u\cdot\boldsymbol{r}_v)^2 \\ &= EG-F^2\end{aligned}$$

であるから

$$dS = \sqrt{EG-F^2}\,dudv$$

となる．同様に，法線ベクトル $\boldsymbol{n}$ は次式で表わされる．

$$\boldsymbol{n} = \frac{\boldsymbol{r}_u\times\boldsymbol{r}_v}{|\boldsymbol{r}_u\times\boldsymbol{r}_v|} = \frac{\boldsymbol{r}_u\times\boldsymbol{r}_v}{\sqrt{EG-F^2}}$$

$\boldsymbol{r}_u$ と $\boldsymbol{r}_v$ は一般に直角に交わらない．

問　題 4-2

［1］ パラメタ (u, v) 表示において，$u=x$，$v=y$ と選ぶと，曲面上の位置ベクトルは

$$\boldsymbol{r} = \boldsymbol{i}x+\boldsymbol{j}y+\boldsymbol{k}z(x,y) = \begin{pmatrix} x \\ y \\ z(x,y) \end{pmatrix}$$

となる．例題 4.4 で求めた $\boldsymbol{r}_u(=\boldsymbol{r}_x)$，$\boldsymbol{r}_v(=\boldsymbol{r}_y)$ を計算して，第 1 基本量 E, F, G および線素 ds を求めよ．

［2］ 原点を中心とする半径 a の球面は，極座標 $u=\theta$，$v=\varphi$ を用いて

$$\boldsymbol{r}(\theta,\varphi) = (a\sin\theta\cos\varphi,\ a\sin\theta\sin\varphi,\ a\cos\theta)$$

で与えられる．この球面の線素，面積要素，法線ベクトルを求めよ．また，球の全表面積を求めよ．

［3］ 図に示す回転面上の点の位置は

$$x = u\cos v, \quad y = u\sin v, \quad z = f(u)$$

によって与えられる．z は $u=\sqrt{x^2+y^2}$ の関数である．ベクトル $\boldsymbol{r}_u, \boldsymbol{r}_v$ を計算し，第 1 基本量 E, F, G および面積要素 dS を求めよ．

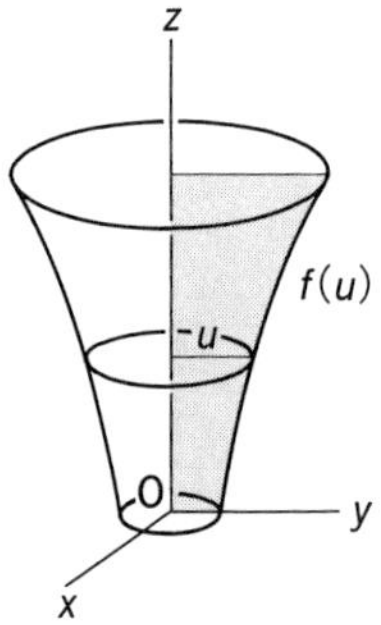

［4］ 球面も回転面である．球面に対して前問の $z=f(u)$ を求めよ．第 1 基本量 E, F, G を計算せよ．

［5］ 球面 $z=\sqrt{a^2-x^2-y^2}$ について第 1 基本量 E, F, G を x, y で表わせ．

［6］ φ と θ $(0\leqq\theta\leqq2\pi,\ 0\leqq\varphi\leqq2\pi)$ をパラメタとする回転面

$$\begin{cases} x = (a+b\cos\varphi)\cos\theta \\ y = (a+b\cos\varphi)\sin\theta \\ z = b\sin\varphi \end{cases}$$

はどのような曲面か．第 1 基本量 E, F, G を求め，全表面積を計算せよ．

4–3　曲面上の曲線

曲面上の点 P を通る 1 つの平面によってこの曲面に切り口を入れると，平面には曲面が作るなめらかな曲線 C が描かれる．P における C の曲率半径を ρ_C とする．一方，P における曲面の法線 $\boldsymbol{n}$ を含み C と接線を共有する切り口 C_0 の曲率半径を R とすると

$$\frac{\cos\psi}{\rho_C} = \frac{1}{R} \tag{4.1}$$

が成り立つ．ここで ψ は C と C_0 のなす角，つまり P における C の主法線 $\boldsymbol{n}_C$ と曲面の法線 $\boldsymbol{n}$ のなす角である．これを証明しよう．

曲面上のなめらかな曲線 C を $\boldsymbol{r}=\boldsymbol{r}(u(s), v(s))$ によって表わす．s は C 上のある点から測った弧長である．この曲線の接線ベクトル $\boldsymbol{t}$ は

$$\boldsymbol{t} = \frac{d\boldsymbol{r}}{ds} = \boldsymbol{r}_u\frac{du}{ds}+\boldsymbol{r}_v\frac{dv}{ds}$$

によって与えられる．この曲線の曲率半径を ρ_C とすると

$$\frac{d\boldsymbol{t}}{ds} = \frac{1}{\rho_C}\boldsymbol{n}_C$$

と書ける．ここで $\boldsymbol{n}_C$ は曲線 C の主法線ベクトルである(図 4–3)．したがって

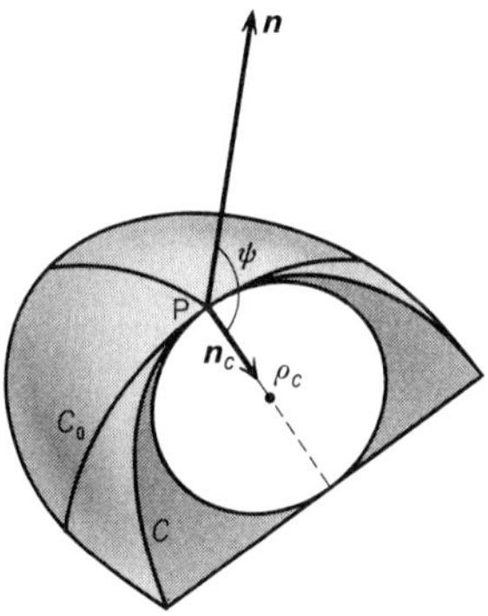

図 4–3

$$\frac{1}{\rho_C}\boldsymbol{n}_C = \frac{d\boldsymbol{t}}{ds} = \boldsymbol{r}_u\frac{d^2u}{ds^2}+\boldsymbol{r}_v\frac{d^2v}{ds^2}+\boldsymbol{r}_{uu}\left(\frac{du}{ds}\right)^2+2\boldsymbol{r}_{uv}\frac{du}{ds}\frac{dv}{ds}+\boldsymbol{r}_{vv}\left(\frac{dv}{ds}\right)^2$$

となる．両辺に $\boldsymbol{n}$ をスカラー的に掛けることにより

$$\frac{\cos\psi}{\rho_C} = L\left(\frac{du}{ds}\right)^2+2M\frac{du}{ds}\frac{dv}{ds}+N\left(\frac{dv}{ds}\right)^2 \tag{4.2}$$

を得る．ここで

$$\boldsymbol{n}\cdot\boldsymbol{n}_C = \cos\psi, \quad \boldsymbol{n}\cdot\boldsymbol{r}_u = \boldsymbol{n}\cdot\boldsymbol{r}_v = 0$$

$$L = \boldsymbol{r}_{uu}\cdot\boldsymbol{n}, \quad M = \boldsymbol{r}_{uv}\cdot\boldsymbol{n}, \quad N = \boldsymbol{r}_{vv}\cdot\boldsymbol{n}$$

を用いた．L, M, N は**第 2 基本量**という．(4.2)の分母の ds^2 に例題 4.4 で与えた第 1 基本量を用いると

$$\frac{\cos\psi}{\rho_C} = \frac{1}{R}, \quad \frac{1}{R} = \frac{Ldu^2+2Mdudv+Ndv^2}{Edu^2+2Fdudv+Gdv^2} \tag{4.3}$$

と書ける．右辺の分子を**第 2 基本微分形式**という．

(4.3)の右辺は点 P と接線の向きだけできまり，曲線 C の傾き角 ψ によらない値をもつ．この値は $\psi=0$ あるいは π の曲線の曲率に等しい．

曲面上の 1 点の法線 $\boldsymbol{n}$ を含む平面が曲面 S を切る切り口の曲線($\psi=0$ または π)を**法切り口**，その曲率を**法曲率**という．

例題 4.5　球面を平面で切った切り口に対して，(4.3)を用いずに，(4.1)を求めよ．図で，球面上に 1 点 P をとり，ここを通る定方向 AB を定める．曲線 C も C_0 も平面で切った切り口で，ともに P を通り AB に接するが，C はそぐようにうすく小さく切った断面であり，C_0 は球の中心を通る平面で切った切り口(大円)である．

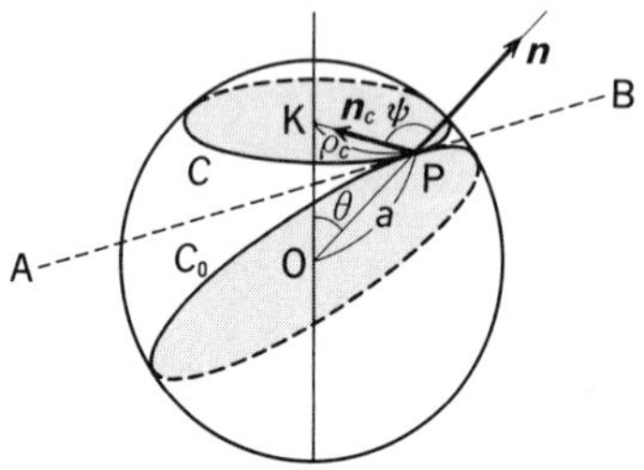

［解］　曲線 C も C_0 も球の切り口であるから円であり，中心を K, O とすると，直線 OK は円 C の面と垂直に交わる．円 C の半径を ρ_C，円 C_0 の半径を a とする．

また P における曲線 C の主法線($\overline{\mathrm{PK}}$ と一致)を $\boldsymbol{n}_C$，球の法線を $\boldsymbol{n}$ とすると図から

$$\overline{\mathrm{PK}} = \rho_C = a\sin\theta = -a\cos\psi$$

$-a$ は円 C_0 の曲率半径であるから，これを R と書くと

$$\frac{\cos\psi}{\rho_C} = \frac{1}{R}$$

この例からわかるように，曲面 S をその上の 1 点 P の近くで球面によって近似するとき，曲面 S 上の曲線 C の曲率と関係づけられるのは，接線 AB を共有する球の大円の曲率であって，AB に垂直な方向の曲率は関係がない．

例題 4.6　球面を極座標 $u=\theta,\ v=\varphi$ で表わし，第2基本量 L, M, N を求めよ．また，問題 4–2[2]で求めた第1基本量を用いて，(4.3)を計算せよ．

［**解**］　問題 4–2[2]の結果から

$$\boldsymbol{r}_\theta = (a\cos\theta\cos\varphi,\ a\cos\theta\sin\varphi,\ -a\sin\theta)$$
$$\boldsymbol{r}_\varphi = (-a\sin\theta\sin\varphi,\ a\sin\theta\cos\varphi,\ 0)$$
$$E = \boldsymbol{r}_\theta^2 = a^2, \qquad F = \boldsymbol{r}_\theta\cdot\boldsymbol{r}_\varphi = 0, \qquad G = \boldsymbol{r}_\varphi^2 = a^2\sin^2\theta$$
$$ds^2 = a^2(d\theta^2+\sin^2\theta d\varphi^2)$$

である．第2基本量 L, M, N を求めるため $\boldsymbol{r}_{\theta\theta}, \boldsymbol{r}_{\theta\varphi}, \boldsymbol{r}_{\varphi\varphi}$ を計算すると

$$\boldsymbol{r}_{\theta\theta} = (-a\sin\theta\cos\varphi,\ -a\sin\theta\sin\varphi,\ -a\cos\theta)$$
$$\boldsymbol{r}_{\theta\varphi} = (-a\cos\theta\sin\varphi,\ a\cos\theta\cos\varphi,\ 0)$$
$$\boldsymbol{r}_{\varphi\varphi} = (-a\sin\theta\cos\varphi,\ -a\sin\theta\sin\varphi,\ 0)$$

が得られる．法線 $\boldsymbol{n}$ は $\boldsymbol{r}/a=(\sin\theta\cos\varphi,\ \sin\theta\sin\varphi,\ \cos\theta)$ であるから

$$L = \boldsymbol{r}_{\theta\theta}\cdot\boldsymbol{n} = -a, \qquad M = \boldsymbol{r}_{\theta\varphi}\cdot\boldsymbol{n} = 0, \qquad N = \boldsymbol{r}_{\varphi\varphi}\cdot\boldsymbol{n} = -a\sin^2\theta$$

と計算される．$du=d\theta,\ dv=d\varphi$ に注意して，これらを(4.3)の右辺に代入すると

$$\frac{Ldu^2+2Mdudv+Ndv^2}{Edu^2+2Fdudv+Gdv^2} = \frac{-ad\theta^2-a\sin^2\theta d\varphi^2}{a^2d\theta^2+a^2\sin^2\theta d\varphi^2} = -\frac{1}{a}$$

となる．曲率半径 $-a$ を R と書けば，(4.3)は

$$\frac{\cos\psi}{\rho_C} = \frac{1}{R}$$

となり，前問の結果と一致する．

すでに注意したように，(4.3)の右辺に含まれる係数 L, M, N, E, F, G は曲面上の点をきめれば定まる量であり，du と dv の比 du/dv は，曲線上の考えている点における曲線の接線を定める．したがって(4.3)の右辺は，曲面上の点と接線の向きだけによってきまる．これは，前問の最後に述べた事柄である．

問　題 4–3

［**1**］　球面 $z=\sqrt{a^2-u^2}$，$x=u\cos v$，$y=u\sin v$ に対して，第2基本量を求め，問題 4–2[3]の結果を用いて(4.3)を計算せよ．

［**2**］　球面 $z=\sqrt{a^2-x^2-y^2}$ に対して，第2基本量を求め，問題 4–2[5]の結果を用いて(4.3)を計算せよ．

4-4 主曲率

前節(4.3)の右辺の分母分子を du^2 で割り，$dv/du=k$ とおくと，

$$\frac{\cos\psi}{\rho_C}=\frac{1}{R},\qquad \frac{1}{R}=\frac{L+2Mk+Nk^2}{E+2Fk+Gk^2} \tag{4.4}$$

が成り立つ．ここで，k は C と C_0 の共通の接線の方向，すなわち法切り口の方向である．

法曲率の最大最小　球面では法切り口の方向 k を変えても曲率は変わらないが，一般の曲面において曲面上の各点で法曲率が最大になる方向と最小になる方向とがある．たとえば，図4-4の楕円体面の軸端では，方向を変えるにつれて曲率は変化して，軸に平行な2方向で，法曲率は最大および最小になり，この2方向はたがいに垂直である．法曲率 $1/R$ が最大または最小になる条件は $dR^{-1}/dk=0$ である．(4.4)を

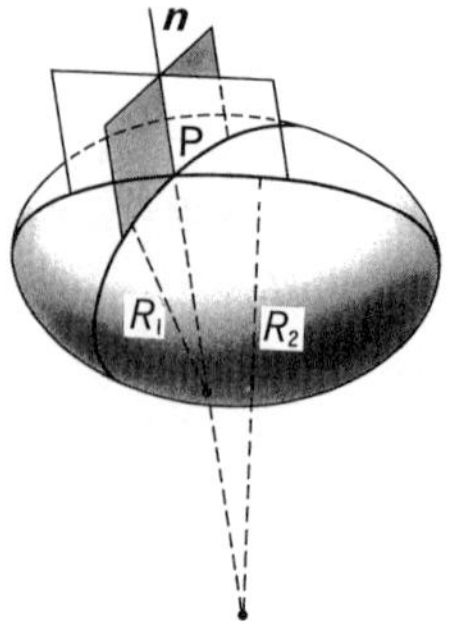

図4-4

$$\frac{E+2Fk+Gk^2}{R}=L+2Mk+Nk^2 \tag{4.5}$$

と書いて k で微分すれば，法曲率が極値をもつ条件として

$$\frac{F+Gk}{R}=M+Nk \tag{4.6}$$

を得る．(4.5)と(4.6)は同時に満たされなければならない．(4.6)に k を掛け(4.5)から引くと次式を得る．

$$\frac{E+Fk}{R}=L+Mk \tag{4.7}$$

主曲率　(4.6),(4.7)から $1/R$ を消去すれば，法曲率が極値をとる法切り口の方向 k が得られる．この方向を**主方向**とよび，この方向の法曲率を**主曲率**

という．(4.6)をkについて解いて(4.7)に代入すれば

$$\frac{EG-F^2}{R^2}-\frac{GL+EN-2FM}{R}+LN-M^2=0 \tag{4.8}$$

となる．この$1/R$の2次式が最大値$1/R_1$，最小値$1/R_2$を与える．これらを**主曲率**といい，R_1, R_2を**主曲率半径**という．解と係数の関係から

$$2H=\frac{1}{R_1}+\frac{1}{R_2}=\frac{GL+EN-2FM}{EG-F^2} \tag{4.9}$$

$$K=\frac{1}{R_1R_2}=\frac{LN-M^2}{EG-F^2} \tag{4.10}$$

を得る．Hを**平均曲率**，Kを**全曲率**あるいは**ガウス曲率**という．

主曲率の方向　(4.6)，(4.7)から$1/R$を消去した

$$FL-EM+(GL-EN)k+(GM-FN)k^2=0 \tag{4.11}$$

をkについて解けば，主曲率の方向(主方向)が得られる．2つの主方向をk_1，k_2とすると，k_1とk_2はたがいに直交する．

例題4.7　$x=u$，$y=v$をパラメタとして，曲面が$z=z(x,y)$で与えられるとき，法線ベクトル$\boldsymbol{n}$，第1基本量，第2基本量を求め，平均曲率と全曲率を計算せよ．ただし，つぎのp,q,r,s,tを用いよ．

$$p=\frac{\partial z}{\partial x},\quad q=\frac{\partial z}{\partial y},\quad r=\frac{\partial^2 z}{\partial x^2},\quad s=\frac{\partial^2 z}{\partial x\partial y},\quad t=\frac{\partial^2 z}{\partial y^2}$$

また，楕円放物面$z=x^2/2a+y^2/2b$の$x=0$，$y=0$における主曲率半径R_1，R_2を求めよ．

［解］　曲面上の点の位置ベクトルは$\boldsymbol{r}=(x,y,z)$なので

$$\boldsymbol{r}_u=\boldsymbol{r}_x=(1,0,p),\qquad \boldsymbol{r}_v=\boldsymbol{r}_y=(0,1,q)$$

となる．したがって

$$E=\boldsymbol{r}_x\cdot\boldsymbol{r}_x=1+p^2,\qquad F=\boldsymbol{r}_x\cdot\boldsymbol{r}_y=pq,\qquad G=\boldsymbol{r}_y\cdot\boldsymbol{r}_y=1+q^2$$

$$EG-F^2=1+p^2+q^2,\qquad \boldsymbol{r}_x\times\boldsymbol{r}_y=(-p,-q,1)$$

が得られる．法線ベクトル$\boldsymbol{n}$は

$$\boldsymbol{n} = \frac{\boldsymbol{r}_u \times \boldsymbol{r}_v}{|\boldsymbol{r}_u \times \boldsymbol{r}_v|} = \left(\frac{-p}{\sqrt{1+p^2+q^2}},\ \frac{-q}{\sqrt{1+p^2+q^2}},\ \frac{1}{\sqrt{1+p^2+q^2}} \right)$$

となる．第2基本量は

$$\boldsymbol{r}_{xx} = (0, 0, r), \qquad \boldsymbol{r}_{xy} = (0, 0, s), \qquad \boldsymbol{r}_{yy} = (0, 0, t)$$

を用いて

$$L = \boldsymbol{r}_{xx} \cdot \boldsymbol{n} = \frac{r}{\sqrt{1+p^2+q^2}}$$

$$M = \boldsymbol{r}_{xy} \cdot \boldsymbol{n} = \frac{s}{\sqrt{1+p^2+q^2}}$$

$$N = \boldsymbol{r}_{yy} \cdot \boldsymbol{n} = \frac{t}{\sqrt{1+p^2+q^2}}$$

と書くことができる．これらを(4.9)，(4.10)に代入して

$$2H = \frac{1}{R_1} + \frac{1}{R_2} = \frac{(1+q^2)r + (1+p^2)t - 2pqs}{(1+p^2+q^2)^{3/2}}$$

$$K = \frac{1}{R_1 R_2} = \frac{rt - s^2}{(1+p^2+q^2)^2}$$

が得られる．

与えられた楕円放物面に対して，原点では

$$p = 0, \qquad q = 0, \qquad r = 1/a, \qquad s = 0, \qquad t = 1/b$$

である．したがって

$$\frac{1}{R_1} + \frac{1}{R_2} = \frac{1}{a} + \frac{1}{b}$$

$$\frac{1}{R_1 R_2} = \frac{1}{ab}$$

となり，$R_1 = a$，$R_2 = b$（または $R_1 = b$，$R_2 = a$）が得られる．

例題 4.8 z 軸のまわりに対称な回転面は

$$x = u\cos v, \quad y = u\sin v, \quad z = f(u)$$

で与えられることをすでに示した(問題 4-2[3])．第2基本量を求め，これまでの結果と合わせて主曲率半径 R を計算せよ．

［解］ 問題 4-2[3]の結果から，$\boldsymbol{r}=(x,y,z)$ に対して

$$\boldsymbol{r}_u = (\cos v,\ \sin v,\ f'(u)), \quad \boldsymbol{r}_v = (-u\sin v,\ u\cos v,\ 0)$$

$$E = \boldsymbol{r}_u^2 = 1+f'(u)^2, \quad F = \boldsymbol{r}_u\cdot\boldsymbol{r}_v = 0, \quad G = \boldsymbol{r}_v^2 = u^2$$

であった．

法線ベクトル $\boldsymbol{n}$ を求めるため，$\boldsymbol{r}_u\times\boldsymbol{r}_v$ を計算すると

$$\boldsymbol{r}_u\times\boldsymbol{r}_v = \begin{vmatrix} \boldsymbol{i} & \boldsymbol{j} & \boldsymbol{k} \\ \cos v & \sin v & f'(u) \\ -u\sin v & u\cos v & 0 \end{vmatrix}$$

$$= -u\cos v f'(u)\boldsymbol{i} - u\sin v f'(u)\boldsymbol{j} + u\boldsymbol{k}$$

$$|\boldsymbol{r}_u\times\boldsymbol{r}_v| = \sqrt{EG-F^2} = u\sqrt{1+f'^2}$$

が得られる．したがって法線ベクトル $\boldsymbol{n}$ は

$$\boldsymbol{n} = \frac{\boldsymbol{r}_u\times\boldsymbol{r}_v}{|\boldsymbol{r}_u\times\boldsymbol{r}_v|} = \left(\frac{-\cos v f'}{\sqrt{1+f'^2}}, \frac{-\sin v f'}{\sqrt{1+f'^2}}, \frac{1}{\sqrt{1+f'^2}}\right)$$

によって与えられる．さらに

$$\boldsymbol{r}_{uu} = (0,\ 0,\ f''(u))$$

$$\boldsymbol{r}_{uv} = (-\sin v,\ \cos v,\ 0)$$

$$\boldsymbol{r}_{vv} = (-u\cos v,\ -u\sin v,\ 0)$$

であるから

$$L = \boldsymbol{r}_{uu}\cdot\boldsymbol{n} = \frac{f''}{\sqrt{1+f'^2}}$$

$$M = \boldsymbol{r}_{uv}\cdot\boldsymbol{n} = 0$$

$$N = \boldsymbol{r}_{vv}\cdot\boldsymbol{n} = \frac{uf'}{\sqrt{1+f'^2}}$$

となる．(4.8)に $F=0$, $M=0$ を代入して R について解くと，$R_1=E/L$, $R_2=G/N$ を得る．つまり，

$$R_1 = \frac{(1+f'^2)^{3/2}}{f''}, \quad R_2 = \frac{u(1+f'^2)^{1/2}}{f'}$$

が得られる．

R_1 は 3-1 節で求めた曲率半径に等しい．それは曲線 $z=f(u)$，すなわち回転面が z 軸を含む平面によって切りとられたときに得られる曲線の曲率半径，子午線の曲率半径である．

R_2 については，問題 4-4[1]を見よ．

問　題 4-4

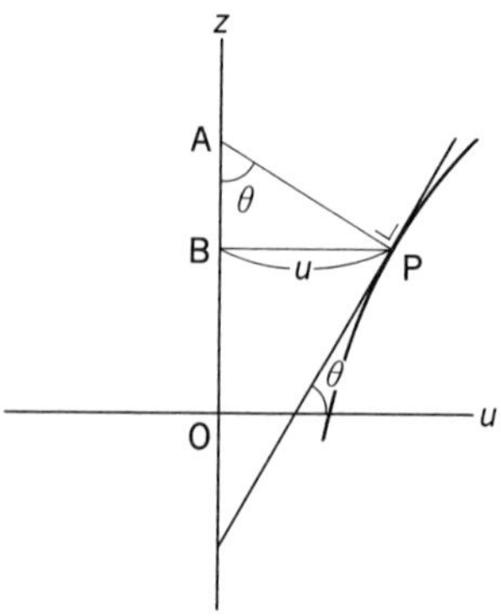

[1]　例題 4.8 で求めた曲率半径 R_2 は線分 $\overline{\mathrm{AP}}$ の長さに等しいことを，uz 平面の右図をもとに示せ．

[2]　例題 4.8 の結果を用いて，半径 a の球面

$$\begin{aligned} z &= \sqrt{a^2-x^2-y^2} \\ &= \sqrt{a^2-u^2} = f(u) \quad (z>0) \end{aligned}$$

の主曲率半径を求めよ．

[3]　法曲率が極値をとる方向，すなわち主曲率の方向(主方向)を与える k は(4.11)によって与えられる．(4.11)は k の 2 次方程式であるから，2 つの解をもつ．他方で，法線を含む平面を法線のまわりに 180° まわす間にその断面の曲率は最大値と最小値を経る．したがって 2 次方程式(4.11)の 2 根は実数である．これらの主方向を $k_1=dv_1/du_1$, $k_2=dv_2/du_2$ としよう．k_1, k_2 の方向の微小ベクトルを

$$d\boldsymbol{r}_1 = \boldsymbol{r}_u du_1+\boldsymbol{r}_v dv_1, \qquad d\boldsymbol{r}_2 = \boldsymbol{r}_u du_2+\boldsymbol{r}_v dv_2$$

と書き，$d\boldsymbol{r}_1$ と $d\boldsymbol{r}_2$ は直交することを示せ．

[4]　曲面上の任意の点において 2 つの主方向はたがいに直交するので，u 曲線と v 曲線がこの方向に一致するように u, v を選ぶと，曲率などの式は簡単になる．このように u, v をとると，$F=0$, $M=0$ になることを示せ．また，このとき(4.6)，(4.7)から 2 つの主方向 k_1, k_2 の一方が 0 で，他方が ∞ になることを示せ．

さらに，$k=0$ に対する主曲率半径を R_1，$k=\infty$ に対する主曲率半径を R_2 とすると

$$\frac{1}{R_1} = \frac{L}{E}, \qquad \frac{1}{R_2} = \frac{N}{G}$$

であることを示せ．

[5]　u, v を主方向に選んだとき，一般の方向が u 曲線となす角を θ とすると，例題 4.4 の(1)および次の図から

$$\frac{\sqrt{E}\,du}{ds} = \cos\theta, \qquad \frac{\sqrt{G}\,dv}{ds} = \sin\theta$$

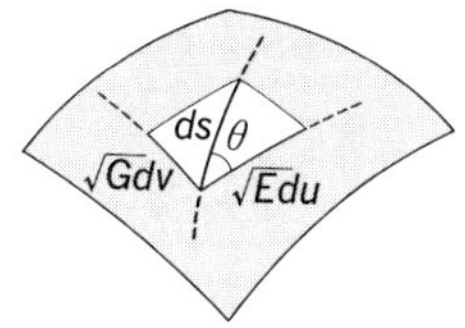

となることを示せ．また，一般の方向の法切り口の曲線の曲率半径 R を与える(4.3)を用いて

$$\frac{1}{R} = \frac{\cos^2\theta}{R_1} + \frac{\sin^2\theta}{R_2}$$

が成り立つことを示せ．これを**オイラーの定理**という．

Coffee Break

アインシュタインと微分幾何学

アルベルト・アインシュタイン(A. Einstein, 1879～1955)は，1905 年の 3 月から 6 月にかけて 3 つの研究(光量子説，ブラウン運動，相対性理論)を相次いで発表した．これら 3 つの業績は，どの 1 つをとっても彼の名を後世に残すことになる偉大な研究である．

10 年後の 1915 年に同じアインシュタインの手によって完成された一般相対性理論の誕生以来，1905 年に発表された相対性理論は特殊相対性理論とよばれるようになった．特殊相対性理論の完成から一般相対性理論の完成までにアインシュタインが用いた数学は，曲線や曲面を微分積分学によって研究する微分幾何学であった．アインシュタイン自身，一般相対性理論の誕生は「ガウス(C. F. Gauss, 1777～1855)，リーマン(G. F. B. Riemann, 1826～1866)… による微分幾何学の勝利」と述べている．

5

ベクトルの場

平面や空間の各点でベクトルが与えられるとき，一般にこれをベクトル場という．川の流れは場所によって異なるから，水の流れの速度を矢印で表わすと速度場というベクトル場を描くことができる．電場や磁場，物体の変位の場もベクトル場である．

5-1　スカラー場の勾配

スカラー場　空間のある領域内の各点 (x, y, z) において，スカラー関数 $f(x, y, z)$ が定まっているとき，この領域を f の**スカラー場**(scalar field)という．たとえば，万有引力ポテンシャルはスカラー場である．

ベクトル場　空間の各点においてベクトルが定義されているとき，これを**ベクトル場**(vector field)という．水の流れの速度場，電場，磁場などはベクトル場である．

勾配　平面 (x, y) 上において，高さ f が $f(x, y)$ で与えられているとしよう．$f(x, y)=c$ は高さが等しいところを結んだ**等高線**を表わす．点 (x, y) における傾きは

$$\mathrm{grad}\, f = \left(\frac{\partial f}{\partial x}, \frac{\partial f}{\partial y}\right)$$

によって与えられる．これは，$\partial f/\partial x$, $\partial f/\partial y$ を x, y 成分とするベクトルであり，$f(x, y)$ の**勾配**(グラディエント，gradient)とよばれる．

$\Delta x, \Delta y$ を成分とするベクトルを $\Delta \boldsymbol{s}=(\Delta x, \Delta y)$ として，$\mathrm{grad}\, f$ と $\Delta \boldsymbol{s}$ のスカラー積 $\mathrm{grad}\, f\cdot\Delta \boldsymbol{s}$ を Δf とおけば，

$$\Delta f = \mathrm{grad}\, f\cdot\Delta \boldsymbol{s} = |\mathrm{grad}\, f|\,\Delta s\cos\theta \tag{5.1}$$

となる．ここで，θ はベクトル $\mathrm{grad}\, f$ と $\Delta \boldsymbol{s}$ とのあいだの角，$\Delta s=|\Delta \boldsymbol{s}|$ である．Δs 方向に進むときの傾きの急峻さ $\Delta f/\Delta s$ が最大になるのは，$\theta=0$ (あるいは π)の方向である．したがって，傾きが最も急なのは $\mathrm{grad}\, f$ の矢印の向きである(図 5-1)．

3 次元の勾配ベクトル　スカラー場 $f(x, y, z)$ の**勾配**を

$$\mathrm{grad}\, f = \left(\frac{\partial f}{\partial x}, \frac{\partial f}{\partial y}, \frac{\partial f}{\partial z}\right)$$

で定義する．ここで，基本ベクトル $\boldsymbol{i}, \boldsymbol{j}, \boldsymbol{k}$ を用いた**演算子ナブラ**

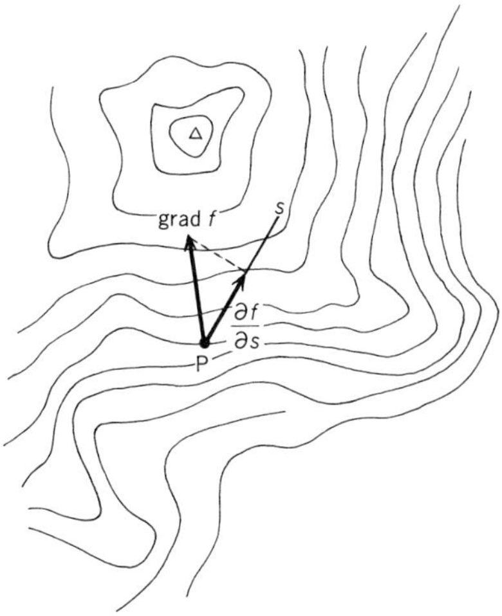

図 5-1

$$\nabla = \left(\frac{\partial}{\partial x}, \frac{\partial}{\partial y}, \frac{\partial}{\partial z}\right) = \boldsymbol{i}\frac{\partial}{\partial x} + \boldsymbol{j}\frac{\partial}{\partial y} + \boldsymbol{k}\frac{\partial}{\partial z} \tag{5.2}$$

を導入すると

$$\operatorname{grad} f = \nabla f = \boldsymbol{i}\frac{\partial f}{\partial x} + \boldsymbol{j}\frac{\partial f}{\partial y} + \boldsymbol{k}\frac{\partial f}{\partial z} \tag{5.3}$$

となる．grad f の大きさ(勾配の大きさ)は次式で与えられる．

$$|\operatorname{grad} f| = \sqrt{\left(\frac{\partial f}{\partial x}\right)^2 + \left(\frac{\partial f}{\partial y}\right)^2 + \left(\frac{\partial f}{\partial z}\right)^2} \tag{5.4}$$

方向微分係数　$d\boldsymbol{s}$ 方向の単位ベクトルを $\boldsymbol{e}_s$ とすると，$d\boldsymbol{s} = \boldsymbol{e}_s ds$ であるから，(5.1)により**方向微分係数**として次式が得られる．

$$\frac{\partial f}{\partial s} = \boldsymbol{e}_s \cdot \operatorname{grad} f$$

例題 5.1 平面 (x, y) において，スカラー関数 $f(x, y)$ が

$$f(x,y) = \frac{a}{2}(x^2+y^2)$$

で与えられるとき，勾配 ∇f と勾配の大きさ $|\nabla f|$ を求めよ．つぎの式を満足する等高線の法線ベクトル $\boldsymbol{n}$ と接線ベクトル $\boldsymbol{t}$ も求めよ．

$$\nabla f = |\nabla f|\,\boldsymbol{n}, \qquad \nabla f\cdot\boldsymbol{t} = 0$$

［解］

$$\begin{aligned}\nabla f &= \boldsymbol{i}\frac{\partial f}{\partial x}+\boldsymbol{j}\frac{\partial f}{\partial y}\\ &= a(\boldsymbol{i}x+\boldsymbol{j}y)\end{aligned}$$

と計算できるから

$$|\nabla f| = \sqrt{\left(\frac{\partial f}{\partial x}\right)^2+\left(\frac{\partial f}{\partial y}\right)^2} = a\sqrt{x^2+y^2}$$

を得る．原点から点 (x, y) までの距離を r とすると，$r^2=x^2+y^2$ であるから

$$|\nabla f| = ar$$

と書くこともできる．

等高線の法線ベクトル $\boldsymbol{n}$ は問題で与えられた定義より

$$\boldsymbol{n} = \frac{\nabla f}{|\nabla f|} = \boldsymbol{i}\frac{x}{r}+\boldsymbol{j}\frac{y}{r} \tag{1}$$

となる．法線ベクトルの大きさが 1 であることは容易に確かめられるであろう．

接線ベクトル $\boldsymbol{t}$ は，b と c を任意の定数としたとき，$\boldsymbol{t}=\boldsymbol{i}by+\boldsymbol{j}cx$ の形をしていなければならない．このように $\boldsymbol{t}$ を選べば

$$\nabla f\cdot\boldsymbol{t} = a(b+c)xy$$

であるから，$c=-b$ とすれば任意の x と y に対して $\boldsymbol{t}$ は勾配 ∇f と直交する．接線ベクトルの大きさを 1 に規格化すると

$$\boldsymbol{t} = \pm\frac{1}{r}(\boldsymbol{i}y-\boldsymbol{j}x) \tag{2}$$

が得られる．

ここで考えたスカラー関数 $f(x, y)$ は原点に対して対称である．したがって，(1) の法線ベクトル $\boldsymbol{n}$ は r 方向の基本ベクトルを，(2) の接線ベクトル $\boldsymbol{t}$ はそれと直交する方向の基本ベクトルを表わしている．

例題 5.2 重力場や静電場を考えるとき，スカラー関数によって定義されるポテンシャルが導入される．力学では，ポテンシャルの勾配に負の符号をつけたベクトルが力 $\boldsymbol{F}$ である．静電場では，ポテンシャルの勾配に負の符号を乗じたベクトルは電場 $\boldsymbol{E}$ となる．原点におかれた電荷 e から距離 r だけ離れた位置で，ポテンシャル U は

$$U=\frac{e}{4\pi\varepsilon_0 r},\qquad r=\sqrt{x^2+y^2+z^2}$$

によって与えられる(ε_0 は真空の誘電率)．電場 $\boldsymbol{E}$ を計算せよ．

座標 $(a,0,0)$ に $+e$ の電荷が，座標 $(-a,0,0)$ に $-e$ の電荷がおかれているとき，ポテンシャル U と電場 $\boldsymbol{E}$ を計算せよ．

［解］ 電場 $\boldsymbol{E}$ とポテンシャル U との間の関係式

$$\boldsymbol{E}=-\nabla U=-\left(\boldsymbol{i}\frac{\partial U}{\partial x}+\boldsymbol{j}\frac{\partial U}{\partial y}+\boldsymbol{k}\frac{\partial U}{\partial z}\right)$$

に与えられたポテンシャル U を代入すると，たとえば x 成分は

$$\frac{\partial U}{\partial x}=\frac{e}{4\pi\varepsilon_0}\frac{-x}{(x^2+y^2+z^2)^{3/2}}$$

と計算できるから

$$\boldsymbol{E}=\frac{e}{4\pi\varepsilon_0}\frac{\boldsymbol{i}x+\boldsymbol{j}y+\boldsymbol{k}z}{r^3}=\frac{e\boldsymbol{r}}{4\pi\varepsilon_0 r^3}$$

を得る．電場の大きさ $|\boldsymbol{E}|$ は

$$|\boldsymbol{E}|=\frac{e}{4\pi\varepsilon_0 r^2}$$

で与えられる．これは**クーロンの法則**である．

複数の電荷が存在するとき，ポテンシャルはスカラー関数であるから，個々の電荷が作るポテンシャルの和が系全体のポテンシャルとなる．いまの場合

$$U=\frac{e}{4\pi\varepsilon_0}\frac{1}{\sqrt{(x-a)^2+y^2+z^2}}-\frac{e}{4\pi\varepsilon_0}\frac{1}{\sqrt{(x+a)^2+y^2+z^2}}$$

$$\boldsymbol{E}=-\nabla U=\frac{e}{4\pi\varepsilon_0}\frac{\boldsymbol{i}(x-a)+\boldsymbol{j}y+\boldsymbol{k}z}{\{(x-a)^2+y^2+z^2\}^{3/2}}-\frac{e}{4\pi\varepsilon_0}\frac{\boldsymbol{i}(x+a)+\boldsymbol{j}y+\boldsymbol{k}z}{\{(x+a)^2+y^2+z^2\}^{3/2}}$$

と計算できる．電場 $\boldsymbol{E}$ はベクトルであるから，各成分ごとに電荷について和をとらなければならないことに注意しよう．

例題 5.3　平面上の位置を指定する方法として，座標 (x, y) がしばしば用いられるが，図に示す **2 次元極座標** (r, θ) を使うと便利なことも多い．

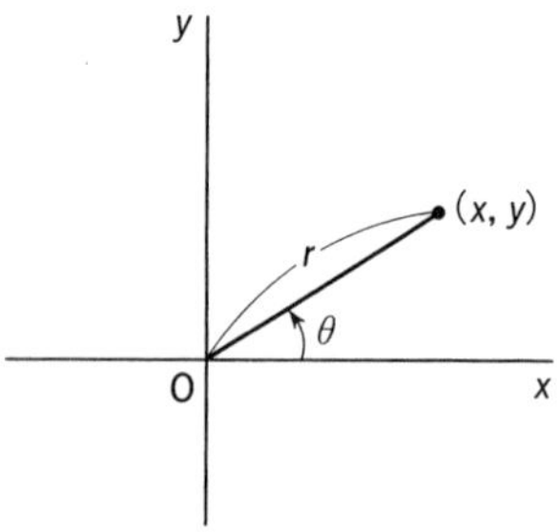

(x, y) 座標で書かれた勾配

$$\nabla U = \boldsymbol{i}\frac{\partial U}{\partial x}+\boldsymbol{j}\frac{\partial U}{\partial y}$$

は，極座標では

$$\nabla U = \boldsymbol{e}_r\frac{\partial U}{\partial r}+\boldsymbol{e}_\theta\frac{1}{r}\frac{\partial U}{\partial \theta}$$

となることを示せ．2 つの座標の間には次式が成り立つ．

$$r^2 = x^2+y^2, \qquad \theta = \tan^{-1}\frac{y}{x}$$

［解］　U の x や y に関する微分を r と θ の微分によって表わす．

$$\frac{\partial U}{\partial x} = \frac{\partial U}{\partial r}\frac{\partial r}{\partial x}+\frac{\partial U}{\partial \theta}\frac{\partial \theta}{\partial x}$$

$$\frac{\partial U}{\partial y} = \frac{\partial U}{\partial r}\frac{\partial r}{\partial y}+\frac{\partial U}{\partial \theta}\frac{\partial \theta}{\partial y}$$

の右辺に含まれる微分は，$d\tan^{-1}z/dz=1/(1+z^2)$ などを使うと

$$\frac{\partial r}{\partial x} = \frac{x}{r}, \qquad \frac{\partial \theta}{\partial x} = -\frac{y}{r^2}, \qquad \frac{\partial r}{\partial y} = \frac{y}{r}, \qquad \frac{\partial \theta}{\partial y} = \frac{x}{r^2}$$

であるから

$$\begin{aligned}\frac{\partial U}{\partial x} &= \frac{x}{r}\frac{\partial U}{\partial r}-\frac{y}{r^2}\frac{\partial U}{\partial \theta}\\ \frac{\partial U}{\partial y} &= \frac{y}{r}\frac{\partial U}{\partial r}+\frac{x}{r^2}\frac{\partial U}{\partial \theta}\end{aligned} \tag{1}$$

を得る．これらを座標 (x, y) で書いた ∇U に代入して

$$\begin{aligned}\nabla U &= \frac{\partial U}{\partial r}\left(\frac{\boldsymbol{i}x+\boldsymbol{j}y}{r}\right)+\frac{1}{r}\frac{\partial U}{\partial \theta}\left(\frac{-\boldsymbol{i}y+\boldsymbol{j}x}{r}\right)\\ &= \boldsymbol{e}_r\frac{\partial U}{\partial r}+\boldsymbol{e}_\theta\frac{1}{r}\frac{\partial U}{\partial \theta}\end{aligned}$$

を得る．ここで $\boldsymbol{e}_r$ と $\boldsymbol{e}_\theta$ は r 方向，θ 方向の単位ベクトルを表わす(例題 5.1 で得たベク

トル $\boldsymbol{n}, \boldsymbol{t}$ を参照). これが極座標で書いた勾配である.

なお, **円柱座標** (r, θ, z), **3 次元極座標** (r, θ, φ) による勾配は次式で与えられる(問題 6-3[3]を参照).

$$(r, \theta, z) \qquad \nabla U = \boldsymbol{e}_r \frac{\partial U}{\partial r} + \boldsymbol{e}_\theta \frac{1}{r}\frac{\partial U}{\partial \theta} + \boldsymbol{e}_z \frac{\partial U}{\partial z}$$

$$(r, \theta, \varphi) \qquad \nabla U = \boldsymbol{e}_r \frac{\partial U}{\partial r} + \boldsymbol{e}_\theta \frac{1}{r}\frac{\partial U}{\partial \theta} + \boldsymbol{e}_\varphi \frac{1}{r\sin\theta}\frac{\partial U}{\partial \varphi}$$

極座標で用いる単位ベクトル $\boldsymbol{e}_r, \boldsymbol{e}_\theta$ は, 上の解で与えた単位ベクトル $\boldsymbol{e}_r, \boldsymbol{e}_\theta$ と定義が異なることに注意しよう.

Tips: 最短距離

地図上で

$$f(x, y) = c \quad (一定)$$

は等高線を与える. 図のように, 等高線の接線を $\boldsymbol{t}$ とし, $d\boldsymbol{s}$ をこの方向にとれば $d\boldsymbol{s} = \boldsymbol{t}ds$ であり, その方向では f は変化しないから $\Delta f = 0$. すなわち

$$\mathrm{grad}\, f \cdot \boldsymbol{t} = 0$$

となる. これはベクトル grad f が接線に垂直であることを示し, したがって grad f は等高線に対する法線の方向にある. 図に示したように, grad f の方向にそって進めば, 最短距離で次の等高線

$$f(x, y) = c + \Delta c \quad (\Delta c \text{ は微小量})$$

に達することができる.

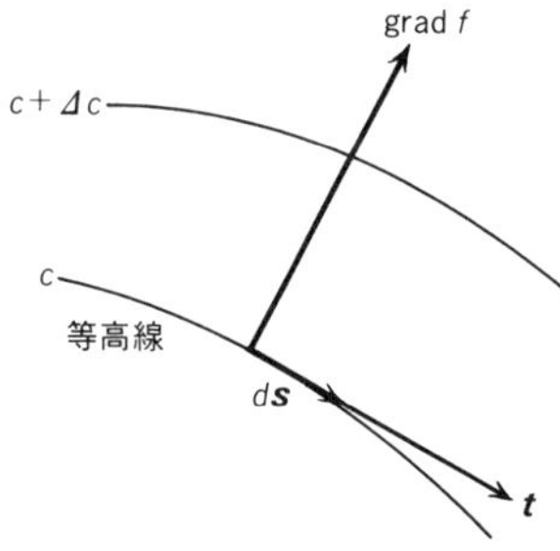

山登りでは, grad f の方向に進めないことがしばしばある. その方向がけわしい崖になっていたりするからである.

問　題 5-1

［1］　力学では，ポテンシャル U が座標のみの関数であるとき，スカラー場 U の中で物体が受ける力 $\boldsymbol{F}$ は

$$\boldsymbol{F} = -\nabla U$$

によって与えられる．ポテンシャル U が次式で与えられるとき，力 $\boldsymbol{F}$ を求めよ．

(i)　$U=mgz$　　(一様な重力のスカラー場)

(ii)　$U=\dfrac{1}{2}kx^2$　　(フックの法則に従うばねの場)

［2］　例題 5.1 で与えられたスカラー関数 $f(x, y)$ を極座標で書き，例題 5.3 で定義した極座標における勾配の式に代入して，勾配 ∇f を計算せよ．なお，r 方向の単位ベクトル $\boldsymbol{e}_r$ は $\boldsymbol{r}/r$ に等しいことに注意せよ．

［3］　ポテンシャル U が次式で与えられるスカラー場がある．

$$U(x, y) = -\frac{1}{2}(x^2+y^2)+\frac{1}{4}(x^2+y^2)^2+\frac{1}{4}$$

ポテンシャル U を極座標で書き，極座標についての勾配を計算せよ．

力学では，ポテンシャル(エネルギー)の勾配とその場の中を運動する物体が受ける力 $\boldsymbol{F}$ の間には，$\boldsymbol{F}=-\nabla U$ の関係がある．上で計算したポテンシャルの勾配をもとに，物体の受ける力の向きを原点からの距離の関数として示せ．

［4］　ポテンシャルから導かれる力を**保存力**という．力が保存力だけのときは力学系の運動エネルギーとポテンシャルの値の和は一定に保たれる．これが**力学的エネルギー保存の法則**である．

問題[3]で与えられたポテンシャルの中で運動する質点がある．質点の全エネルギーを与えたとき，質点の運動が許される領域 r を全エネルギー E の関数として図示せよ．

5–2 発　散

わき水のある浅い池を例にとり，水の流速とわき出しの関係を調べよう．水深は一定で単位長さであるとし，各点で流速は底からの高さによらないとする．微小領域 dx, dy を考え，点 (x, y) における流速の成分を v_x, v_y とする (図 5–2)．図の左の面から単位時間に流入する水の量は，流速 v_x に面積 $dy \times 1$ を掛けた $v_x dy$ である．

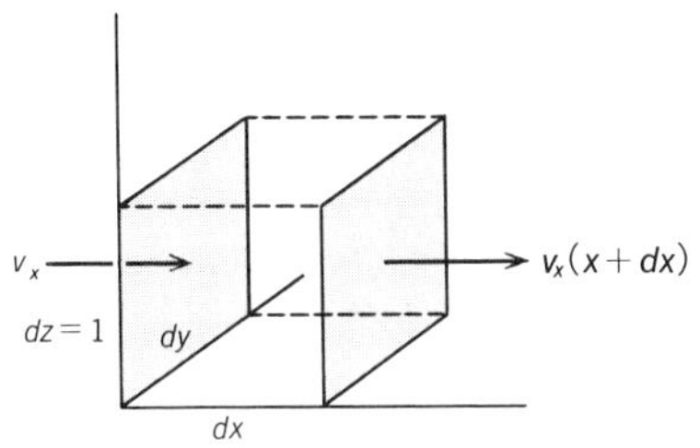

図 5–2

一方，$x+dx$ にある右の面から単位時間に流出する水の量は $v_x(x+dx)dy$ である．したがって，微小領域から外に出ていく水の量は，単位時間に

$$v_x(x+dx)dy - v_x dy$$

となる．第 1 項の $v_x(x+dx)$ を x の回りに展開した

$$v_x(x+dx) = v_x + \frac{\partial v_x}{\partial x}dx$$

を用いると，単位時間に外部に流出する水の量は $\dfrac{\partial v_x}{\partial x}dxdy$ で与えられる．

y 方向の流れについても，同様に $\dfrac{\partial v_y}{\partial y}dxdy$ と計算できる．これらの和は，単位時間に面積 $dxdy$ からわき出る水の量に等しい．単位時間，単位面積あたりの**わき出し**を $q(x, y)$ とすると

$$\left(\frac{\partial v_x}{\partial x} + \frac{\partial v_y}{\partial y}\right)dxdy = q(x, y)dxdy \tag{5.5}$$

となる．底から水が吸い込まれる**吸い込み**の場合には $q(x, y)$ が負である．

3 次元の場合も同様にして

$$\left(\frac{\partial v_x}{\partial x} + \frac{\partial v_y}{\partial y} + \frac{\partial v_z}{\partial z}\right)dxdydz = q(x, y, z)dxdydz \tag{5.6}$$

を得る．左辺の量を

$$\mathrm{div}\,\boldsymbol{v} = \frac{\partial v_x}{\partial x}+\frac{\partial v_y}{\partial y}+\frac{\partial v_z}{\partial z} \tag{5.7}$$

と書き，これをベクトル場 $\boldsymbol{v}$ の**発散**(ダイバージェンス，divergence)という．演算子ナブラ ∇ を用いれば，発散は次式で与えられる．

$$\mathrm{div}\,\boldsymbol{A} = \nabla\cdot\boldsymbol{A} = \frac{\partial A_x}{\partial x}+\frac{\partial A_y}{\partial y}+\frac{\partial A_z}{\partial z} \tag{5.8}$$

Tips：　わき出す水の流れ

xy 平面内で，原点Oから四方へ一様に水が流れ出すとする．このとき，水の流れの速度成分は

$$v_x = f(r)x, \qquad v_y = f(r)y$$

とおけるだろう．ここで r は原点からの距離で

$$r^2 = x^2+y^2$$

これを x，あるいは y で微分すると

$$2r\frac{\partial r}{\partial x} = 2x, \qquad 2r\frac{\partial r}{\partial y} = 2y$$

したがって(原点 $x=y=0$ を除いて)

$$\frac{\partial v_x}{\partial x} = f(r)+\frac{df}{dr}\frac{\partial r}{\partial x}x = f(r)+\frac{x^2}{r}\frac{df}{dr}$$

$$\frac{\partial v_y}{\partial y} = f(r)+\frac{df}{dr}\frac{\partial r}{\partial y}y = f(r)+\frac{y^2}{r}\frac{df}{dr}$$

ゆえに

$$\frac{\partial v_x}{\partial x}+\frac{\partial v_y}{\partial y} = 2f(r)+r\frac{df}{dr}$$

したがって $f(r)=1/r^2$ とおくと

$$\frac{\partial v_x}{\partial x}+\frac{\partial v_y}{\partial y} = 0$$

を得る．これは(5.5)で $q=0$ とおいた式で，水のわき出しが(原点を除いて)存在しない水の流れを表わしている．

例題 5.4 前ページで導いた(5.5)または(5.6)は，(5.7)や(5.8)の記号を用いると，任意の微小体積 $dxdydz$ について

$$\mathrm{div}\,\boldsymbol{v} = q(x,y,z), \qquad \nabla\cdot\boldsymbol{v} = q(x,y,z)$$

と書ける．

点 (x,y,z) とその近傍で，わき出しがない場合($q=0$)，わき出しがある場合($q>0$)，吸い込みがある場合($q<0$)に，点 (x,y,z) の近傍における流速 $\boldsymbol{v}$ はどのようになると考えられるか．簡単のため，2次元平面で図示せよ．

［解］ わき出しがない $q=0$ のとき，$\nabla\cdot\boldsymbol{v}=0$ である．ベクトルの発散は，微小領域から流出するベクトル量と流入するベクトル量の差として導かれたから，$\nabla\cdot\boldsymbol{v}=0$ は流入と流出がともにないか，両者が等しいときに実現する．流体の流れの軌跡を表わす**流線**は，図(a)のように同心円になったり，図(b)のように領域を貫通したりする．流速ベクトルの向きは，流線の接続方向である．流れがない($\boldsymbol{v}=0$)場合にも $\nabla\cdot\boldsymbol{v}=0$ を満足する．

わき出しがある場合($q>0$)，微小領域から正味として流体が流出する．図(c)にその一例を示す．この流れに $\nabla\cdot\boldsymbol{v}=0$ の流れを加えることもできる(図(d))．

吸い込みがある場合($q<0$)，図(c)と矢印の向きが逆になり，流体は吸い込み点に吸い込まれる．このときも，$\nabla\cdot\boldsymbol{v}=0$ の解との和をとることもできる(図(e))．

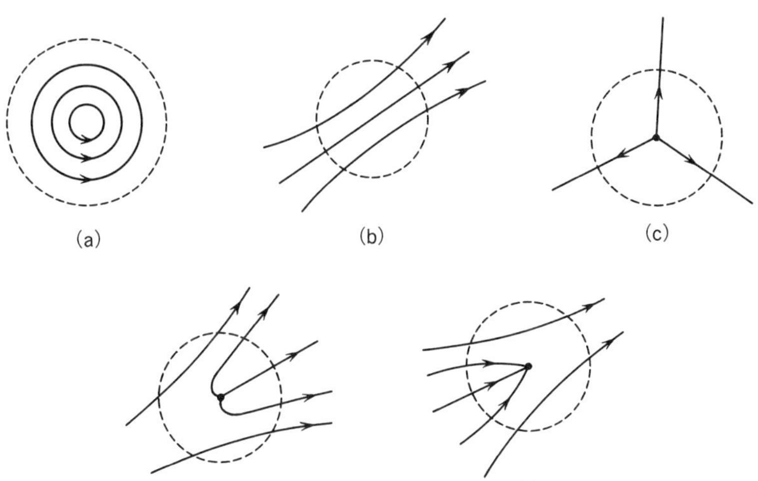

(a)　(b)　(c)　(d)　(e)

例題 5.5 気体のように体積が変わりやすい流体では，密度$\rho(x, y, z)$と流れの速度$\boldsymbol{v}(x, y, z)$の関係を以下のようにして求めることができる．ただし，気体のわき出しは単位時間に$q(x, y, z)$であるとする．

流速$\boldsymbol{v}$と直交する単位面積の仮想的な面を通して，単位時間に通過する質量の流れ$\boldsymbol{w}$は，右図の網かけの領域に含まれる気体の質量に等しい．つまり，$\boldsymbol{w}=\rho\boldsymbol{v}$である．辺の長さが$dx, dy, dz$の立方体に含まれる質量の時間変化の割合は，そこに単位時間に流入する質量とわき出し量に等しいとして，次の**連続の方程式**を導け．

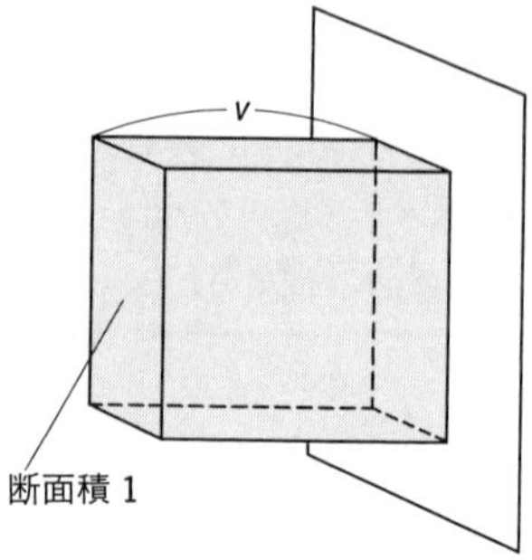

$$\frac{\partial\rho}{\partial t} = -\nabla\cdot(\rho\boldsymbol{v})+q(x, y, z) \tag{1}$$

［解］ 質量の流れ$\boldsymbol{w}=\rho\boldsymbol{v}$の$x$成分$w_x$を考え，点$(x, y, z)$において$x$軸に垂直な面$dydz$を通して単位時間に流入する質量$w_x(x, y, z)dydz$と，点$(x+dx, y, z)$において面$dydz$を通して単位時間に流出する質量$w_x(x+dx, y, z)dydz$の差を作る．$w_x(x+dx, y, z)$を展開して次式を得る．

$$\{w_x(x, y, z)-w_x(x+dx, y, z)\}\,dydz = -\frac{\partial w_x}{\partial x}dxdydz = -\frac{\partial}{\partial x}(\rho v_x)\,dxdydz$$

y, z成分についても同様な計算を行なうと，体積$dxdydz$へ単位時間に外部から流入する質量は$-\nabla\cdot(\rho\boldsymbol{v})dxdydz$となる．この領域には単位時間に$q(x, y, z)dxdydz$だけわき出しがあるから，質量$\rho dxdydz$の時間変化の割合は

$$\frac{\partial\rho}{\partial t}dxdydz = -\nabla\cdot(\rho\boldsymbol{v})\,dxdydz+q(x, y, z)\,dxdydz$$

となる．$dxdydz$は任意に選べるから

$$\frac{\partial\rho}{\partial t} = -\nabla\cdot(\rho\boldsymbol{v})+q$$

を得る．わき出しを含まない$(q=0)$次式を**連続の方程式**と呼ぶことが多い．

$$\frac{\partial\rho}{\partial t}+\nabla\cdot(\rho\boldsymbol{v}) = 0$$

例題 5.6　xy 平面におけるベクトル $\boldsymbol{A}$ の発散 $\nabla\cdot\boldsymbol{A}$ は，その x, y 成分 A_x, A_y を用いて

$$\nabla\cdot\boldsymbol{A} = \frac{\partial A_x}{\partial x}+\frac{\partial A_y}{\partial y}$$

と書ける．2次元極座標 (r, θ) における発散は

$$\nabla\cdot\boldsymbol{A} = \frac{1}{r}\frac{\partial}{\partial r}(rA_r)+\frac{1}{r}\frac{\partial A_\theta}{\partial \theta} \tag{1}$$

となることを導け．そのためには，ベクトル $\boldsymbol{A}$ の r, θ 方向成分 A_r, A_θ が

$$A_r = A_x\cos\theta+A_y\sin\theta, \qquad A_\theta = -A_x\sin\theta+A_y\cos\theta \tag{2}$$

と書けることをまず示し，A_x と A_y を A_r と A_θ で表わして，x と y による微分を r と θ による微分におきかえればよい．

［解］　2つの座標の関係は，

$$x = r\cos\theta, \qquad y = r\sin\theta, \qquad r^2 = x^2+y^2, \qquad \theta = \tan^{-1}\frac{y}{x} \tag{3}$$

$A_r=\boldsymbol{A}\cdot\boldsymbol{e}_r$，$A_\theta=\boldsymbol{A}\cdot\boldsymbol{e}_\theta$ によって成分 A_r, A_θ が決まるから

$$A_r = (\boldsymbol{i}A_x+\boldsymbol{j}A_y)\cdot\frac{\boldsymbol{i}x+\boldsymbol{j}y}{r} = \frac{x}{r}A_x+\frac{y}{r}A_y$$

と計算できる．最後の式に(3)を代入すると(2)の第1式を得る．A_θ についても同様の計算から(2)の第2式が得られる．(2)を A_x, A_y について解くと

$$A_x = A_r\cos\theta-A_\theta\sin\theta, \qquad A_y = A_r\sin\theta+A_\theta\cos\theta$$

x, y による微分は，例題5.3の(1)によって r, θ の微分で書けるから

$$\begin{aligned}\nabla\cdot\boldsymbol{A} &= \left(\cos\theta\frac{\partial}{\partial r}-\frac{\sin\theta}{r}\frac{\partial}{\partial\theta}\right)(A_r\cos\theta-A_\theta\sin\theta)\\ &\quad+\left(\sin\theta\frac{\partial}{\partial r}+\frac{\cos\theta}{r}\frac{\partial}{\partial\theta}\right)(A_r\sin\theta+A_\theta\cos\theta)\\ &= \frac{\partial A_r}{\partial r}+\frac{A_r}{r}+\frac{1}{r}\frac{\partial A_\theta}{\partial\theta}\end{aligned}$$

を得る．これをまとめて(1)が得られる．

円柱座標 (r, θ, z) と3次元極座標 (r, θ, φ) における発散は，次式で与えられる(問題6-2[4]を参照)．

$$(r, \theta, z) \qquad \nabla\cdot\boldsymbol{A} = \frac{1}{r}\frac{\partial}{\partial r}(rA_r)+\frac{1}{r}\frac{\partial A_\theta}{\partial\theta}+\frac{\partial A_z}{\partial z}$$

$$(r, \theta, \varphi) \qquad \nabla\cdot\boldsymbol{A} = \frac{1}{r^2}\frac{\partial}{\partial r}(r^2A_r)+\frac{1}{r\sin\theta}\frac{\partial}{\partial\theta}(\sin\theta A_\theta)+\frac{1}{r\sin\theta}\frac{\partial A_\varphi}{\partial\varphi}$$

例題 5.7 スカラー関数 ϕ の勾配 $\nabla\phi$ はベクトルである．ベクトル $\nabla\phi$ の発散は**ラプラス**(Laplace)**演算子**，あるいは**ラプラシアン**とよばれ，∇^2 と書く．つまり

$$\mathrm{div}\ \mathrm{grad}\ \phi = \nabla\cdot\nabla\phi = \nabla^2\phi$$

である．座標 (x, y, z) では

$$\nabla^2 = \frac{\partial^2}{\partial x^2}+\frac{\partial^2}{\partial y^2}+\frac{\partial^2}{\partial z^2} \tag{1}$$

となることを示せ．また，スカラー関数が原点からの距離 r のみの関数 $\phi(r)$ であると

$$\nabla^2\phi = \frac{1}{r^2}\frac{d}{dr}\left(r^2\frac{d\phi}{dr}\right) \tag{2}$$

であることを示せ．

［解］ 基本ベクトル $\boldsymbol{i}, \boldsymbol{j}, \boldsymbol{k}$ は規格化($\boldsymbol{i}\cdot\boldsymbol{i}=1$ など)された直交ベクトル($\boldsymbol{i}\cdot\boldsymbol{j}=0$ など)であるから

$$\begin{aligned}\nabla\cdot\nabla\phi &= \left(\boldsymbol{i}\frac{\partial}{\partial x}+\boldsymbol{j}\frac{\partial}{\partial y}+\boldsymbol{k}\frac{\partial}{\partial z}\right)\cdot\left(\boldsymbol{i}\frac{\partial\phi}{\partial x}+\boldsymbol{j}\frac{\partial\phi}{\partial y}+\boldsymbol{k}\frac{\partial\phi}{\partial z}\right)\\ &= \frac{\partial^2\phi}{\partial x^2}+\frac{\partial^2\phi}{\partial y^2}+\frac{\partial^2\phi}{\partial z^2}\end{aligned}$$

となり，(1)が得られる．

$r^2=x^2+y^2+z^2$ を使い，まず x 微分を r による微分に書き改めると

$$\frac{\partial\phi}{\partial x} = \frac{d\phi}{dr}\frac{\partial r}{\partial x} = \frac{x}{r}\frac{d\phi}{dr}$$

2 階微分を作るとき，上式右辺の x はそのまま x で微分し，残った部分を r による微分で書くと

$$\begin{aligned}\frac{\partial^2\phi}{\partial x^2} &= \frac{1}{r}\frac{d\phi}{dr}+x\frac{x}{r}\frac{\partial}{\partial r}\left(\frac{1}{r}\frac{d\phi}{dr}\right) = \frac{1}{r}\frac{d\phi}{dr}+\frac{x^2}{r}\left(\frac{1}{r}\frac{d^2\phi}{dr^2}-\frac{1}{r^2}\frac{d\phi}{dr}\right)\\ &= \frac{x^2}{r^2}\frac{d^2\phi}{dr^2}+\left(\frac{1}{r}-\frac{x^2}{r^3}\right)\frac{d\phi}{dr}\end{aligned}$$

と計算できる．y, z による微分は，上式で x を y または z におきかえればよい．結局

$$\begin{aligned}\nabla^2\phi &= \frac{x^2+y^2+z^2}{r^2}\frac{d^2\phi}{dr^2}+\left(\frac{3}{r}-\frac{x^2+y^2+z^2}{r^3}\right)\frac{d\phi}{dr}\\ &= \frac{d^2\phi}{dr^2}+\frac{2}{r}\frac{d\phi}{dr}\end{aligned}$$

を得る．これらをまとめると(2)に帰着する．

なお，$\nabla^2\phi=0$ を**ラプラス方程式**といい，これを満たす関数を**調和関数**という．

問　題 5-2

[1] 原点におかれた点電荷 e が作る電場

$$\boldsymbol{E} = \frac{e}{4\pi\varepsilon_0}\frac{1}{x^2+y^2+z^2}\frac{\boldsymbol{r}}{r}$$
$$= \frac{e}{4\pi\varepsilon_0}\frac{\boldsymbol{i}x+\boldsymbol{j}y+\boldsymbol{k}z}{(x^2+y^2+z^2)^{3/2}}$$

は，原点を除いて $\nabla\cdot\boldsymbol{E}=0$ を満たすことを示せ.

[2] 速度が次式で与えられる流れの場について，発散を計算し，わき出し，あるいは吸い込みの量を求めよ.

(1) $v_x = -x, \quad v_y = -y, \quad v_z = 0$

(2) $v_x = -y, \quad v_y = x, \quad v_z = 0$

[3] 例題 5.3 で与えたスカラー関数の勾配，および例題 5.6 で示したベクトルの発散の式を用いて，円柱座標と極座標におけるラプラス演算子 ∇^2 を書け.

[4] 前問で導いた極座標のラプラス演算子を使い，スカラー関数 ϕ が r のみの関数であるとき，$\nabla^2\phi$ の表現は例題 5.7 の結果と一致することを示せ.

[5] 3 次元空間において，原点からの距離 r のみの関数である次のスカラー関数のうち，ラプラス方程式 $\nabla^2\phi=0$ を満足するものはどれか.

(1) $\phi = r$, (2) $\phi = \dfrac{1}{2}r^2$, (3) $\phi = \dfrac{1}{r}$ (原点は除く)

[6] スカラー関数 ϕ が原点からの距離 r のみの関数であるとき，次の場合にラプラス方程式 $\nabla^2\phi=0$ の解を求めよ.

(1) 2 次元極座標. ϕ が座標 θ に依存しないときラプラス方程式は次式で与えられる.

$$\nabla^2\phi = \frac{1}{r}\frac{d}{dr}\left(r\frac{d\phi}{dr}\right) = 0$$

(2) 3 次元極座標. ラプラス方程式は次式で与えられる.

$$\nabla^2\phi = \frac{1}{r^2}\frac{d}{dr}\left(r^2\frac{d\phi}{dr}\right) = 0$$

5-3 回 転

ベクトル場 $\boldsymbol{A}=(A_x, A_y, A_z)$ に対して，ベクトル

$$\mathrm{rot}\,\boldsymbol{A} = \left(\frac{\partial A_z}{\partial y}-\frac{\partial A_y}{\partial z}\right)\boldsymbol{i}+\left(\frac{\partial A_x}{\partial z}-\frac{\partial A_z}{\partial x}\right)\boldsymbol{j}+\left(\frac{\partial A_y}{\partial x}-\frac{\partial A_x}{\partial y}\right)\boldsymbol{k} \tag{5.9}$$

を $\boldsymbol{A}$ の**回転**(ローテイション，rotation)とよぶ．これはナブラ ∇ と $\boldsymbol{A}$ との外積として書くこともできる．つまり

$$\begin{aligned}\mathrm{rot}\,\boldsymbol{A} &= \nabla\times\boldsymbol{A} \\ &= \begin{vmatrix} \boldsymbol{i} & \boldsymbol{j} & \boldsymbol{k} \\ \dfrac{\partial}{\partial x} & \dfrac{\partial}{\partial y} & \dfrac{\partial}{\partial z} \\ A_x & A_y & A_z \end{vmatrix}\end{aligned} \tag{5.10}$$

角速度 ω で，xy 平面を回転する剛体の運動をもとに，速度ベクトル $\boldsymbol{v}$ の回転 $\nabla\times\boldsymbol{v}$ の意味を考える．剛体中のある点の座標を $x=a\cos\omega t$, $y=a\sin\omega t$ とすると，速度はそれらを時間で微分して，$v_x=-\omega a\sin\omega t=-\omega y$, $v_y=\omega a\cos\omega t=\omega x$ と計算できるから，

$$\mathrm{rot}\,\boldsymbol{v} = \begin{vmatrix} \boldsymbol{i} & \boldsymbol{j} & \boldsymbol{k} \\ \dfrac{\partial}{\partial x} & \dfrac{\partial}{\partial y} & \dfrac{\partial}{\partial z} \\ -\omega y & \omega x & 0 \end{vmatrix} = 2\omega\boldsymbol{k} \tag{5.11}$$

である．したがって，rot $\boldsymbol{v}$ の大きさは回転の角速度の 2 倍に等しい．角速度ベクトル $\boldsymbol{\omega}$ の向きは，剛体の回転方向に右ねじを回したとき，右ねじの進む方向にとる．今の場合，剛体は xy 平面と反時計方向に回転しているから，$\boldsymbol{\omega}=\omega\boldsymbol{k}$ と書ける．つまり，大きさだけでなく方向も考えると，rot $\boldsymbol{v}$ は角速度ベクトルの 2 倍に等しい．

例題 5.8　一定の角速度 $\boldsymbol{\omega}$ で回転する剛体の任意の点の位置ベクトルを $\boldsymbol{r}$ とするとき，その点の速度 $\boldsymbol{v}$ は $\boldsymbol{\omega}\times\boldsymbol{r}$ で与えられることを示せ．また，rot $\boldsymbol{v}$ を計算せよ．位置ベクトルの原点が回転軸上にある場合と，そうでない場合に分けて考えよ．

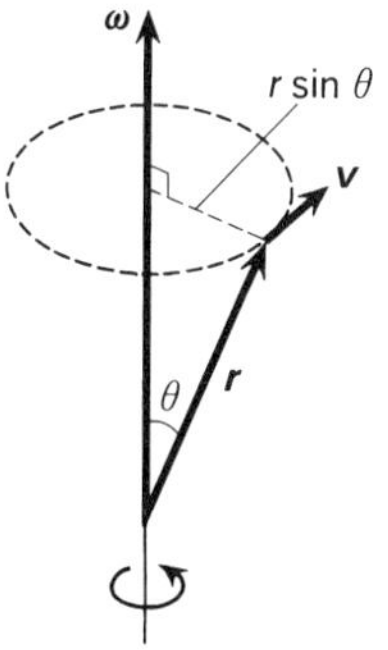

［解］　原点が回転軸上にある場合，図から速さは $\omega r\sin\theta$ によって与えられる．すなわち，

$$|\boldsymbol{v}| = |\boldsymbol{\omega}\times\boldsymbol{r}|$$

である．速度の向きは，右ねじを回してベクトル $\boldsymbol{\omega}$ をベクトル $\boldsymbol{r}$ に一致させるとき，右ねじの進む方向に等しいから，

$$\boldsymbol{v} = \boldsymbol{\omega}\times\boldsymbol{r}$$

となる．ベクトルの成分を

$$\boldsymbol{\omega} = (\omega_x, \omega_y, \omega_z), \qquad \boldsymbol{r} = (x, y, z)$$

とすると

$$\boldsymbol{v} = \boldsymbol{i}(\omega_y z-\omega_z y)+\boldsymbol{j}(\omega_z x-\omega_x z)+\boldsymbol{k}(\omega_x y-\omega_y x)$$

と計算できるから，(5.10) に代入して

$$\nabla\times\boldsymbol{v} = 2(\boldsymbol{i}\omega_x+\boldsymbol{j}\omega_y+\boldsymbol{k}\omega_z) = 2\boldsymbol{\omega}$$

を得る．

原点が回転軸上にない場合，位置ベクトル $\boldsymbol{r}$ は新しい原点から古い原点に引いた位置ベクトル $\boldsymbol{r}_0$ と，古い原点から見た剛体の位置ベクトル $\boldsymbol{r}'$ の和によって与えられる．したがって，速度 $\boldsymbol{v}$ は

$$\boldsymbol{v} = \boldsymbol{\omega}\times\boldsymbol{r}', \qquad \boldsymbol{r}' = \boldsymbol{r}-\boldsymbol{r}_0$$

となるから

$$\nabla\times\boldsymbol{v} = \nabla\times(\boldsymbol{\omega}\times\boldsymbol{r})-\nabla\times(\boldsymbol{\omega}\times\boldsymbol{r}_0)$$

である．右辺第 2 項で $\boldsymbol{r}_0$ は定ベクトルであるから，$\boldsymbol{\omega}\times\boldsymbol{r}_0$ の回転は 0 となる．第 1 項の座標 $\boldsymbol{r}$ を新たに $\boldsymbol{r}=(x, y, z)$ とおくと，前と同様に

$$\nabla\times\boldsymbol{v} = 2\boldsymbol{\omega}$$

が得られる．このように，$\boldsymbol{\omega}$ が原点を通らなくても (5.11) は成り立つ．

例題 5.9　図に示した**渦管**は，xy 平面内でつぎのような流速をもっている．

$$\boldsymbol{v} = \begin{cases} c_1(-\boldsymbol{i}y+\boldsymbol{j}x) & (\sqrt{x^2+y^2} \leqq a) \\ c_2\left(-\boldsymbol{i}\dfrac{y}{x^2+y^2}+\boldsymbol{j}\dfrac{x}{x^2+y^2}\right) & \\ & (\sqrt{x^2+y^2} \geqq a) \end{cases}$$

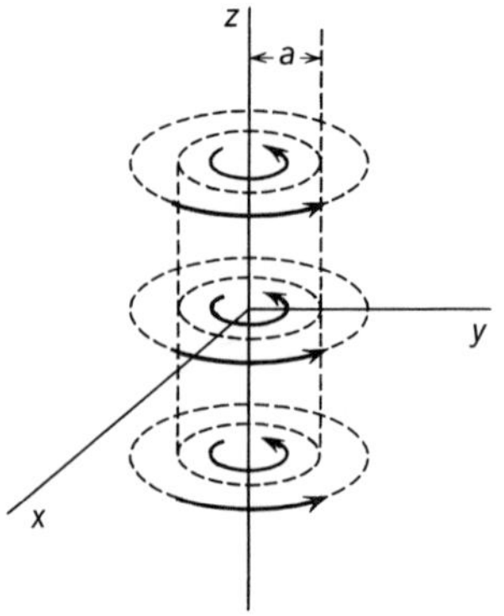

流れの速さ v を z 軸から測った距離 $r=\sqrt{x^2+y^2}$ の関数として求め，$r=a$ で速さが連続である条件から c_1 と c_2 の関係を導け．速さを r の関数として図示せよ．

$r\leqq a$，$r>a$ の領域で $\mathrm{rot}\,\boldsymbol{v}$ を計算せよ．流体力学では $\mathrm{rot}\,\boldsymbol{v}$ を**渦度**とよぶ．

［解］　速さ v は $\sqrt{v_x^2+v_y^2}$ によって与えられるから，

$$v = \begin{cases} c_1 r & (r\leqq a) \\ c_2\dfrac{1}{r} & (r\geqq a) \end{cases}$$

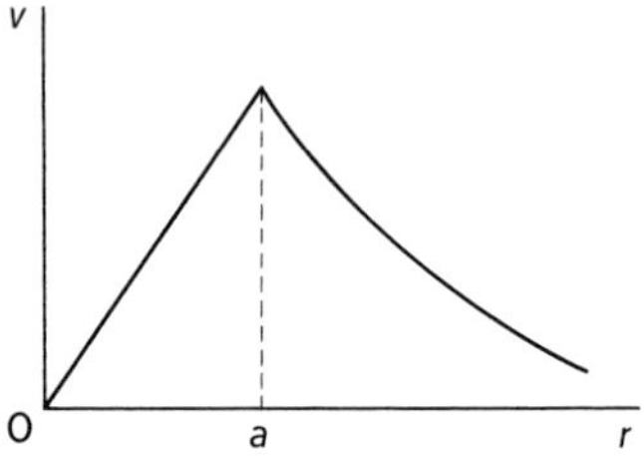

となる．距離 $r=a$ で，v が連続になる条件 $c_1a=c_2/a$ より，$c_2=a^2c_1$ が得られる．

渦度を $\boldsymbol{\Omega}$ と書くと，$r\leqq a$ では

$$\boldsymbol{\Omega} = \mathrm{rot}\,\boldsymbol{v} = \begin{vmatrix} \boldsymbol{i} & \boldsymbol{j} & \boldsymbol{k} \\ \dfrac{\partial}{\partial x} & \dfrac{\partial}{\partial y} & \dfrac{\partial}{\partial z} \\ -c_1y & c_1x & 0 \end{vmatrix} = 2c_1\boldsymbol{k} \tag{1}$$

となり，$r>a$ では同様の計算から

$$\boldsymbol{\Omega} = \mathrm{rot}\,\boldsymbol{v} = c_2\boldsymbol{k}\left(\frac{1}{r^2}-\frac{2x^2}{r^4}+\frac{1}{r^2}-\frac{2y^2}{r^4}\right) = 0$$

速さが $1/r$ に比例する旋回流は，$\mathrm{rot}\,\boldsymbol{v}=0$ となることに注意しよう．$\mathrm{rot}\,\boldsymbol{v}=0$ の場を**渦なしの場**という．

渦管の半径 a を十分小さくしたフィラメント状の渦を**渦糸**という．

例題 5.10　次の式を証明せよ.

$$\mathrm{rot}\,\mathrm{grad}\,\phi = 0 \tag{1}$$

$$\mathrm{div}\,\mathrm{rot}\,\boldsymbol{A} = 0 \tag{2}$$

(1) は, スカラー場の勾配によって定義されるベクトル場 $\boldsymbol{A}=\mathrm{grad}\,\phi$ が $\mathrm{rot}\,\boldsymbol{A}=0$ をつねに満たすことを述べている. これは渦なしの場である. 逆に, 渦なしの場は, スカラー場の勾配によって定義することができる.

(2) は, ベクトル場 $\boldsymbol{B}$ の発散が 0 であれば, $\nabla\cdot\boldsymbol{B}=0$ (これを**発散のない場**という) で, $\boldsymbol{B}$ はあるベクトル $\boldsymbol{A}$ の回転によって与えられることを示している.

［解］ ベクトル場 $\boldsymbol{A}$ がスカラー場 ϕ の勾配によって与えられるとき, $\boldsymbol{A}$ の成分 (A_x, A_y, A_z) は

$$A_x = \frac{\partial\phi}{\partial x}, \qquad A_y = \frac{\partial\phi}{\partial y}, \qquad A_z = \frac{\partial\phi}{\partial z}$$

であるから, $\mathrm{rot}\,\boldsymbol{A}$ の x 成分 $(\mathrm{rot}\,\boldsymbol{A})_x$ は

$$(\mathrm{rot}\,\boldsymbol{A})_x = \frac{\partial A_z}{\partial y} - \frac{\partial A_y}{\partial z} = \frac{\partial}{\partial y}\frac{\partial\phi}{\partial z} - \frac{\partial}{\partial z}\frac{\partial\phi}{\partial y} = 0$$

となる. 他の成分についても同様. よって, $\nabla\times\nabla\phi=0$ が成り立つ.

$\nabla\cdot(\nabla\times\boldsymbol{A})$ は $\boldsymbol{A}=(A_x, A_y, A_z)$ とすると

$$\begin{aligned}\nabla\cdot(\nabla\times\boldsymbol{A}) &= \frac{\partial}{\partial x}\left(\frac{\partial A_z}{\partial y} - \frac{\partial A_y}{\partial z}\right) + \frac{\partial}{\partial y}\left(\frac{\partial A_x}{\partial z} - \frac{\partial A_z}{\partial x}\right) + \frac{\partial}{\partial z}\left(\frac{\partial A_y}{\partial x} - \frac{\partial A_x}{\partial y}\right) \\ &= \frac{\partial}{\partial y}\frac{\partial A_x}{\partial z} - \frac{\partial}{\partial z}\frac{\partial A_x}{\partial y} + \frac{\partial}{\partial z}\frac{\partial A_y}{\partial x} - \frac{\partial}{\partial x}\frac{\partial A_y}{\partial z} \\ &\quad + \frac{\partial}{\partial x}\frac{\partial A_z}{\partial y} - \frac{\partial}{\partial y}\frac{\partial A_z}{\partial x} \\ &= 0\end{aligned}$$

が成立する.

(1) を満たす ϕ の勾配によってベクトル場 $\boldsymbol{A}$ が導かれるとき $(\boldsymbol{A}=-\nabla\phi)$, ϕ を**スカラーポテンシャル**, (2) を満足する $\boldsymbol{A}$ の回転によってベクトル場 $\boldsymbol{B}$ が定義されるとき $(\boldsymbol{B}=\nabla\times\boldsymbol{A})$, $\boldsymbol{A}$ を**ベクトルポテンシャル**という.

問　題5–3

［1］ z 軸に関して対称な渦なしの流れを考える．流れの速さは r のみの関数で，θ と z によらないとする．渦なしの場であるから，流れの速度 $\boldsymbol{v}$ はスカラーポテンシャル ϕ の勾配によって記述され，$\boldsymbol{v}=-\nabla\phi$ である．この ϕ を**速度ポテンシャル**とよぶ．流体の密度 ρ が一定である**非圧縮性**のとき，連続の方程式から $\nabla\cdot\boldsymbol{v}=0$ が導かれる．したがって，渦なしの非圧縮性流体はラプラス方程式 $\nabla^2\phi=0$ を満足する速度ポテンシャルによって特徴づけられる．次の問に答えよ．

(1)　非圧縮性流体に対して $\nabla\cdot\boldsymbol{v}=0$ が成り立つことを示せ．

(2)　円柱座標で記述される軸対称流に対してラプラス方程式を解き，速度ポテンシャルと流れの速度を求めよ．また，流れの速さも計算せよ．

［2］ 正電荷と負電荷はそれぞれ単独で存在するが，磁極は単独では存在しない．少なくともこれまでに単磁極は発見されていない．これは，磁力線は閉じていて，磁力線のわき出しや吸い込みはないことを意味している．このことは，磁束密度 $\boldsymbol{B}$ の発散がないという形で表現される．すなわち $\nabla\cdot\boldsymbol{B}=0$．発散のない場はベクトルポテンシャル $\boldsymbol{A}$ の回転によって与えられる．磁束密度 $\boldsymbol{B}$ が $\boldsymbol{B}=(0,0,B)$ であるとき，ベクトルポテンシャル $\boldsymbol{A}$ を求めよ．ベクトルポテンシャル $\boldsymbol{A}$ には任意性があることに注意し，複数の表現を導け．

［3］ 公式 $\nabla\times(\nabla\phi)=0$ が成り立つから，ベクトルポテンシャル $\boldsymbol{A}$ に任意のスカラー関数の勾配を加えても，磁束密度 $\boldsymbol{B}$ の値は変わらない．なぜなら

$$\boldsymbol{B} = \nabla\times(\boldsymbol{A}+\nabla\phi) = \nabla\times\boldsymbol{A}+\nabla\times(\nabla\phi) = \nabla\times\boldsymbol{A}$$

が成り立つからである．これを**ヘルムホルツの定理**という．

前問で得たベクトルポテンシャルについての複数の表現のあいだにヘルムホルツの定理が成り立っていることを示し，スカラー関数 ϕ を具体的に求めよ．

［4］ xy 平面における流れの速度が図のように与えられている．速度 $\boldsymbol{v}$ を座標の関数として表わし，その回転をとることによって渦度 $\boldsymbol{\Omega}=\mathrm{rot}\,\boldsymbol{v}$ を求めよ．

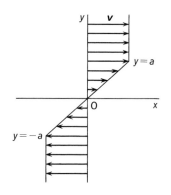

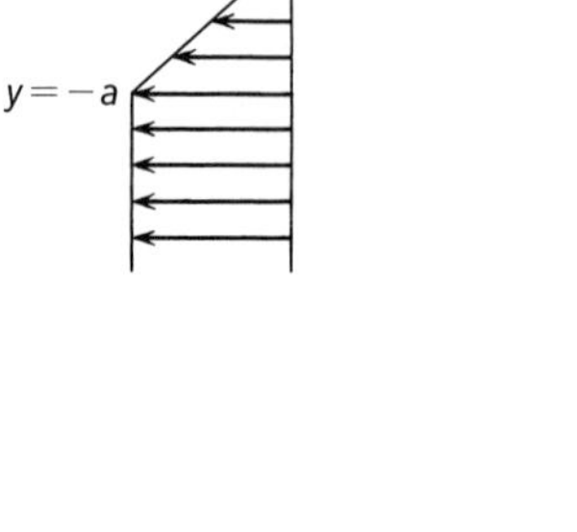

5-4 微分演算と電磁場

スカラー場の勾配，ベクトル場の発散や回転についての重要な公式を示す．

$$\nabla(f+g) = \nabla f+\nabla g$$

$$\nabla(f\cdot g) = f\nabla g+g\nabla f$$

$$\nabla(f(g)) = \frac{\partial f}{\partial g}\nabla g$$

$$\nabla\cdot\nabla f = \nabla^2 f$$

$$\nabla\times\nabla f = 0$$

$$\nabla\cdot(\boldsymbol{A}+\boldsymbol{B}) = \nabla\cdot\boldsymbol{A}+\nabla\cdot\boldsymbol{B}$$

$$\nabla\cdot\nabla\times\boldsymbol{A} = 0$$

$$\nabla\times(\boldsymbol{A}+\boldsymbol{B}) = \nabla\times\boldsymbol{A}+\nabla\times\boldsymbol{B}$$

$$\nabla\times\nabla\times\boldsymbol{A} = \nabla\nabla\cdot\boldsymbol{A}-\nabla^2\boldsymbol{A}$$

$$\nabla\cdot(f\boldsymbol{A}) = f\nabla\cdot\boldsymbol{A}+\boldsymbol{A}\cdot\nabla f$$

$$\nabla\times(f\boldsymbol{A}) = f\nabla\times\boldsymbol{A}-\boldsymbol{A}\times\nabla f$$

$$\nabla\cdot(\boldsymbol{A}\times\boldsymbol{B}) = \boldsymbol{B}\cdot\nabla\times\boldsymbol{A}-\boldsymbol{A}\cdot\nabla\times\boldsymbol{B}$$

$$\nabla(\boldsymbol{A}\cdot\boldsymbol{B}) = (\boldsymbol{A}\cdot\nabla)\boldsymbol{B}+(\boldsymbol{B}\cdot\nabla)\boldsymbol{A}+\boldsymbol{A}\times\nabla\times\boldsymbol{B}+\boldsymbol{B}\times\nabla\times\boldsymbol{A}$$

$$\nabla\times(\boldsymbol{A}\times\boldsymbol{B}) = (\boldsymbol{B}\cdot\nabla)\boldsymbol{A}-(\boldsymbol{A}\cdot\nabla)\boldsymbol{B}+\boldsymbol{A}\nabla\cdot\boldsymbol{B}-\boldsymbol{B}\nabla\cdot\boldsymbol{A}$$

これらの公式は両辺の値，あるいは成分を具体的に計算することによって容易に証明することができる．

円柱座標 (r,θ,z) と極座標 (r,θ,φ) におけるベクトル $\boldsymbol{A}$ の回転は，次式で与えられる(問題 6-4[2]を参照)．

$$(r,\theta,z) \qquad \nabla\times\boldsymbol{A} = \boldsymbol{e}_r\left(\frac{1}{r}\frac{\partial A_z}{\partial\theta}-\frac{\partial A_\theta}{\partial z}\right)+\boldsymbol{e}_\theta\left(\frac{\partial A_r}{\partial z}-\frac{\partial A_z}{\partial r}\right)$$

$$+\boldsymbol{e}_z\left\{\frac{1}{r}\frac{\partial}{\partial r}(rA_\theta)-\frac{1}{r}\frac{\partial A_r}{\partial\theta}\right\}$$

$$(r, \theta, \varphi) \qquad \nabla\times\boldsymbol{A} = \boldsymbol{e}_r\frac{1}{r\sin\theta}\left\{\frac{\partial}{\partial\theta}(\sin\theta A_\varphi)-\frac{\partial A_\theta}{\partial\varphi}\right\}$$
$$+\boldsymbol{e}_\theta\frac{1}{r}\left\{\frac{1}{\sin\theta}\frac{\partial A_r}{\partial\varphi}-\frac{\partial}{\partial r}(rA_\varphi)\right\}$$
$$+\boldsymbol{e}_\varphi\frac{1}{r}\left\{\frac{\partial}{\partial r}(rA_\theta)-\frac{\partial A_r}{\partial\theta}\right\}$$

例題 5.11 電磁場は**マクスウェル方程式**によって記述される．それは次のような方程式系である．

$$\nabla\cdot\boldsymbol{D} = \rho_e \tag{1}$$
$$\nabla\cdot\boldsymbol{B} = 0 \tag{2}$$
$$\nabla\times\boldsymbol{E} = -\frac{\partial\boldsymbol{B}}{\partial t} \tag{3}$$
$$\nabla\times\boldsymbol{H} = \frac{\partial\boldsymbol{D}}{\partial t}+\boldsymbol{J}_e \tag{4}$$
$$\boldsymbol{D} = \varepsilon\boldsymbol{E} \tag{5}$$
$$\boldsymbol{B} = \mu\boldsymbol{H} \tag{6}$$

ここで，$\boldsymbol{D}$ は電束密度(電気変位)，ρ_e は電荷密度，$\boldsymbol{B}$ は磁束密度，$\boldsymbol{E}$ は電場の強さ，$\boldsymbol{H}$ は磁場の強さ，$\boldsymbol{J}_e$ は電流密度，ε は誘電率，μ は透磁率である．

ベクトルの発散や回転の意味を考え，マクスウェルの方程式(1)～(4)の内容を言い表わせ．

［解］ 電場 $\boldsymbol{E}$ と電束密度 $\boldsymbol{D}$ は(5)によって関係づけられているから，特に断わらない限り両者を区別しないことにしよう．磁場 $\boldsymbol{H}$ と磁束密度 $\boldsymbol{B}$ についても同様とする．

(1)は，電荷が電場のわき出し($\rho_e>0$)や吸い込み($\rho_e<0$)であること，つまり，電荷は電場を作ることを述べている．

(2)は，磁場にはわき出しや吸い込みがないことを言っている．したがって磁力線は必ず閉じている．単磁極がないと表現してもよい．

例題 5.9 の結果(1)と比較すると，$\boldsymbol{\Omega}$ が $-\partial\boldsymbol{B}/\partial t$，$\boldsymbol{v}$ が $\boldsymbol{E}$ に対応している．したがって，磁束密度が変化するとその回りに電場が作られることを，(3)は述べている．右辺の負符号を考慮して，磁束密度の変化を妨げるように電場が作られると言ってもよい．

同じように，(4)は，電流が流れたり，電場が変化するとその周囲に磁場が作られることを表現している．なお，右辺第 1 項 $\partial\boldsymbol{D}/\partial t$ は**変位電流**とよばれる．

例題 5. 12 真空中(誘電率 ε_0, 透磁率 μ_0)で, 電場 $\boldsymbol{E}$ と磁場 $\boldsymbol{H}$ が $\boldsymbol{E}=(E,0,0)$, $\boldsymbol{H}=(0,H,0)$ によって与えられ, E と H が座標 z と時間 t のみの関数であるとき, E と H が従う波動方程式を導け. $1/\sqrt{\varepsilon_0\mu_0}$ を c_0 とせよ.

電場 E が z と t の関数として

$$E = A\cos k(z-ct) \tag{1}$$

によって与えられるとき, 磁場 H を求めよ. A, k は任意定数とする.

[解] 真空中であるから電流は流れない. $\boldsymbol{J}_e=0$. マクスウェル方程式の第 3 式(例題 5. 11 の(3))の y 成分から

$$\frac{\partial E}{\partial z} = -\mu_0\frac{\partial H}{\partial t} \tag{2}$$

が得られる. x, z 成分は両辺とも 0 になる. 第 4 式(例題 5. 11 の(4))の y, z 成分は 0 となり, x 成分から次式を得る.

$$-\frac{\partial H}{\partial z} = \varepsilon_0\frac{\partial E}{\partial t} \tag{3}$$

(2)を z で偏微分した式と(3)を t で偏微分した式から, $\partial^2H/\partial z\partial t$ を消去すると E についての**波動方程式**

$$\frac{\partial^2E}{\partial t^2}-{c_0}^2\frac{\partial^2E}{\partial z^2} = 0 \tag{4}$$

を導くことができる. (2), (3)から E を消去すれば, H について(4)と同じ波動方程式が得られる.

電場 E を(1)の形に仮定して(4)に代入すると, $c^2={c_0}^2$, つまり, $c=\pm c_0$ となる.

$c=c_0$ のとき, (1)の解を(2)に代入すると

$$\frac{\partial H}{\partial t} = \frac{kA}{\mu_0}\sin k(z-c_0t)$$

$$\therefore\quad H = \sqrt{\frac{\varepsilon_0}{\mu_0}}\,A\cos k(z-c_0t) \tag{5}$$

が得られる.

$c=-c_0$ のときの解も, 同様の計算から求められる.

$$\left.\begin{aligned} E &= A\cos k(z+c_0t) \\ H &= -\sqrt{\frac{\varepsilon_0}{\mu_0}}\,A\cos k(z+c_0t) \end{aligned}\right. \tag{6}$$

問　題 5-4

［1］ 電荷密度を ρ_e，電荷の流れの速度を $\boldsymbol{v}_e$ とするとき，電流密度 $\boldsymbol{J}_e$ を ρ_e と $\boldsymbol{v}_e$ によって表わせ．

［2］ マクスウェル方程式の第1式と第4式(例題5.11)から，電荷に関する連続の方程式(電荷の保存則)

$$\frac{\partial \rho_e}{\partial t}+\nabla\cdot(\rho_e \boldsymbol{v}_e) = 0$$

を導け．

［3］ 例題5.12で求めた電磁波の電場 $\boldsymbol{E}$ と磁場 $\boldsymbol{H}$((1)と(5)，あるいは(6))を用いて，ベクトル積 $\boldsymbol{E}\times\boldsymbol{H}$ を計算せよ．$\boldsymbol{E}\times\boldsymbol{H}$ は**ポインティングベクトル**(Poynting vector)とよばれ，エネルギーの流れを表わすベクトルである．$\boldsymbol{E}\times\boldsymbol{H}$ の方向を求め，エネルギーの流れの方向は電磁波の伝播方向と一致していることを確かめよ．

［4］ 公式 $\nabla\cdot(\boldsymbol{E}\times\boldsymbol{H}) = \boldsymbol{H}\cdot(\nabla\times\boldsymbol{E})-\boldsymbol{E}\cdot(\nabla\times\boldsymbol{H})$ の右辺にマクスウェル方程式の第3, 4式(例題5.11)を代入し

$$\frac{\partial u}{\partial t}+\nabla\cdot(\boldsymbol{E}\times\boldsymbol{H}) = -\boldsymbol{E}\cdot\boldsymbol{i}$$

が成り立つことを示せ．これが例題5.5で導いた連続の方程式(1)と同じ形をしていることに注意して，各項の意味を考えよ．ただし

$$u = \frac{1}{2}\boldsymbol{E}\cdot\boldsymbol{D}+\frac{1}{2}\boldsymbol{H}\cdot\boldsymbol{B} = \frac{1}{2}\varepsilon E^2+\frac{1}{2}\mu H^2$$

は電磁場のエネルギー密度を表わす．

［5］ 真空中の電磁波を記述する波動方程式

$$\frac{\partial^2 \boldsymbol{E}}{\partial t^2}-{c_0}^2\nabla^2\boldsymbol{E} = 0, \qquad \frac{\partial^2 \boldsymbol{H}}{\partial t^2}-{c_0}^2\nabla^2\boldsymbol{H} = 0, \qquad {c_0}^2 = \frac{1}{\varepsilon_0\mu_0}$$

を，例題5.12のような $\boldsymbol{E}$ と $\boldsymbol{H}$ に対する仮定を用いずに導け．

［6］ 例題5.5で扱った質量の流れ $\boldsymbol{w}$ が密度 ρ の勾配によって決まるとすると，$\boldsymbol{w}=-\kappa\nabla\rho$ となる．ここで κ は定数である．適当な密度の空間分布を仮定して，$-\nabla\rho$ が密度の大きい領域から密度の小さい領域への質量の流れ，つまり拡散を表わしていることを示せ．この式と連続の方程式を組み合わせて，つぎの**拡散方程式**を導け．ただし，わき出しはないとする．

$$\frac{\partial \rho}{\partial t} = \kappa\nabla^2\rho$$

5–5 座標変換とベクトルとスカラー

座標変換によって，スカラー積 $\boldsymbol{A}\cdot\boldsymbol{B}$，ベクトル積 $\boldsymbol{A}\times\boldsymbol{B}$，勾配 grad f，発散 div $\boldsymbol{A}$，回転 rot $\boldsymbol{A}$ などがどのように変わるか，という問題を考える．

座標変換は 1–6 節においてすでに扱った．それを記号で表わすと

$$A_\alpha{}' = \sum_{j=1}^{3} a_{\alpha j} A_j, \qquad A_j = \sum_{\alpha=1}^{3} A_\alpha{}' a_{\alpha j}$$

である．ここで，簡単のため A_x, A_y, A_z を A_1, A_2, A_3 と，$A_x{}', A_y{}', A_z{}'$ を $A_1{}', A_2{}', A_3{}'$ と書いた．他のベクトル $\boldsymbol{B}$ についても同様に

$$B_\beta{}' = \sum_{j=1}^{3} a_{\beta j} B_j, \qquad B_k = \sum_{\alpha=1}^{3} B_\alpha{}' a_{\alpha k}$$

である．$\boldsymbol{A}', \boldsymbol{B}'$ にはギリシャ文字 α, β など，$\boldsymbol{A}, \boldsymbol{B}$ にはローマ字 j, k などを使う．直交関係はクロネッカーの δ 関数 δ_{jk} を使うと

$$\sum_{\alpha=1}^{3} a_{\alpha j} a_{\alpha k} = \delta_{jk}, \qquad \sum_{k=1}^{3} a_{\alpha k} a_{\beta k} = \delta_{\alpha\beta}$$

となる．$\alpha=j$ のとき $\delta_{\alpha j}=1$，$\alpha\neq j$ のとき $\delta_{\alpha j}=0$ である．

スカラー積 $\boldsymbol{A}\cdot\boldsymbol{B}$，発散 div $\boldsymbol{A}$ などのスカラーは座標変換で変わらない．ベクトル積 $\boldsymbol{A}\times\boldsymbol{B}$，勾配 grad f，回転 rot $\boldsymbol{A}$ などのベクトルはベクトル成分の変換と同じ変換を受ける．この変換は，空間に不変に存在しているベクトルを 2 つの座標系で見たときの成分の関係を表わすもので，その意味で，これらのベクトルも不変な量である．

右手系と左手系　ふつう x 軸，y 軸，z 軸がそれぞれ右手のおや指，ひとさし指，なか指にあたる座標系を使う．これを右手系という．左手のおや指，ひとさし指，なか指を x 軸，y 軸，z 軸に対応させる左手系も考えられる．1 つの軸たとえば z 軸の向きを逆にすれば，$x\to x$，$y\to y$，$z\to -z$ により右手系は左手系に移る．これを**鏡映**という．この変換によって，変位，速度，力，勾配などの成分は $A_x\to A_x$，$A_y\to A_y$，$A_z\to -A_z$ と変換される．このようなベクトルを**極性ベクトル**という．極性ベクトルは**反転** $(x, y, z)\to(-x, -y, -z)$

を行なうと符号が変わる．反転を行なって符号の変わらないベクトルを**軸性ベクトル**あるいは**擬ベクトル**という．

例題 5.13　ベクトル $\boldsymbol{A}=(A_1, A_2, A_3)$，$\boldsymbol{B}=(B_1, B_2, B_3)$ のスカラー積 $\boldsymbol{A}\cdot\boldsymbol{B}$ とベクトル積 $\boldsymbol{A}\times\boldsymbol{B}$ は，座標変換によって，不変なスカラーとベクトルであることを示せ．

［解］　座標変換によって，$\boldsymbol{A}, \boldsymbol{B}$ が $\boldsymbol{A}'=(A_1', A_2', A_3')$，$\boldsymbol{B}'=(B_1', B_2', B_3')$ に変換されると，スカラー積は直交関係を用いると

$$\boldsymbol{A}\cdot\boldsymbol{B} = \sum_{i=1}^{3} A_i B_i = \sum_{i=1}^{3}\sum_{\alpha=1}^{3}\sum_{\beta=1}^{3} a_{\alpha i}a_{\beta i}A_\alpha' B_\beta' = \sum_{\alpha=1}^{3}\sum_{\beta=1}^{3}\left(\sum_{i=1}^{3} a_{\alpha i}a_{\beta i}\right)A_\alpha' B_\beta'$$

$$= \sum_{\alpha=1}^{3}\sum_{\beta=1}^{3}\delta_{\alpha\beta}A_\alpha' B_\beta' = \sum_{\alpha} A_\alpha' B_\alpha'$$

となる．$A_1B_1+A_2B_2+A_3B_3=A_1'B_1'+A_2'B_2'+A_3'B_3'$ が成り立つから，スカラー積は座標変換によって不変な量である．

ベクトル積 $\boldsymbol{A}\times\boldsymbol{B}$, $\boldsymbol{A}'\times\boldsymbol{B}'$ の成分を (u_1, u_2, u_3), (u_1', u_2', u_3') とすると，

$$u_1 = A_2B_3-A_3B_2, \qquad u_2 = A_3B_1-A_1B_3, \qquad u_3 = A_1B_2-A_2B_1$$

$$u_1' = A_2'B_3'-A_3'B_2', \qquad u_2' = A_3'B_1'-A_1'B_3', \qquad u_3' = A_1'B_2'-A_2'B_1'$$

である．u_1' の右辺を A_i, B_j $(i, j=1, 2, 3)$ によって書き表わす．変換公式を用いると

$$u_1' = \sum_{i=1}^{3}\sum_{j=1}^{3} a_{2i}A_i a_{3j}B_j - \sum_{i=1}^{3}\sum_{j=1}^{3} a_{3j}A_j a_{2i}B_i = \sum_{i=1}^{3}\sum_{j=1}^{3} a_{2i}a_{3j}(A_iB_j-A_jB_i)$$

が得られる．最後の式は $i=j$ のときカッコ内が 0 になることに注意して，i, j について和をとると

$$u_1' = (a_{22}a_{33}-a_{23}a_{32})u_1+(a_{23}a_{31}-a_{21}a_{33})u_2+(a_{21}a_{32}-a_{22}a_{31})u_3$$

となる．基本ベクトル $\boldsymbol{i}, \boldsymbol{j}, \boldsymbol{k}$ が座標変換によって $\boldsymbol{i}', \boldsymbol{j}', \boldsymbol{k}'$ に移る．その変換もベクトルの変換と同一である．$\boldsymbol{i}'=\boldsymbol{j}'\times\boldsymbol{k}'$ の両辺を $\boldsymbol{i}, \boldsymbol{j}, \boldsymbol{k}$ で表わすと

$$a_{11}\boldsymbol{i}+a_{12}\boldsymbol{j}+a_{13}\boldsymbol{k} = (a_{22}a_{33}-a_{23}a_{32})\boldsymbol{i}+(a_{23}a_{31}-a_{21}a_{33})\boldsymbol{j}+(a_{21}a_{32}-a_{22}a_{31})\boldsymbol{k}$$

が得られる．ここで，基本ベクトルの直交関係を用いた．これから，$a_{11}=a_{22}a_{33}-a_{23}a_{32}$ などの関係が導かれる．したがって

$$u_1' = a_{11}u_1+a_{12}u_2+a_{13}u_3 = \sum_{i=1}^{3} a_{1i}u_i$$

が成立する．u_2', u_3' についても同様．これはベクトルの変換と同じであるから，ベクトル積は座標変換によって不変である．

例題 5.14　次のベクトルは，反転 $(x, y, z) \to (-x, -y, -z)$ によって符号が変わる極性ベクトルであるか，あるいは符号を変えない軸性ベクトルであるかを述べよ．

(1)　変位ベクトル　　(2)　勾配　　(3)　角速度ベクトル

［解］ (1)　変位ベクトル $\boldsymbol{a}$ は2つの位置ベクトル $\boldsymbol{r}_1, \boldsymbol{r}_2$ の差によって与えられる．すなわち，$\boldsymbol{a}=\boldsymbol{r}_2-\boldsymbol{r}_1$．位置ベクトルは反転を行なうと，$(x_i, y_i, z_i) \to (-x_i, -y_i, -z_i)$ $(i=1, 2)$ と符号を変える．したがって，それらの差によって定義される変位ベクトルは符号が変わる極性ベクトルである．速度や力も極性ベクトルである．

(2)　任意の点においてある方向に座標の値を増加させたとき，スカラー関数の値の増分を成分とするベクトルが勾配である．図(a)において x の値の増加により f の値は減少する．反転を行なった図(b)では，x の値の増加によって f の値は増加している．いずれの場合も傾きの大きさは等しいが，その符号は向きによって異なる．他の成分についても同様であるから，勾配は極性ベクトルである．

(3)　図(c)のように角 φ が増加するとき，角速度ベクトルは z 軸を向いている．角の増加に合わせて右ねじを回したとき，右ねじの進む方向に角速度ベクトルの方向をとると定義したからである．反転をして左手系に移ると，左ねじの進む方向が角速度ベクトルの向きになるから，その向きは新しい座標の z 方向に一致する(図(d))．したがって，角速度ベクトルは反転によって符号を変えない軸性ベクトルである．

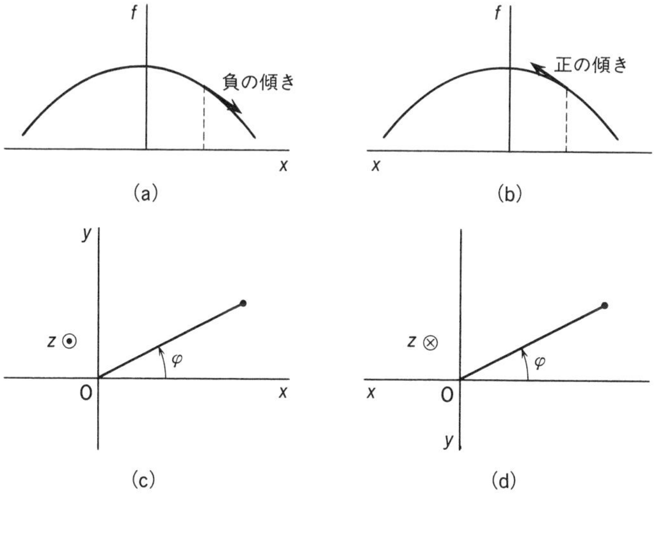

(a)　(b)　(c)　(d)

問 題 5–5

[1] 鏡映 $(x, y, z) \to (x, y, -z)$ も反転 $(x, y, z) \to (-x, -y, -z)$ も，右手系を左手系に変換する操作であることを示せ．

[2] 次のベクトルは極性ベクトルか，軸性ベクトルかを示せ．

(1) 2つの極性ベクトル $\boldsymbol{A}, \boldsymbol{B}$ の外積 $\boldsymbol{A} \times \boldsymbol{B}$

(2) 力のモーメント

(3) 回転運動している剛体内の点の速度

[3] $\mathrm{div}\, \boldsymbol{A}$ は座標変換によって不変なスカラーであることを示せ．

[4] $\mathrm{grad}\, f$ は座標変換によって不変なベクトルであることを示せ．

光 速

光速の値は大まかに 3×10^8 m/s である．あるとき，期末試験問題に光速の値を与えずに，それを用いないと答を求めることのできない問題を出したことがある．「光速の値がわかりません」という学生の質問に対して，「光は1秒間に地球を7回り半する」と答えると，学生は納得した顔をした．しばらくしてその学生の机に戻ると，答案用紙に光速の値が記されていた．おそらく彼は地球の半径が約 6400 km であることを記憶しており，

$$2\pi \times 6400 \times 10^3 \times 7.5 \cong 3.0 \times 10^8 \quad (\mathrm{m/s})$$

と計算したのであろう．

例題 5.12 にあるように，電磁気学のマクスウェル方程式から，光速の値 c は

$$c = 1/\sqrt{\varepsilon_0 \mu_0}$$

と求められる．$\varepsilon_0 = 8.85\cdots \times 10^{-12}$ F/m, $\mu_0 = 1.25\cdots \times 10^{-6}$ H/m を代入すると，$c \cong 3 \times 10^8$ m/s が得られる．電磁気学の基礎理論から光速の値が出てくるのである．電磁気学の大きな成果のひとつであろう．

5–6 テンソル

ベクトル $\boldsymbol{A}=(A_1, A_2, A_3)$ と $\boldsymbol{B}=(B_1, B_2, B_3)$ のあいだに

$$A_i = \sum_{k=1}^{3} T_{ik} B_k$$

の関係があるとき，$\boldsymbol{A}, \boldsymbol{B}$ が前節の座標変換を受けると，この関係は同じ形

$$A_\alpha{}' = \sum_{\beta=1}^{3} T_{\alpha\beta}{}' B_\beta{}'$$

を保つ．この量 $T=T_{ik}$ を**テンソル**という．

テンソルの変換則　T_{ik} と $T_{\alpha\beta}{}'$ の関係を具体的に求めると

$$A_\alpha{}' = \sum_{j=1}^{3} a_{\alpha j} A_j = \sum_{j=1}^{3} \sum_{k=1}^{3} a_{\alpha j} T_{jk} B_k = \sum_{j=1}^{3} \sum_{k=1}^{3} \sum_{\beta=1}^{3} a_{\alpha j} T_{jk} B_\beta{}' a_{\beta k}$$

であるから，T_{ik} の変換は

$$T_{\alpha\beta}{}' = \sum_{j=1}^{3} \sum_{k=1}^{3} a_{\alpha j} a_{\beta k} T_{jk}$$

となる．この変換則にしたがう量をテンソルと定義してもよい．

慣性テンソル　重心の回りの剛体の回転運動は，方程式

$$\frac{d\boldsymbol{L}}{dt} = \boldsymbol{N}$$

にしたがう．ここで $\boldsymbol{L}$ は角運動量，$\boldsymbol{N}$ は力のモーメントである．角運動量 $\boldsymbol{L}$ と角速度 $\boldsymbol{\omega}$ のあいだには，重心を通る座標系 (x, y, z) において

$$L_i = \sum_{j=1}^{3} I_{ij} \omega_j \qquad (L_1=L_x,\ L_2=L_y,\ L_3=L_z \text{ など})$$

の関係がある．ただし密度を $\rho(\boldsymbol{r})$ として

$$I_{xx} = \iiint \rho(\boldsymbol{r})(y^2+z^2)\,dV$$

$$I_{yy} = \iiint \rho(\boldsymbol{r})(z^2+x^2)\,dV$$

$$I_{zz} = \iiint \rho(\boldsymbol{r})(x^2+y^2)\,dV$$

$$I_{xy}=I_{yx}=-\iiint\rho(\mathbf{r})xydV$$

$$I_{yz}=I_{zy}=-\iiint\rho(\mathbf{r})yzdV$$

$$I_{zx}=I_{xz}=-\iiint\rho(\mathbf{r})zxdV$$

によって与えられる．積分は剛体全体にわたるものとする．I_{xx}, I_{yy}, I_{zz} を各軸に対する**慣性モーメント**，$-I_{xy}$，$-I_{yz}$，$-I_{zx}$ をそれぞれ各軸に関する**慣性乗積**という．I_{ij} を**慣性テンソル**という．

例題 5.15　テンソルの変換則は x_ix_j の変換則と同じであることを示せ．また，クロネッカーの δ 関数はテンソルであることを示せ．

慣性モーメントと慣性乗積はクロネッカーの δ 関数 δ_{ij} を用いて

$$I_{ij}=I\delta_{ij}-B_{ij}$$

と書けることを示し，I_{ij} はテンソルであることをいえ．ただし

$$I=\iiint\rho(\mathbf{r})(x^2+y^2+z^2)dV,\quad B_{xx}=\iiint\rho(\mathbf{r})x^2dV,\quad B_{xy}=\iiint\rho(\mathbf{r})xydV$$

［解］　x_ix_j と δ_{ij} は次のように変換される．

$$x_\alpha' x_\beta'=\sum_i a_{\alpha i}x_i\sum_j a_{\beta j}x_j=\sum_i\sum_j a_{\alpha i}a_{\beta j}x_ix_j$$

$$\delta_{\alpha\beta}=\sum_i a_{\alpha i}a_{\beta i}=\sum_i a_{\alpha i}\sum_j\delta_{ij}a_{\beta j}=\sum_i\sum_j a_{\alpha i}a_{\beta j}\delta_{ij}$$

したがって，x_ix_j と δ_{ij} はテンソルの変換則にしたがう．つまり，テンソルである．

たとえば，$i=j=x$ の場合と，$i=x$，$j=y$ の場合を考える．

$$I_{xx}=I-B_{xx}=\iiint\rho(\mathbf{r})(y^2+z^2)dV$$

$$I_{xy}=-B_{xy}=-\iiint\rho(\mathbf{r})xydV$$

これらは，I_{xx}, I_{xy} の定義に一致する．他の成分についても同様．

δ_{ij} は上に述べたようにテンソルで，B_{ij} も x_ix_j と同じように変換されるのでテンソルである．したがって，I_{ij} はテンソルである．

例題 5.16 任意のテンソルは次式の右辺第1項の対称テンソルと第2項の反対称テンソルの和で表わせることを示せ.

$$\begin{pmatrix} a_{11} & a_{12} & a_{13} \\ a_{21} & a_{22} & a_{23} \\ a_{31} & a_{32} & a_{33} \end{pmatrix} = \begin{pmatrix} e_{xx} & e_{xy} & e_{xz} \\ e_{xy} & e_{yy} & e_{yz} \\ e_{xz} & e_{yz} & e_{zz} \end{pmatrix} + \begin{pmatrix} 0 & -\omega_z & \omega_y \\ \omega_z & 0 & -\omega_x \\ -\omega_y & \omega_x & 0 \end{pmatrix} \tag{1}$$

流体や弾性体中の接近した2点 $P_0(x, y, z)$ と $P(x+\delta x, y+\delta y, z+\delta z)$ をとり，それぞれの点の変位を $\boldsymbol{u}=(u, v, w)$, $\boldsymbol{u}+\delta\boldsymbol{u}=(u+\delta u, v+\delta v, w+\delta w)$ とすると

$$\begin{pmatrix} \delta u \\ \delta v \\ \delta w \end{pmatrix} = \begin{pmatrix} u_x & u_y & u_z \\ v_x & v_y & v_z \\ w_x & w_y & w_z \end{pmatrix} \begin{pmatrix} \delta x \\ \delta y \\ \delta z \end{pmatrix}$$

と書くことができる．この例題では，u, v, w につけられた下付きの添字 x, y, z は，u, v, w の x, y, z による偏微分を表わすものとする．このテンソルを対称テンソルと反対称テンソルに分けよ.

［解］ 対角成分から，$e_{xx}=a_{11}$，$e_{yy}=a_{22}$，$e_{zz}=a_{33}$ となる．$a_{12}=e_{xy}-\omega_z$，$a_{21}=e_{xy}+\omega_z$ などから

$$e_{xy} = \frac{a_{12}+a_{21}}{2}, \qquad e_{yz} = \frac{a_{13}+a_{31}}{2}, \qquad e_{xz} = \frac{a_{23}+a_{32}}{2}$$

$$\omega_x = \frac{a_{32}-a_{23}}{2}, \qquad \omega_y = \frac{a_{13}-a_{31}}{2}, \qquad \omega_z = \frac{a_{21}-a_{12}}{2}$$

が求められ，(1)の右辺に含まれるすべての成分を一意的に決めることができる.

変位の場合には，$a_{11} \to u_x$，$a_{12} \to u_y$，… の対応をつければ，対称テンソルと反対称テンソルに分けることができる．変位を(1)の形に書くとき，右辺第1項 e_{xx}, e_{xy}, … を**ひずみテンソル**という．第2項は流体や弾性体の回転を表わす.

$$\begin{pmatrix} 0 & -\omega_z & \omega_y \\ \omega_z & 0 & -\omega_x \\ -\omega_y & \omega_x & 0 \end{pmatrix} \begin{pmatrix} \delta x \\ \delta y \\ \delta z \end{pmatrix} = \begin{pmatrix} \omega_y\delta z-\omega_z\delta y \\ \omega_z\delta x-\omega_x\delta z \\ \omega_x\delta y-\omega_y\delta x \end{pmatrix} = \boldsymbol{\omega}\times\delta\boldsymbol{r}$$

ここで，$\boldsymbol{\omega}=(\omega_x, \omega_y, \omega_z)$，$\delta\boldsymbol{r}=(\delta x, \delta y, \delta z)$ であり，上式は $\boldsymbol{\omega}$ 方向を軸として $\delta\boldsymbol{r}=\overrightarrow{PP_0}$ が微小角 $|\boldsymbol{\omega}|$ だけ回転することを表わす．これに対して e_{xx}, … で表わされるのは回転を除いた純粋のひずみである.

問　題 5-6

［1］ 質量 $m/2$ の質点を，長さ l の質量が無視できる棒で結んだ剛体が x 軸におかれている．重心 O の回りの慣性テンソルを求めよ．

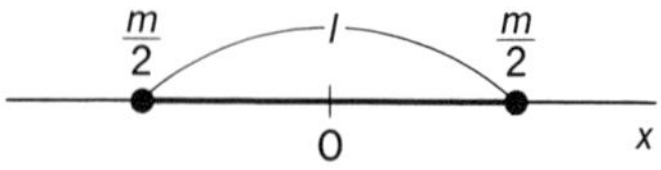

［2］ 質量 m，長さ l の細い棒の慣性テンソルを求め，前問の結果と比較せよ．

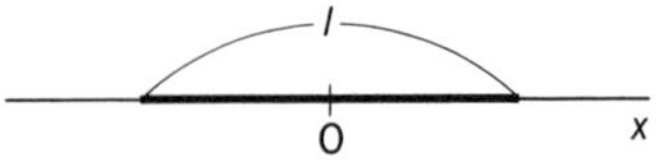

慣性モーメント

質量は物体の慣性，つまり物体の動きにくさを表わす量である．それに対して**慣性モーメント**は，物体(剛体)の回転のしにくさを表わす量である．慣性モーメントの定義

$$I_{xx} = \sum m_i(y_i{}^2+z_i{}^2)$$

などからもわかるように，同じ質量 m_i でも距離の平方 $(y_i^2+z_i^2)$ が大きいと，慣性モーメントに対する寄与は大きくなる．

伸縮自在の指し棒(携帯ラジオのアンテナのようなもの)を使ってつぎの実験をしてみよう．指し棒を短くして，手のひらに立ててみる．棒が倒れないように手を前後左右に動かしてみても，すぐに倒れてしまう．しかし，指し棒を長く伸ばして同じ実験をしてみると，比較的簡単な動作で棒を立たせたまま保つことができる．棒を長くすると，慣性モーメントが大きくなり，倒れにくくなるからである．

6

ベクトル場の積分定理

スカラー関数 f の勾配 grad f は，各点における f の傾きを決めるベクトルを与えた．もしも grad f を適当な道すじにそって線積分をすれば，その間の f の値の変化，たとえば山の高さを知ることができる．また div v dV は体積 dV から流出する水の量を表わすことをすでに学んだ．div v をある領域全体にわたって積分すれば，その表面から流出する水の量がわかる．本章では，このようなベクトル場の積分を扱う．

6-1　ベクトルの線積分

$f(x)$ を x の関数，df/dx をその導関数とするとき

$$\int_{x_0}^{x}\frac{df}{dx}dx = f(x)-f(x_0)$$

となることはよく知られている．x は1次元の変数であるが，直線である必要はない．たとえば山を登る道に沿った距離を x とし，$f(x)$ を登った高さとすることができ，この場合の被積分関数 df/dx は道の傾斜になる．

スカラー関数 f の勾配の**線積分**の値は

$$\int_{\mathrm{P}_0}^{\mathrm{P}}\mathrm{grad}\,f\cdot d\boldsymbol{s} = f(\mathrm{P})-f(\mathrm{P}_0)$$

によって与えられる．$f(x, y, z)=f(\mathrm{P})$ などと書いた．2次元の場合を考えると，勾配 $\mathrm{grad}\,f$ は傾斜を表わすから，適当な道すじに沿って勾配を P_0 から P まで線積分する(進む)と，終点と始点の高さの差になることを上式は表わしている．右辺の積分の結果は，P_0 から P までの道すじ(経路)によらない．

P_0 から P までの積分の値は，P から P_0 までの積分の値に負符号をつけたものである．したがって次式が成り立つ．これは積分経路によらない．

$$\int_{\mathrm{P}_0}^{\mathrm{P}}\mathrm{grad}\,f\cdot d\boldsymbol{s} = -\int_{\mathrm{P}}^{\mathrm{P}_0}\mathrm{grad}\,f\cdot d\boldsymbol{s}$$

一般の線積分　ベクトル $\boldsymbol{A}=(A_x, A_y, A_z)$ に対してある経路 C に沿う積分

$$\int_C \boldsymbol{A}\cdot d\boldsymbol{s} = \int_C (A_x dx+A_y dy+A_z dz)$$

が線積分である．ベクトル $\boldsymbol{A}$ があるスカラー場の勾配ならば，その線積分は始点 P_0 と終点 P とで決まり，途中の経路によらない．しかし，一般のベクトル $\boldsymbol{A}$ に対しては，上の線積分は始点と終点を決めても定まらず，その間の経路によって変わる．上の積分において，$\boldsymbol{A}$ をある粒子にはたらく力のベクトル $\boldsymbol{F}$ とすれば，粒子の変位 $d\boldsymbol{r}$ に対する線積分の値は，P_0 から P まで経路 C に沿って粒子が動くときに力 $\boldsymbol{F}$ のする仕事となる．

例題 6.1 力学において，**ポテンシャル** ϕ をつぎのように定義する．粒子に力 $\boldsymbol{F}$ がはたらくとき，粒子の変位 $d\boldsymbol{r}$ に対する積分

$$\phi = -\int_C \boldsymbol{F}\cdot d\boldsymbol{r} = -\int_C (F_x dx + F_y dy) \tag{1}$$

が始点と終点とで決まり，途中の経路によらないとき，ϕ をポテンシャルとよぶ．これは力 $\boldsymbol{F}$ のする仕事に負の符号をつけた量である．力 $\boldsymbol{F}$ が

$$F_x = -3ax^2y$$
$$F_y = -ax^3$$

によって与えられるとき，上の積分は経路 I →II と経路 I′ →II′ とで同じ値となることを示し，ポテンシャルを求めよ．

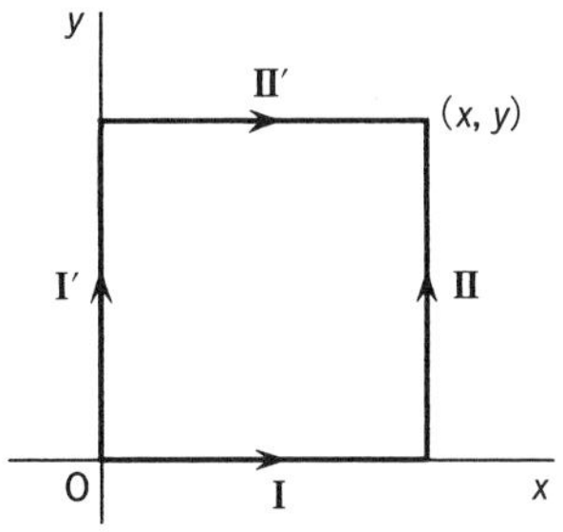

［解］ 経路 I に沿う積分を ϕ_{I} とする．経路 I では $y=0$，つまり $F_x=0$ であるから積分は 0 である．$\phi_{\mathrm{I}}=0$.

経路 II において x の値は一定である．$-ax^3$ を $y=0$ から y まで積分すると

$$\phi_{\mathrm{II}} = -ax^3y+c_1 \qquad (c_1\text{ は積分定数})$$

が得られる．結局，経路 I→II に沿う積分 $\phi_{\mathrm{I}}+\phi_{\mathrm{II}}$ から

$$\phi = -ax^3y+c_1$$

となる．

経路 I′ に沿う積分において，$x=0$ であるから $F_y=0$，つまり $\phi_{\mathrm{I'}}=0$ となる．経路 II′ の積分を行なうとき，y の値は一定であることに注意して F_x を 0 から x まで積分する．その値は

$$\phi_{\mathrm{II'}} = -ax^3y+c_2 \qquad (c_2\text{ は積分定数})$$

と計算でき，

$$\phi = -ax^3y+c_2$$

が得られる．経路によらず積分の値が等しいから，ϕ はポテンシャルである．原点において $\phi=0$ とすれば，$c_1=c_2=0$ となることに注意せよ．

例題 6.2 ポテンシャル ϕ が

$$\phi = \frac{k}{2}(x^2+y^2)+cxy \qquad (k\text{ と }c\text{ は定数})$$

によって与えられる2次元ポテンシャルについて，つぎの問に答えよ．

(1) $\boldsymbol{F}=-\nabla\phi$ により力のベクトル $\boldsymbol{F}$ を求めよ．

(2) 力 $\boldsymbol{F}$ を例題 6.1 の経路 I→II，および経路 I′→II′ に沿って線積分してポテンシャル ϕ を計算せよ．

［解］ (1)
$$\boldsymbol{F} = -\nabla\phi = -\frac{\partial\phi}{\partial x}\boldsymbol{i}-\frac{\partial\phi}{\partial y}\boldsymbol{j} = -(kx+cy)\boldsymbol{i}-(ky+cx)\boldsymbol{j}$$

を得る．つまり $F_x=-(kx+cy)$，$F_y=-(ky+cx)$ である．

(2) 経路 I では $y=0$，経路 II では x が一定であることに注意して線積分を実行する．

$$\begin{aligned}\phi_1 &= -\int_0^x F_x dx-\int_0^y F_y dy = -\int_0^x (-kx)dx-\int_0^y(-ky-cx)dy\\ &= \frac{k}{2}x^2+\frac{k}{2}y^2+cxy+c_1 \qquad (c_1\text{ は積分定数})\end{aligned}$$

同様に，経路 I′ では $x=0$，経路 II′ では y が一定であるから

$$\begin{aligned}\phi_2 &= -\int_0^y (-ky)dy-\int_0^x(-kx-cy)dx\\ &= \frac{k}{2}y^2+\frac{k}{2}x^2+cxy+c_2 \qquad (c_2\text{ は積分定数})\end{aligned}$$

を得る．$c_1=c_2=0$ に選べば，$\phi_1=\phi_2$ となり，はじめのポテンシャル ϕ に戻る．

問　題 6-1

［1］ 力 $\boldsymbol{F}$ の成分 F_x, F_y が次式によって与えられるとき，線積分の値は経路によらないことを示し，ポテンシャルを求めよ．積分路は例題 6.1 と同一にせよ．

(1) $F_x = y$，$F_y = x$， (2) $F_x = -2axy$，$F_y = -ax^2-y^3$

［2］ 以下の力は線積分の値が経路によって異なることを，前問と同じ経路を用いて示せ．

(1) $F_x = -y$，$F_y = x$， (2) $F_x = -ax^2y$，$F_y = -ay^2$

［3］ 問［1］の(1)と［2］の(1)で与えたベクトル $\boldsymbol{F}$ に対し，原点をまわる半径 r の経路に沿って左まわりに1周したときの $\int_C \boldsymbol{F}\cdot d\boldsymbol{r}$ を求めよ．

6–2　ガウスの定理

水のような縮まない流体に対して，5–2 節において

$$\left(\frac{\partial v_x}{\partial x}+\frac{\partial v_y}{\partial y}+\frac{\partial v_z}{\partial z}\right)dxdydz = q(x,y,z)dxdydz$$

を導いた．左辺のカッコ内は流れの速度 $\boldsymbol{v}$ についての発散であることに注意して，両辺をある領域 V にわたって積分すると

$$\iiint_V \mathrm{div}\,\boldsymbol{v}dV = \iiint_V q(x,y,z)dV$$

が得られる．これは，ある領域からの流体の流出はその内に存在するわき出しに等しいことを述べている．

流体の流出は発散を用いないで表現することができる．考えている領域の表面に図 6–1 のような微小面積 dS をとる．dS から外に向く法線ベクトルを $\boldsymbol{n}$ とすると，速度 $\boldsymbol{v}$ の表面に垂直な成分は $\boldsymbol{v}\cdot\boldsymbol{n}$ によって与えられる．したがって単位時間に表面から流出する流体の量は，$\boldsymbol{v}\cdot\boldsymbol{n}dS$ を表面全体にわたって積分(**面積積分**)すれば求められる．つまり，

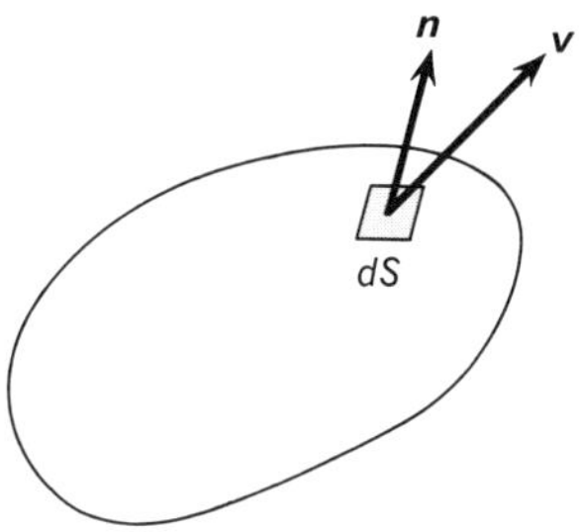

図 6–1

$$\iint_S \boldsymbol{v}\cdot\boldsymbol{n}dS = \iiint_V q(x,y,z)dV$$

となる．微小面積 dS に方向 $\boldsymbol{n}$ を与えたベクトル $d\boldsymbol{S}$ を導入して，$d\boldsymbol{S}=\boldsymbol{n}dS$ と書くことができる．こうすれば，上式左辺の積分は $\boldsymbol{v}\cdot\boldsymbol{n}dS=\boldsymbol{v}\cdot d\boldsymbol{S}$ となる．上の 2 つの式の右辺はともに単位時間についてのわき出し量であるから，両式の左辺は等しくなければならない．

$$\iiint_V \mathrm{div}\,\boldsymbol{v}dV = \iint_S \boldsymbol{v}\cdot\boldsymbol{n}dS \quad あるいは \quad \iiint_V \mathrm{div}\,\boldsymbol{v}dV = \iint_S \boldsymbol{v}\cdot d\boldsymbol{S}$$

である．これを**ガウス**(Gauss)**の定理**，あるいは**発散定理**という．この積分定理は，縮まない流体の流れだけでなく，任意のベクトル場 $\boldsymbol{v}$ について成立することが示される．

例題 6.3 管の中を流れる縮まない流体を考える．図のように，管の断面積 S がゆっくりと変化しているとき，流れの速度 v は

$$vS = 一定$$

の関係を満足することをガウスの定理を用いて示せ．ただし，わき出しはなく，任意の管の断面にわたって流れの速度は等しいとする．

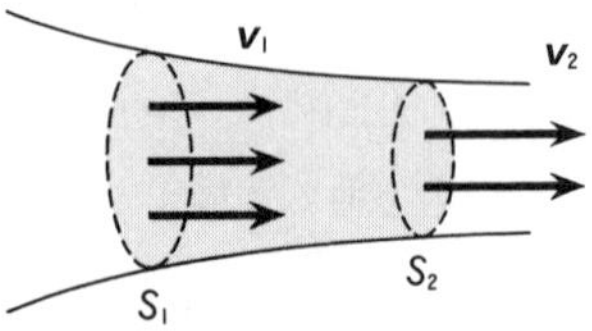

［解］ わき出し $q(x, y, z)$ はないから，

$$\mathrm{div}\,\boldsymbol{v} = 0$$

が成り立つ．この式にガウスの定理を適用する．

$$0 = \iiint_V \mathrm{div}\,\boldsymbol{v}dV = \iint_S \boldsymbol{v}\cdot d\boldsymbol{S}$$

右辺の表面積分を実行する．積分は，(1)断面積 S_1，(2)断面積 S_2，および(3)管壁について，行なわなければならない．

(1)の部分の積分は，S_1 の外向き法線ベクトルと速度ベクトルが逆向きであることに注意すると $-v_1S_1$ となる．

一方，(2)の部分では，法線ベクトルの向きと速度ベクトルの向きは一致しているから，積分は v_2S_2 である．

最後の(3)管壁部分では，壁から外を向く法線ベクトルと速度ベクトルは直交しているので，積分が 0 となる．

以上より

$$-v_1S_1+v_2S_2 = 0, \qquad v_1S_1 = v_2S_2$$

を得る．S_1, S_2 などは任意に選べるから一般に

$$vS = 一定$$

である．

例題 6.4 単位面積を単位時間に通る熱エネルギー(熱流) $\boldsymbol{J}$ と物体の温度変化 $\partial T/\partial t$ のあいだには

$$\iint_S \boldsymbol{J}\cdot d\boldsymbol{S} = -\iiint_V c\rho\frac{\partial T}{\partial t}dV \tag{1}$$

の関係が成り立つ．ここで c は物体の比熱，ρ はその密度である．上式の意味を説明せよ．また，ガウスの定理を上式に適用し

$$\mathrm{div}\,\boldsymbol{J} = -c\rho\frac{\partial T}{\partial t} \tag{2}$$

が成り立つことを示せ．

［解］ $\boldsymbol{J}$ は単位面積を単位時間に通る熱エネルギーであるから，

$$\iint_S \boldsymbol{J}\cdot d\boldsymbol{S}$$

は，単位時間に考えている領域の表面から外部に流れ出る熱エネルギーを表わしている．熱エネルギーの流出によって，領域内の物体の温度は下がる．物体の熱エネルギーの変化は，(比熱)×(物体の質量)×(温度変化)によって与えられる．微小体積 dV について，これは $c\rho dVdT$ と表わすことができる．したがって，単位時間に物体が失う熱エネルギーは，領域 V にわたって積分した

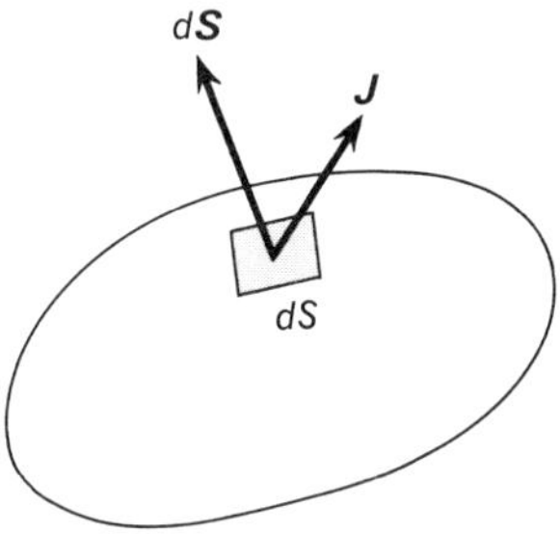

$$-\iiint_V c\rho\frac{\partial T}{\partial t}dV$$

によって与えられる．(1)は熱エネルギーの流出と，内部の熱エネルギーの変化を表わす式である．

ガウスの定理を(1)の左辺に使うと

$$\iint_S \boldsymbol{J}\cdot d\boldsymbol{S} = \iiint_V \mathrm{div}\,\boldsymbol{J}dV$$

を得る．この右辺と(1)の右辺は任意の体積について成り立つから，(2)が得られる．

問　題 6–2

［**1**］ 単位面積を単位時間に通る熱エネルギー(熱流) $\boldsymbol{J}$ は温度 T の勾配に比例する(**フーリエの法則**). 熱伝導率を κ とすれば, これは

$$\boldsymbol{J} = -\kappa \nabla T \tag{1}$$

となる. これを例題 6.4 の(2)と組み合わせて, **熱伝導方程式**

$$\frac{\partial T}{\partial t} = \frac{\kappa}{c\rho}\nabla^2 T$$

を導け.

(1)は問題 5–4 の[6]において与えた $\boldsymbol{w} = -\kappa\nabla\rho$ と同じ形をしている. また, 熱伝導方程式はその問題で導いた拡散方程式と同じである. 異なる対象が同じ形の方程式によって記述されることは, このようにしばしばみられる.

［**2**］ 円柱座標 (r, θ, z) においてベクトル $\boldsymbol{A}$ が

$$\boldsymbol{A} = \frac{\boldsymbol{r}}{r^2}$$

によって与えられている. 半径 r, 高さ 1 の円筒について

$$\iint_S \boldsymbol{A}\cdot d\boldsymbol{S}$$

を計算せよ.

［**3**］ 極座標 (r, θ, φ) のベクトル $\boldsymbol{A}$

$$\boldsymbol{A} = \frac{\boldsymbol{r}}{r^3}$$

について, 半径 r の球上でつぎの面積積分を求めよ.

$$\iint_S \boldsymbol{A}\cdot d\boldsymbol{S}$$

［**4**］ ガウスの定理

$$\int \boldsymbol{A}\cdot d\boldsymbol{S} = \int \nabla\cdot\boldsymbol{A}dV$$

の左辺を, 辺の長さが dx, dy, dz の六面体について計算してみよう. $\boldsymbol{A} = (A_x, A_y, A_z)$ とすると, ベクトル $\boldsymbol{A}$ の x 成分に関して面積積分は

$$\{A_x(x+dx, y, z) - A_x(x, y, z)\}dydz = \frac{\partial A_x}{\partial x}dxdydz$$

と計算できる. y, z 成分について同様の計算を行なうと,

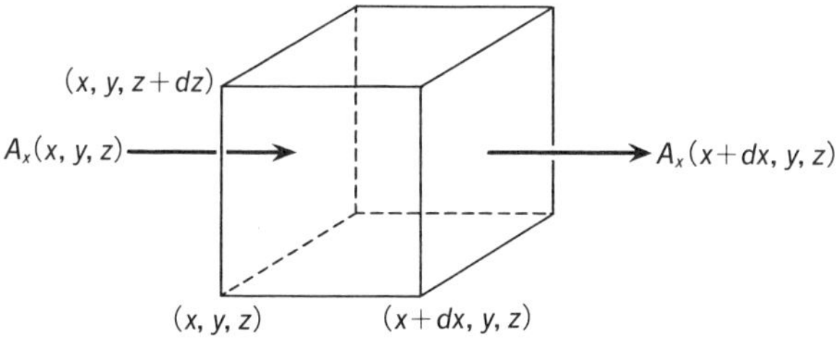

$$\left(\frac{\partial A_x}{\partial x}+\frac{\partial A_y}{\partial y}+\frac{\partial A_z}{\partial z}\right)dxdydz = (\nabla\cdot\boldsymbol{A})dxdydz$$

と書ける．これは $\boldsymbol{A}$ の面積積分が $\nabla\cdot\boldsymbol{A}$ の体積積分に等しいことを述べたガウスの定理の証明になっている．一方，この式を $\boldsymbol{A}$ の面積積分から $\nabla\cdot\boldsymbol{A}$ の定義を導く式と解釈することもできる．この立場に立つと，デカルト座標における発散は

$$\nabla\cdot\boldsymbol{A} = \frac{\partial A_x}{\partial x}+\frac{\partial A_y}{\partial y}+\frac{\partial A_z}{\partial z}$$

となり，よく知られた結果が得られる．

円柱座標 (r, θ, z) においてベクトル $\boldsymbol{A}$ を (A_r, A_θ, A_z) と書いて $\int \boldsymbol{A}\cdot d\boldsymbol{S}$ を計算し，円柱座標における発散が

$$\nabla\cdot\boldsymbol{A} = \frac{1}{r}\frac{\partial}{\partial r}(rA_r)+\frac{1}{r}\frac{\partial A_\theta}{\partial \theta}+\frac{\partial A_z}{\partial z}$$

となることを示せ．

極座標 (r, θ, φ) のベクトル $\boldsymbol{A}=(A_r, A_\theta, A_\varphi)$ の発散は

$$\nabla\cdot\boldsymbol{A} = \frac{1}{r^2}\frac{\partial}{\partial r}(r^2A_r)+\frac{1}{r\sin\theta}\frac{\partial}{\partial \theta}(\sin\theta A_\theta)+\frac{1}{r\sin\theta}\frac{\partial A_\varphi}{\partial \varphi}$$

になることも示せ．

6-3 静電力と万有引力

万有引力は距離の逆2乗に比例する力であり，静電的なクーロン力も距離の2乗に反比例する力である．このように逆2乗に比例する場に対しては，**ガウスの法則**とよばれる有名な積分定理がある．

静電場 空間にただ1つの電荷 Q があるとし，これを原点にとると，位置 $\boldsymbol{r}$ における**電場**の強さ $\boldsymbol{E}$ は

$$\boldsymbol{E} = \frac{Q\boldsymbol{r}}{4\pi\varepsilon_0 r^3}$$

で与えられる．半径 r の球の上における電場 $\boldsymbol{E}$ の面積積分が

$$\iint_S \boldsymbol{E}\cdot d\boldsymbol{S} = \frac{Q}{\varepsilon_0} \tag{6.1}$$

となることは，前節の問題6-2の[3]から明らかであろう．この積分は半径 r の大きさに依存しない．また，表面が球である必要もない．

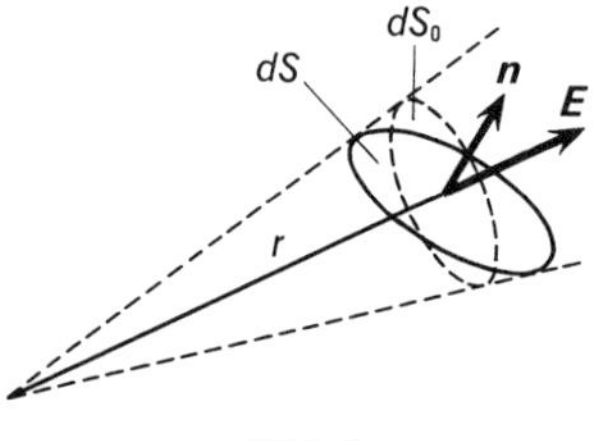

図6-2

図6-2のような面 dS について $\boldsymbol{E}\cdot d\boldsymbol{S}$ は $\boldsymbol{E}\cdot\boldsymbol{n}dS$ であり，その大きさは E と半径 r の球面上の微小面積 dS_0 との積に等しいからである．また，dS_0 は距離 r の2乗に比例するのに対して E の大きさは距離の2乗に反比例するので，両者の積は r に依存しない．(6.1)の左辺の面積積分は，その内部に電荷 Q が存在している閉曲面であれば，閉曲面の形に無関係に Q/ε_0 となるのである．

考えている領域内に複数の電荷が存在している場合には

$$\iint_S \boldsymbol{E}\cdot d\boldsymbol{S} = \sum_{i=1}^{n} \frac{Q_i}{\varepsilon_0} \tag{6.2}$$

が成り立ち，電荷が連続的に分布しているときには

$$\iint_S \boldsymbol{E}\cdot d\boldsymbol{S} = \frac{1}{\varepsilon_0}\iiint_V \rho(\boldsymbol{r})dV \tag{6.3}$$

が成立する．ここで $\rho(\boldsymbol{r})$ は位置 $\boldsymbol{r}$ における電荷密度である．(6.1)～(6.3)は静電気力に対する**ガウスの法則**である．

例題 6.5　力学で定義されるポテンシャル

$$\phi = -\int_C \boldsymbol{F}\cdot d\boldsymbol{r}$$

に対応して，静電気力のポテンシャルを

$$\phi = -\int_C \boldsymbol{E}\cdot d\boldsymbol{r}$$

によって定義する．これを**静電ポテンシャル**(electrostatic potential)，あるいは**電位**という．力学では力からポテンシャルが定義されたが，それに従って静電ポテンシャルを解釈するとどのように表現できるか．

原点におかれた電気量 Q の電荷による静電ポテンシャルを求めよ．

ポテンシャルから力を求めるのと同じように，静電ポテンシャルから電場 $\boldsymbol{E}$ を求めよ．また，(6.3)の左辺にガウスの定理を適用して，静電ポテンシャルに対して次の**ポアソン**(Poisson)**の方程式**を導け．

$$\nabla^2\phi = -\frac{1}{\varepsilon_0}\rho(\boldsymbol{r}) \tag{1}$$

［解］　力学におけるポテンシャルは，力による仕事に負の符号をつけたものであった．これは力に抗して，つまり $-\boldsymbol{F}$ の力で物体を基準点から点 $\boldsymbol{r}$ まで移動させるのに必要な仕事と解釈してもよい．静電ポテンシャルは，単位正電荷を電場による力に抗して($-1\cdot\boldsymbol{E}$ の力で)基準点から点 $\boldsymbol{r}$ まで運ぶのに必要な仕事である．

電気量 Q の電荷によって作られる静電ポテンシャルは

$$\phi = -\int_\infty^r \frac{Q}{4\pi\varepsilon_0}\frac{\boldsymbol{r}\cdot d\boldsymbol{r}}{r^3} = \frac{Q}{4\pi\varepsilon_0 r}$$

となる．電場 $\boldsymbol{E}$ は，ポテンシャル ϕ の勾配に比例するから，

$$\boldsymbol{E} = -\nabla\phi$$

によって与えられる(例題 5.2 参照)．

(6.3)の左辺にガウスの定理を用いると

$$\iiint_V \mathrm{div}\, \boldsymbol{E} dV = \frac{1}{\varepsilon_0}\iiint_V \rho(\boldsymbol{r})dV$$

が得られる．これは任意の体積に対して成り立つから，$\nabla\cdot\boldsymbol{E}=\rho(\boldsymbol{r})/\varepsilon_0$ を得る．左辺に $\boldsymbol{E}=-\nabla\phi$ を用いると，ポアソンの方程式(1)が成立する．

ポアソン方程式は**微分形式のガウスの法則**である．

例題 6.6 無限に広がった 2 枚の平行板電極にはさまれた領域で，電場の大きさは，場所によらず

$$E = \frac{\sigma}{\varepsilon_0}$$

であることをガウスの法則を用いて示せ．電極の電荷密度(面密度)を $\pm\sigma$ とする．面積積分は図で I または II に示した断面をもち，奥行きが単位長さの立方体の表面について実行せよ．

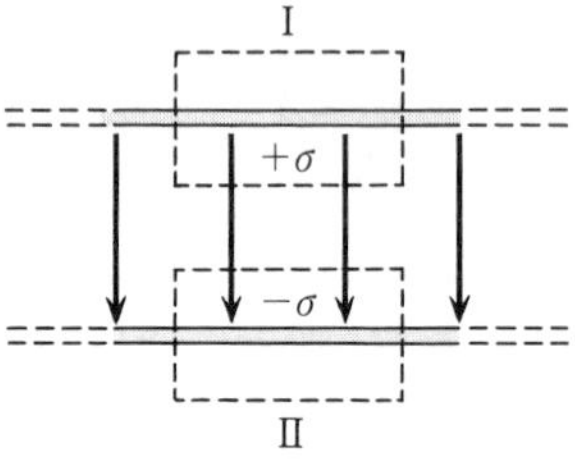

［解］ 断面 I について考える．断面の幅を単位長さに選ぶ．電場は電極の間に存在し，電極の外部には存在しない．したがって電極の外側における電場の面積積分は 0 となる．電極間の電場は両電極に垂直であるから，立方体の 4 つの側面に立てた法線ベクトルと直交する．つまり，

$$\boldsymbol{E}\cdot d\boldsymbol{S} = \boldsymbol{E}\cdot\boldsymbol{n}dS = 0$$

断面 I の底面では，$\boldsymbol{E}$ と $\boldsymbol{n}$ は平行であるから $\boldsymbol{E}\cdot d\boldsymbol{S}=\boldsymbol{E}\cdot\boldsymbol{n}dS=EdS$ である．また，この立方体の電極に平行な面は単位の断面積をもち，立方体に含まれる電荷は $+\sigma$ である．以上より

$$\iint_S \boldsymbol{E}\cdot d\boldsymbol{S} = E, \qquad \frac{1}{\varepsilon_0}\iiint_V \rho(\boldsymbol{r})dV = \frac{\sigma}{\varepsilon_0}$$

両式を等しいとおいて，求める電場が導かれる．

断面 II では，立方体の上面に立てた法線ベクトルと電場ベクトルは反平行であるから，$\boldsymbol{E}\cdot d\boldsymbol{S}=\boldsymbol{E}\cdot\boldsymbol{n}dS=-EdS$ である．一方，立方体に含まれる電荷は $-\sigma$ である．したがってガウスの定理から $-E=-\sigma/\varepsilon_0$ が導かれ，断面 I と同じ電場を得る．

問　題 6–3

［1］ 原点におかれた質量 m の質点から r だけ離れた点にある単位質量の質点にはたらく力は

$$\boldsymbol{F} = -\frac{Gm}{r^2}\frac{\boldsymbol{r}}{r}$$

である．これは万有引力の場を表わす．G は万有引力定数であり，マイナス符号は引力であることを示す．半径 r の球面上で力 $\boldsymbol{F}$ の表面積分を行ない，万有引力に対してガウスの法則

$$\iint_S \boldsymbol{F}\cdot d\boldsymbol{S} = -4\pi Gm$$

を示せ．電場と同じように，密度 $\rho(\boldsymbol{r})$ の質量が体積 V の中に分布しているとき

$$\iint_S \boldsymbol{F}\cdot d\boldsymbol{S} = -4\pi G\iiint_V \rho(\boldsymbol{r})dV$$

となることを利用して，地球の外と内における重力の大きさを求めよ．ただし，地球の半径を R とし，密度は一様であるとせよ．

［2］ 半径 R の球の内部に電荷密度 ρ の電荷が一様に分布している．その電荷による電場を球の中心からの距離 r の関数として求めよ．

［3］ 力学で2点 $\boldsymbol{r}_1, \boldsymbol{r}_2$ のあいだのポテンシャルの差 $\phi(\boldsymbol{r}_2)-\phi(\boldsymbol{r}_1)$ は

$$\phi(\boldsymbol{r}_2)-\phi(\boldsymbol{r}_1) = -\int_{\boldsymbol{r}_1}^{\boldsymbol{r}_2}\boldsymbol{F}\cdot d\boldsymbol{r}$$

によって与えられる．$\boldsymbol{r}_2$ と $\boldsymbol{r}_1$ を接近させる（$\boldsymbol{r}_2-\boldsymbol{r}_1=d\boldsymbol{r}$ にとる）とき，$\phi(\boldsymbol{r}_2)-\phi(\boldsymbol{r}_1)=d\phi$ と書くと，上式から

$$d\phi = -\boldsymbol{F}\cdot d\boldsymbol{r}$$

を得る．いま，デカルト座標 (x, y, z) で力 $\boldsymbol{F}$ と微小変位ベクトル $d\boldsymbol{r}$ を

$$\boldsymbol{F} = \boldsymbol{i}F_x+\boldsymbol{j}F_y+\boldsymbol{k}F_z, \qquad d\boldsymbol{r} = \boldsymbol{i}dx+\boldsymbol{j}dy+\boldsymbol{k}dz$$

と書く．スカラー積 $\boldsymbol{F}\cdot d\boldsymbol{r}$ は $-d\phi$ に等しいから

$$-d\phi = F_x dx+F_y dy+F_z dz$$

となる．y と z を一定に保って x 方向にのみ微小変位を与えると

$$F_x = -\frac{\partial\phi}{\partial x}$$

を得る．ほかの成分も同様に求められる．これをまとめると

$$\boldsymbol{F} = -\left(\boldsymbol{i}\frac{\partial\phi}{\partial x}+\boldsymbol{j}\frac{\partial\phi}{\partial y}+\boldsymbol{k}\frac{\partial\phi}{\partial z}\right) = -\nabla\phi$$

となり，デカルト座標における勾配が求められる．

円柱座標 (r, θ, z) の単位ベクトルを $\boldsymbol{e}_r, \boldsymbol{e}_\theta, \boldsymbol{e}_z$ とすると

$$\boldsymbol{F} = F_r\boldsymbol{e}_r + F_\theta\boldsymbol{e}_\theta + F_z\boldsymbol{e}_z$$

である．微小変位ベクトル $d\boldsymbol{r}$ を円柱座標で書き，$-d\phi = \boldsymbol{F}\cdot d\boldsymbol{r}$ から，円柱座標における勾配の表現を求めよ．

同様に，極座標 (r, θ, φ) の単位ベクトルを $\boldsymbol{e}_r, \boldsymbol{e}_\theta, \boldsymbol{e}_\varphi$ として，極座標における勾配の表現を求めよ．

［4］　マクスウェルの方程式に含まれる $\nabla\cdot\boldsymbol{E} = \rho/\varepsilon$，$\nabla\cdot\boldsymbol{B} = 0$ を体積積分して，左辺にガウスの定理を適用することにより，それら2つの式の意味を説明せよ．

わき出し

水が原点からわき出し，四方八方へ流れ出すときの流速は(A は定数)

$$v_x = A\frac{x}{r^3}, \quad v_y = A\frac{y}{r^3}, \quad v_z = A\frac{z}{r^3}$$

で与えられる．

原点に質量 m の物体があるときに単位質量にはたらく力は

$$F_x = -Gm\frac{x}{r^3}, \quad F_y = -Gm\frac{y}{r^3}, \quad F_z = -Gm\frac{z}{r^3}$$

で与えられる．

同様に，原点に電荷 Q があるときにそのまわりの静電場は

$$E_x = \frac{Q}{4\pi\varepsilon_0}\frac{x}{r^3}, \quad E_y = \frac{Q}{4\pi\varepsilon_0}\frac{y}{r^3}, \quad E_z = \frac{Q}{4\pi\varepsilon_0}\frac{z}{r^3}$$

で与えられる．

これらはすべて同じ形をしているので，物質は重力場の，静電荷は静電場のわき出しにたとえることができる．

6-4 ストークスの定理

ベクトル $\boldsymbol{A}$ の場の中に閉曲線 C をとり，これを境界とする任意の曲面を S とする．このとき

$$\int_C \boldsymbol{A}\cdot d\boldsymbol{s} = \iint_S \mathrm{rot}\,\boldsymbol{A}\cdot d\boldsymbol{S}$$

が成り立つ．これを**ストークス**(Stokes)**の定理**という．ここで，$d\boldsymbol{S}$ は曲面 S の微小部分とし，大きさはその面積に等しく，向きはその法線とする．ただし，閉曲線 C にそって $d\boldsymbol{s}$ がまわる向きと S の法線の向きとは，右ねじの関係にあるものとする(図 6-3)．

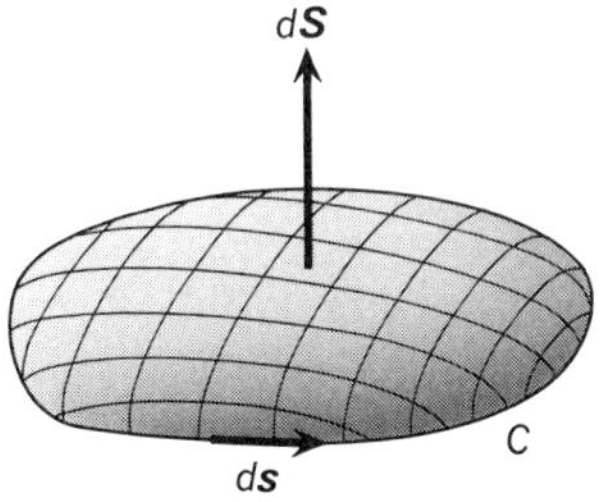

図 6-3

渦なしの場　$\mathrm{rot}\,\boldsymbol{A} = \nabla\times\boldsymbol{A} = 0$ の場合，$\boldsymbol{A}$ の場は**渦なし**である．渦なし $\nabla\times\boldsymbol{A}=0$ を成分で書けば，たとえば z 成分について $\partial A_y/\partial x = \partial A_x/\partial y$ となる．これは

$$A_x = -\frac{\partial\phi}{\partial x}, \qquad A_y = -\frac{\partial\phi}{\partial y}$$

となるスカラー関数 $\phi(x, y, z)$ があることを示唆している．同じようにして，$A_z = -\partial\phi/\partial z$ なので，渦なしの場は

$$\boldsymbol{A} = -\nabla\phi$$

と書けることになる．ϕ はベクトル場 $\boldsymbol{A}$ のポテンシャル(スカラーポテンシャル)である．

力学的な仕事 $\int \boldsymbol{F}\cdot d\boldsymbol{r}$ が始点と終点とで決まり，途中の道すじによらないとき，任意の閉曲線 C に対し，この積分はゼロになる．この場合，力 $\boldsymbol{F}$ はポテンシャルをもつ，あるいは**保存力**であるという．

例題 6.7 xy 平面に図のような長方形の微小面積 $dS=dxdy$ を考え，その周りにそって $\boldsymbol{A}\cdot d\boldsymbol{s}$ を積分することにより，ストークスの定理

$$\int_C \boldsymbol{A}\cdot d\boldsymbol{s} = \iint_S \mathrm{rot}\, \boldsymbol{A}\cdot d\boldsymbol{S}$$

を証明せよ．

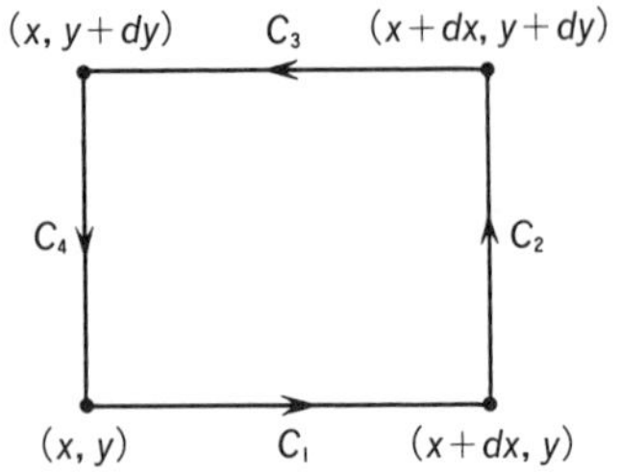

［解］ 図のような $C_1 \to C_2 \to C_3 \to C_4$ の積分路をとると，ストークスの定理の右辺に含まれる積分の微小面積 $d\boldsymbol{S}$ の法線は z 軸正の方向であることをはじめに注意しておく(右ねじの関係)．

C_1 から C_4 までの線積分は

$$\int \boldsymbol{A}\cdot d\boldsymbol{s} = A_x(x,y,z)dx + A_y(x+dx,y,z)dy - A_x(x,y+dy,z)dx - A_y(x,y,z)dy$$

と近似できる．C_3 と C_4 では積分の向きは負であることに注意しよう．上式右辺の第 2 項と第 4 項は

$$A_y(x+dx,y,z)dy - A_y(x,y,z)dy = \frac{\partial A_y}{\partial x}dxdy$$

に，第 1 項と第 3 項は

$$A_x(x,y,z)dx - A_x(x,y+dy,z)dx = -\frac{\partial A_x}{\partial y}dxdy$$

と書くことができる．したがって

$$\int \boldsymbol{A}\cdot d\boldsymbol{s} = \left(\frac{\partial A_y}{\partial x} - \frac{\partial A_x}{\partial y}\right)dxdy$$

となり，問題で与えられた式の右辺の面積積分の値

$$\int \mathrm{rot}\, \boldsymbol{A}\cdot d\boldsymbol{S} = (\mathrm{rot}\, \boldsymbol{A})_z\, dxdy$$

に等しいことがわかる．$d\boldsymbol{S}$ は z 方向を向いているから，rot $\boldsymbol{A}$ の z 成分だけが面積積分に寄与するからである．

yz 平面，zx 平面についても同様の結果が得られる．つまりストークスの定理が証明された．

例題 6.8　半径 a の無限に長い直線の導線に電流 I が流れている．電流は均一に流れるものとして，電流によって作られる磁場を $\boldsymbol{J}_e=\nabla\times\boldsymbol{H}$ をもとに計算せよ．導線の中心から導線に垂直にはかった距離を r とし，$r\leqq a$ と $r\geqq a$ に分けて磁場の強さ $\boldsymbol{H}$ を求めよ．

流体では**循環** Γ を速度 $\boldsymbol{v}$ の線積分

$$\Gamma=\int_C \boldsymbol{v}\cdot d\boldsymbol{s}$$

によって定義する．$\boldsymbol{v}$ を磁束密度 $\boldsymbol{B}(=\mu_0\boldsymbol{H})$ にとることにより，上で求めた電流が作る磁場の循環 Γ を計算せよ．

［解］　電流密度 $\boldsymbol{J}_e$ の大きさは $I/\pi a^2$ であり，その面積積分は

$$\iint_S \boldsymbol{J}_e\cdot d\boldsymbol{S}=\iint_S \nabla\times\boldsymbol{H}\cdot d\boldsymbol{S}=\int_C \boldsymbol{H}\cdot d\boldsymbol{s}$$

となる．第 2 式から第 3 式に移るときストークスの定理を用いた．つまり

$$\iint_S \boldsymbol{J}_e\cdot d\boldsymbol{S}=\int_C \boldsymbol{H}\cdot d\boldsymbol{s}$$

が成り立つ．これは，ある断面を流れる電流とその周囲に作られる磁場の強さの関係を定量的に述べたもので，**アンペールの法則**とよばれる．

中心から半径 r の円を考え，そこにアンペールの法則を適用すると

$$\frac{2\pi r^2}{2\pi a^2}I=2\pi rH,\qquad H=\frac{I}{2\pi a^2}r\qquad (r\leqq a)$$

$$I=2\pi rH,\qquad H=\frac{I}{2\pi}\frac{1}{r}\qquad (r\geqq a)$$

を得る．$r=a$ で H は連続であり，$\boldsymbol{H}$ は円周方向を向いている．

循環は

$$\Gamma=\int \boldsymbol{B}\cdot d\boldsymbol{s}=\mu_0\int \boldsymbol{H}\cdot d\boldsymbol{s}=\begin{cases}\mu_0\dfrac{I}{a^2}r^2 & (r\leqq a)\\ \mu_0 I & (r\geqq a)\end{cases}$$

となる．循環もまた $r=a$ で連続である．$r\leqq a$ の導線内部では，循環は距離の 2 乗に比例して増加するのに対して，外部では循環は一定である．

問　題6-4

［1］　例題5.9において，渦管の流速は円周方向に

$$v=\begin{cases} c_1 r & (r\leqq a) \\ c_1 a^2 \dfrac{1}{r} & (r\geqq a) \end{cases}$$

で与えられ，渦度 $\boldsymbol{\Omega}$ (=rot $\boldsymbol{v}$) は軸方向の単位ベクトルを $\boldsymbol{k}$ として

$$\boldsymbol{\Omega}=\begin{cases} 2c_1\boldsymbol{k} & (r\leqq a) \\ 0 & (r\geqq a) \end{cases}$$

となることを示した．循環 Γ

$$\Gamma=\int \boldsymbol{v}\cdot d\boldsymbol{s}$$

を計算し，与えられた流速に対して循環 Γ と渦度の大きさ Ω の関係を求めよ．

［2］　例題6.7における xy 平面のベクトル $\boldsymbol{A}$ の線積分から

$$\frac{\partial A_y}{\partial x}-\frac{\partial A_x}{\partial y}=(\nabla\times\boldsymbol{A})_z$$

が得られた．これは，ストークスの定理から $\nabla\times\boldsymbol{A}$ の成分を具体的に書き下せることを示している．

円柱座標 (r,θ,z) のベクトル $\boldsymbol{A}=\boldsymbol{e}_r A_r+\boldsymbol{e}_\theta A_\theta+\boldsymbol{e}_z A_z$ を線積分して，ストークスの定理から rot $\boldsymbol{A}$ が

$$\nabla\times\boldsymbol{A}=\boldsymbol{e}_r\left(\frac{1}{r}\frac{\partial A_z}{\partial\theta}-\frac{\partial A_\theta}{\partial z}\right)+\boldsymbol{e}_\theta\left(\frac{\partial A_r}{\partial z}-\frac{\partial A_z}{\partial r}\right)$$
$$+\boldsymbol{e}_z\left(\frac{1}{r}\frac{\partial}{\partial r}(rA_\theta)-\frac{1}{r}\frac{\partial A_r}{\partial\theta}\right)$$

となることを示せ．

同様に，極座標 (r,θ,φ) のベクトル $\boldsymbol{A}=\boldsymbol{e}_r A_r+\boldsymbol{e}_\theta A_\theta+\boldsymbol{e}_\varphi A_\varphi$ の回転 rot $\boldsymbol{A}$ が

$$\nabla\times\boldsymbol{A}=\boldsymbol{e}_r\frac{1}{r\sin\theta}\left\{\frac{\partial}{\partial\theta}(\sin\theta\,A_\varphi)-\frac{\partial A_\theta}{\partial\varphi}\right\}$$
$$+\boldsymbol{e}_\theta\frac{1}{r}\left\{\frac{1}{\sin\theta}\frac{\partial A_r}{\partial\varphi}-\frac{\partial}{\partial r}(rA_\varphi)\right\}+\boldsymbol{e}_\varphi\frac{1}{r}\left\{\frac{\partial}{\partial r}(rA_\theta)-\frac{\partial A_r}{\partial\theta}\right\}$$

であることを示せ．

［3］　力 $\boldsymbol{F}$ の閉曲線 C に沿う線積分にストークスの定理を適用する．

$$\int_C \boldsymbol{F}\cdot d\boldsymbol{r}=\iint_S(\nabla\times\boldsymbol{F})\cdot d\boldsymbol{S}$$

力が保存力であれば，左辺の閉曲線に沿う線積分はゼロとなる．したがって，任意の面積積分に対して右辺がゼロとなるには $\nabla\times\boldsymbol{F}=0$ でなければならない．逆に $\nabla\times\boldsymbol{F}=0$ であれば閉曲線に沿う力 $\boldsymbol{F}$ の線積分はゼロになり，力 $\boldsymbol{F}$ からポテンシャルが定義できて，力は保存力であることがいえる．

問題 6-1 の[1]と[2]で与えた力に対して $\nabla\times\boldsymbol{F}$ を計算し，[1]では $\nabla\times\boldsymbol{F}=0$ になり，[2]では $\nabla\times\boldsymbol{F}\neq 0$ となることを確かめよ．なお，$F_z=0$ とせよ．

[4]　マクスウェル方程式に含まれる $\nabla\times\boldsymbol{E}=-\partial\boldsymbol{B}/\partial t$ について，ある断面にわたって面積積分を行なったのちにストークスの定理を用い，その方程式の意味を述べよ．

電流と渦糸と低気圧

例題 6.8 からわかるように，電流がそのまわりに磁場をつくるようすは，流体の渦管がそのまわりに渦の流れをつくるのとよく似ている．電磁場において電流は渦管のような役目をしているのである．細い渦管は渦糸とよばれる．電流どうしが力をおよぼし合うように，渦糸どうしの間にも力がはたらく．水を手で動かしたりすると，渦が発生し，場合によっては渦どうしが力をおよぼし合いながら動くのが観察できる．

低気圧は空気の渦である．低気圧の半径は数百 km にも及ぶが，地球の大気の厚さは 15 km 程度なので，低気圧は 1 円玉よりもうすっぺらな形をした渦だということになる．

6-5　グリーンの定理

ベクトル $\boldsymbol{A}$ に対してガウスの定理は

$$\iint_S \boldsymbol{A}\cdot d\boldsymbol{S} = \iiint_V \nabla\cdot\boldsymbol{A}\,dV$$

である．いま $\boldsymbol{A}$ として $f\nabla g$ を選ぶと

$$\nabla\cdot\boldsymbol{A} = \nabla\cdot(f\nabla g) = f\nabla^2 g+\nabla f\cdot\nabla g$$

となる．また，$\boldsymbol{n}$ を閉曲面 S の法線方向にとると

$$\boldsymbol{A}\cdot d\boldsymbol{S} = f\nabla g\cdot d\boldsymbol{S} = f\frac{\partial g}{\partial n}dS$$

と書ける．したがってガウスの定理は

$$\iint_S f\frac{\partial g}{\partial n}dS = \iiint_V (f\nabla^2 g+\nabla f\cdot\nabla g)dV \tag{6.4}$$

となる．これを**グリーン**(Green)**の定理**という．

f と g をとりかえた式との差をつくると

$$\iiint_V (f\nabla^2 g-g\nabla^2 f)dV = \iint_S\left(f\frac{\partial g}{\partial n}-g\frac{\partial f}{\partial n}\right)dS \tag{6.5}$$

が得られる．これもまたグリーンの定理という．

特に $f=g=\phi$ とおけば，(6.4) は

$$\iiint_V (\phi\nabla^2\phi+(\nabla\phi)^2)dV = \iint_S \phi\frac{\partial\phi}{\partial n}dS \tag{6.6}$$

となる．

例題 6.9 $\phi(x,y,z)$ が領域 V 内でラプラス方程式

$$\nabla^2\phi = 0$$

を満たし，V を囲む閉曲面上で $\partial\phi/\partial n=0$ (あるいは $\phi=0$) ならば，ϕ は V 内で定数であることを示せ.

つぎに，一様な球殻の内部では重力ポテンシャルは一定になり，力はゼロになることを示せ.

[解] ϕ はラプラスの方程式を満たすから，(6.6) の左辺の $\nabla^2\phi=0$ となる．また閉曲面 S 上で $\partial\phi/\partial n=0$ (あるいは $\phi=0$) とおくと

$$\iiint_V (\nabla\phi)^2 dV = 0$$

となる．$(\nabla\phi)^2 \geqq 0$ であるから，この積分がゼロになるためには $\nabla\phi=0$ にならなければならない．したがって閉曲面内で ϕ は定数となる.

S 上で $\phi=0$ ならば，V 内のいたるところで $\phi=0$ である．また S 上で $\phi=\phi_0$ (定数) ならば，$\phi-\phi_0$ もラプラス方程式を満たし，S 上でゼロであるから V 内でもゼロ，したがって ϕ は V 内で定数 ϕ_0 に等しい.

一様な球殻では，対称性から S 上で重力ポテンシャルは定数である．したがって一様な球殻内の重力ポテンシャルはどこでも一定である．力はポテンシャル ϕ の勾配

$$\boldsymbol{F} = -\nabla\phi$$

によって与えられる．球殻内で ϕ は一定であるから，その勾配はゼロとなり，力は球殻内でゼロとなる.

連続の方程式と交通流モデル

ρ を密度，w を質量の流れとすると，1次元で書いた連続の方程式は

$$\frac{\partial \rho}{\partial t}+\frac{\partial w}{\partial x}=0 \tag{1}$$

となる．速度を v として $w=\rho v$ とおくと，連続の方程式は

$$\frac{\partial \rho}{\partial t}+\frac{\partial}{\partial x}(\rho v)=0 \tag{2}$$

の形になり，$w=-\kappa \nabla \rho=-\kappa(\partial \rho/\partial x)$ とおけば，拡散方程式

$$\frac{\partial \rho}{\partial t}-\kappa \frac{\partial^2 \rho}{\partial x^2}=0$$

が得られる．

さて，v を自動車の流れの平均速度とする．道路上の自動車の密度 ρ が大きくなれば平均速度は小さくなるから，たとえば $v=v_0(1-\rho/a)$ とおいてみよう．v_0 と a は定数である．さらに流れ $w=\rho v$ に拡散 $w=-\kappa(\partial \rho/\partial x)$ が加わるとして，これらを組み合わせた

$$w=\rho v-\kappa \frac{\partial \rho}{\partial x}=\rho v_0\left(1-\frac{\rho}{a}\right)-\kappa \frac{\partial \rho}{\partial x}$$

を(1)に代入すると

$$\frac{\partial \rho}{\partial t}+v_0 \frac{\partial \rho}{\partial x}-\frac{2v_0}{a}\rho \frac{\partial \rho}{\partial x}-\kappa \frac{\partial^2 \rho}{\partial x^2}=0$$

が得られる．ここで $\partial \rho^2/\partial x=2\rho(\partial \rho/\partial x)$ を用いた．この形の方程式は**バーガース**(Burgers)**方程式**とよばれ，高速道路を走る車の流れの解析などのモデル方程式として用いられている．$v=v_0(1-\rho/a)$ という関係は，実際に高速道路で観測された車の速度と密度の近似式である．

問題解答

第1章

問題 1-1

［1］ ベクトル $\boldsymbol{A},\boldsymbol{B}$ によって作られる平行四辺形において，$\boldsymbol{B}$ と平行な辺の長さは $\boldsymbol{B}$ の絶対値 $|\boldsymbol{B}|$ に等しい．したがってこの辺に $\boldsymbol{B}$ と同じ向きを与えてベクトルとして扱うと，それは $\boldsymbol{B}$ に等しいベクトルとなる．ベクトルの和を表わす平行四辺形の対角線ベクトルは，$\boldsymbol{A}$ の終点に $\boldsymbol{B}$ の起点を平行移動したとき，$\boldsymbol{A}$ の起点と $\boldsymbol{B}$ の終点を結ぶベクトルに等しいことがわかる．

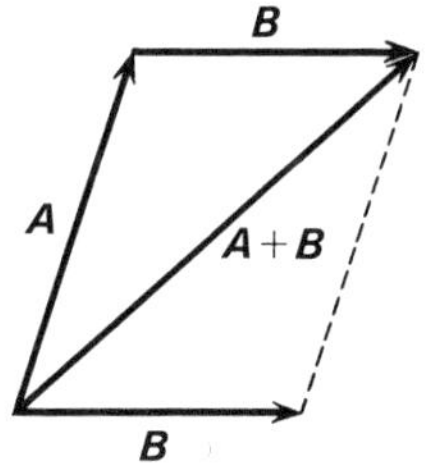

［2］ ベクトルの差 $\boldsymbol{A}-\boldsymbol{B}=\boldsymbol{C}$ の両辺に $\boldsymbol{B}$ を加えた $\boldsymbol{A}=\boldsymbol{B}+\boldsymbol{C}$ は，ベクトル $\boldsymbol{B}$ の終点からベクトル $\boldsymbol{C}$ を引いたとき，$\boldsymbol{B}$ の起点から $\boldsymbol{C}$ の終点に引いたベクトルが $\boldsymbol{A}$ に等しいことを述べている．したがって $\boldsymbol{A}-\boldsymbol{B}$ は $\boldsymbol{B}$ の終点から $\boldsymbol{A}$ の終点に向かうベクトルを表わす．

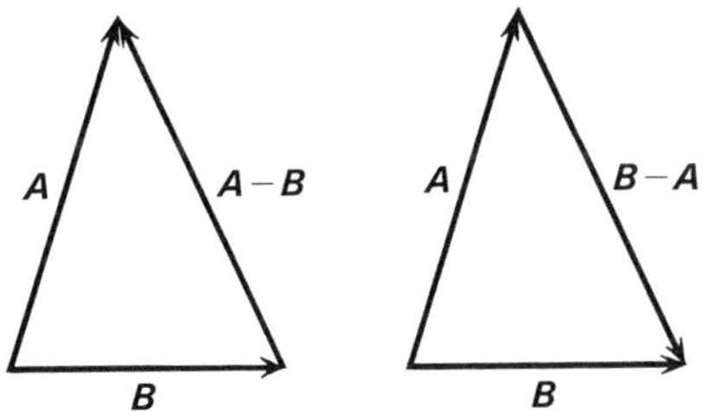

同様に $\boldsymbol{D}=\boldsymbol{B}-\boldsymbol{A}$ は $\boldsymbol{A}$ の終点から $\boldsymbol{B}$ の終点に向かうベクトルを表わす．

$\boldsymbol{C}$ と $\boldsymbol{D}$ は大きさが等しく，たがい

に逆向きのベクトルである．$\boldsymbol{C}=-\boldsymbol{D}$.

［3］ 3つのベクトルの起点をO，ベクトル $\boldsymbol{A}, \boldsymbol{B}, \boldsymbol{C}$ の終点をそれぞれP, Q, Rとする．3つのベクトルの大きさは等しいから，線分 $\overline{\mathrm{OP}}, \overline{\mathrm{OQ}}, \overline{\mathrm{OR}}$ の長さは等しい．またOPRQは平行四辺形である．したがって，$\overline{\mathrm{OQ}}=\overline{\mathrm{PR}}$, $\overline{\mathrm{OP}}=\overline{\mathrm{QR}}$ であるから，三角形OPRとOQRは正三角形となる．$\angle\mathrm{POQ}=120^\circ(2\pi/3)$.

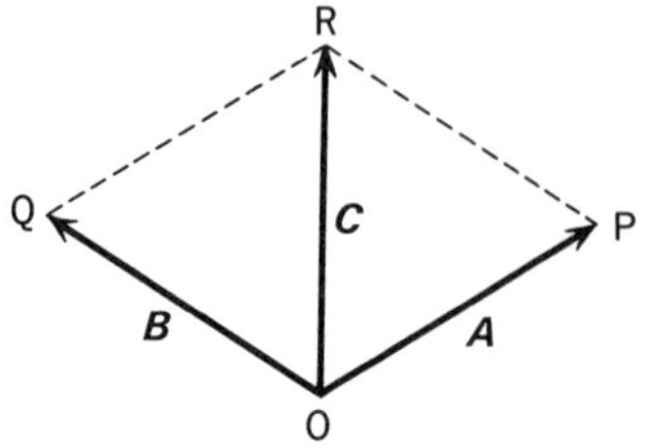

［4］ (i) $\boldsymbol{A}+\boldsymbol{C}=0$ より，$\boldsymbol{A}+\boldsymbol{B}+\boldsymbol{C}=\boldsymbol{B}$.

(ii) まず和 $\boldsymbol{B}+\boldsymbol{C}$ を作る．図において $\boldsymbol{B}+\boldsymbol{C}$ はベクトル $\overrightarrow{\mathrm{OS}}$ によって与えられる．$\angle\mathrm{QOR}$ は $60^\circ(\pi/3)$ であるので，線分 $\overline{\mathrm{TQ}}$ の長さは $\overline{\mathrm{OP}}$ の長さの1/2に，線分 $\overline{\mathrm{OT}}$ の長さは $\overline{\mathrm{OS}}$ の長さの1/2に等しい．$\boldsymbol{A}+(\boldsymbol{B}+\boldsymbol{C})$ を表わすベクトル $\overrightarrow{\mathrm{OU}}$ は $\boldsymbol{B}$ と同じ方向を向き，長さは $\overline{\mathrm{OQ}}$ の2倍である．したがって，$\boldsymbol{A}+\boldsymbol{B}+\boldsymbol{C}=2\boldsymbol{B}$ である．

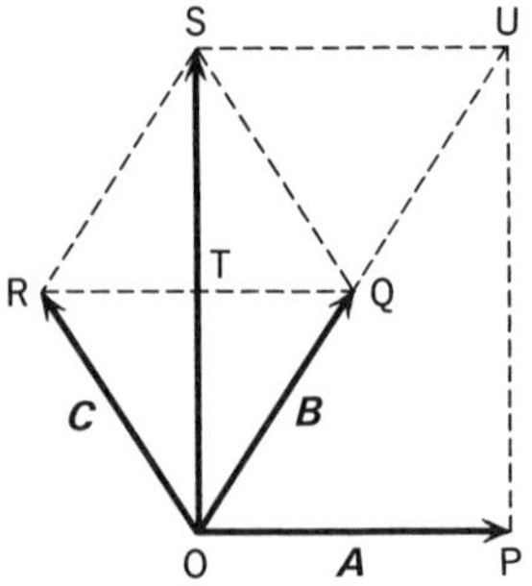

問題 1–2

［1］ $\boldsymbol{A}=4\boldsymbol{i}+2\boldsymbol{j}+6\boldsymbol{k}$, $\boldsymbol{B}=\boldsymbol{i}+2\boldsymbol{j}+2\boldsymbol{k}$ より，$\boldsymbol{A}+\boldsymbol{B}=5\boldsymbol{i}+4\boldsymbol{j}+8\boldsymbol{k}$ を得る．大きさは $\sqrt{(5)^2+(4)^2+(8)^2}=\sqrt{105}$．$\boldsymbol{A}-\boldsymbol{B}=3\boldsymbol{i}+4\boldsymbol{k}$．大きさは $\sqrt{(3)^2+(4)^2}=\sqrt{25}=5$.

［2］ (1.3), (1.4)式から $A_x=|\boldsymbol{A}|l$, $A_y=|\boldsymbol{A}|m$, $A_z=|\boldsymbol{A}|n$ と成分を書くことができるから，ベクトル $\boldsymbol{A}$ は単位ベクトル $\boldsymbol{i}, \boldsymbol{j}, \boldsymbol{k}$ を用いて

$$\boldsymbol{A} = |\boldsymbol{A}|(l\boldsymbol{i}+m\boldsymbol{j}+n\boldsymbol{k})$$

と表わすことができる．単位ベクトル $\boldsymbol{e}_A=\boldsymbol{A}/|\boldsymbol{A}|$ であるので，これを上式と比べて

$$\boldsymbol{e}_A = l\boldsymbol{i}+m\boldsymbol{j}+n\boldsymbol{k}$$

を得る．また，

$$|\boldsymbol{A}| = \sqrt{(A_x)^2+(A_y)^2+(A_z)^2} = |\boldsymbol{A}|\sqrt{l^2+m^2+n^2}$$

より，$l^2+m^2+n^2=1$ となる．

［3］ 例題1.4で与えられた直線は，たとえば原点 (0, 0) と点 $(\sqrt{3}/2, 1/2)$ を通る．その直線を上方に1だけずらした直線は2点 (0, 1), $(\sqrt{3}/2, 3/2)$ を通ることになる．原点から測った2点の位置ベクトルを $\boldsymbol{r}_1, \boldsymbol{r}_2$ とすると，$\boldsymbol{r}_1=\boldsymbol{j}$, $\boldsymbol{r}_2=(\sqrt{3}/2)\boldsymbol{i}+(3/2)\boldsymbol{j}$ である．2点 (0, 1), $(\sqrt{3}/2, 3/2)$ を通る直線上の任意の点の位置ベクトルを $\boldsymbol{r}=(x, y)$ とすると，

$\boldsymbol{r}-\boldsymbol{r}_1=x\boldsymbol{i}+(y-1)\boldsymbol{j}$, $\boldsymbol{r}_2-\boldsymbol{r}_1=(\sqrt{3}/2)\boldsymbol{i}+(1/2)\boldsymbol{j}$ である．したがって，求める直線の方程式 $\boldsymbol{r}-\boldsymbol{r}_1=t(\boldsymbol{r}_2-\boldsymbol{r}_1)$ は

$$x\boldsymbol{i}+(y-1)\boldsymbol{j}=t\left(\frac{\sqrt{3}}{2}\boldsymbol{i}+\frac{1}{2}\boldsymbol{j}\right)$$

となる．右辺の $\sqrt{3}/2, 1/2$ は方向余弦を表わす．これより

$$x=\frac{\sqrt{3}}{2}t, \quad y-1=\frac{1}{2}t$$

となり，t を消去すると

$$y=1+\frac{x}{\sqrt{3}}$$

を得る．

問題 1-3

［1］ $W=Fs\cos\theta$ を $W=F(s\cos\theta)$ と書けば，仕事は，力の大きさ F と力の向きに物体が移動した距離 $s\cos\theta$ との積である．一方，$W=s(F\cos\theta)$ と書くと，仕事の量は，物体の変位 s とその向きの力 F の成分 $F\cos\theta$ との積であるといってもよい．

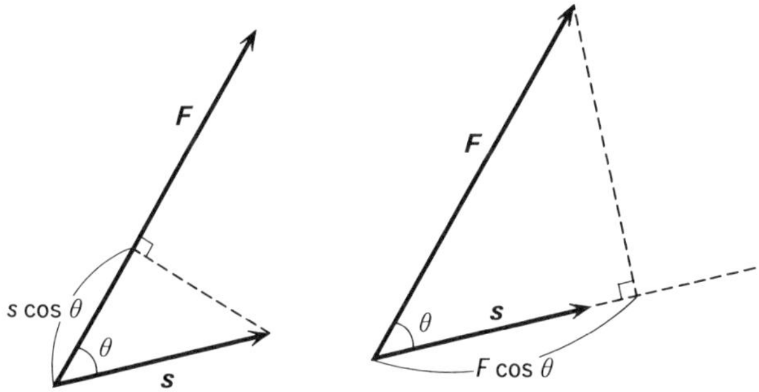

［2］ (i) 重力場の中で自由落下する物体の運動．力(重力)と変位が同じ方向であるから $W>0$.

(ii) 摩擦を受けながら平面をすべる物体の運動．摩擦力の向きは，変位の方向は逆であるから $W<0$.

(iii) 等速円運動をする物体の運動．物体から円の中心に向かう**向心力**と円の接線方向を向いた物体の変位は，つねに直交しているから $W=0$.

［3］ $\boldsymbol{B}=b\boldsymbol{i}+c\boldsymbol{j}$ とおくと，$\boldsymbol{A}\cdot\boldsymbol{B}=-ab+ac=0$ より $b=a$, $c=a$ とすればよい．つま

り $\boldsymbol{B}=a\boldsymbol{i}+a\boldsymbol{j}$. これを定数倍したベクトルもまた $\boldsymbol{A}$ と直交する. $|\boldsymbol{B}|=a\sqrt{2}$ より, $\boldsymbol{e}_B=\boldsymbol{B}/|\boldsymbol{B}|=(1/\sqrt{2})\boldsymbol{i}+(1/\sqrt{2})\boldsymbol{j}$ を得る.

［4］ 平面において, 原点から直線に引いた垂線を表わすベクトルを $\boldsymbol{r}_1=(x_1, y_1)$, 直線上の任意の点の位置ベクトルを $\boldsymbol{r}=(x, y)$ とする. 垂線の足と直線上の点を結ぶベクトル $\boldsymbol{r}-\boldsymbol{r}_1$ と垂線を結ぶベクトル $\boldsymbol{r}_1$ は直交するから,

$$\boldsymbol{r}_1\cdot(\boldsymbol{r}-\boldsymbol{r}_1) = 0$$

つまり,

$$x_1(x-x_1)+y_1(y-y_1) = 0$$

両辺を垂線の長さ $p=\sqrt{{x_1}^2+{y_1}^2}$ で割った

$$lx+my = p$$

が平面内の直線を表わすヘッセの標準形である. ここで, 垂線の方向余弦 l, m は, $l=x_1/p$, $m=y_1/p$ によって与えられる.

［5］ 平面内の直線の方程式 $lx+my=p$ は 2 点 (3, 0), (0, 4) を通るから,

$$3l = p, \qquad 4m = p$$

が成り立つ. これより $l=p/3$, $m=p/4$. 一方, 方向余弦は $l^2+m^2=1$ を満足しなければならない. したがって, $p=12/5$ で垂線の長さは 12/5 となる. また, 直線の方程式は

$$\frac{4}{5}x+\frac{3}{5}y = \frac{12}{5} \quad \text{あるいは} \quad 4x+3y = 12$$

である.

［6］ 原点から点 (x, y) までの距離を L とする. (x, y) が前問で得た直線上にあるとき $y=4-4x/3$ を満足するから

$$L^2 = x^2+y^2 = x^2+\left(4-\frac{4}{3}x\right)^2 = \frac{25}{9}x^2-\frac{32}{3}x+16 = \frac{25}{9}\left(x-\frac{48}{25}\right)^2+\frac{144}{25}$$

となり, L^2 の最小値は 144/25 を得る. L の最小値は 12/5.

［7］ 平面の方程式 $lx+my+nz=p$ は点 (1, 0, 0), (0, 2, 0), (0, 0, 3) を通るから

$$l = p, \qquad 2m = p, \qquad 3n = p$$

を得る. $l^2+m^2+n^2=1$ にこれらを代入して $p=6/7$ を得る. これが垂線の長さを与える. 平面の方程式は

$$\frac{6}{7}x+\frac{3}{7}y+\frac{2}{7}z-\frac{6}{7} = 0$$

である.

問題 1–4

[1]
$$
\begin{aligned}
\boldsymbol{A}\times\boldsymbol{B} &= (A_x\boldsymbol{i}+A_y\boldsymbol{j}+A_z\boldsymbol{k})\times(B_x\boldsymbol{i}+B_y\boldsymbol{j}+B_z\boldsymbol{k})\\
&= A_xB_x\boldsymbol{i}\times\boldsymbol{i}+A_xB_y\boldsymbol{i}\times\boldsymbol{j}+A_xB_z\boldsymbol{i}\times\boldsymbol{k}\\
&\quad +A_yB_x\boldsymbol{j}\times\boldsymbol{i}+A_yB_y\boldsymbol{j}\times\boldsymbol{j}+A_yB_z\boldsymbol{j}\times\boldsymbol{k}\\
&\quad +A_zB_x\boldsymbol{k}\times\boldsymbol{i}+A_zB_y\boldsymbol{k}\times\boldsymbol{j}+A_zB_z\boldsymbol{k}\times\boldsymbol{k}
\end{aligned}
$$

基本ベクトルの外積についての性質(1.15)を用いると

$$
\begin{aligned}
\boldsymbol{A}\times\boldsymbol{B} &= (A_yB_z-A_zB_y)\boldsymbol{i}+(A_zB_x-A_xB_z)\boldsymbol{j}+(A_xB_y-A_yB_x)\boldsymbol{k}\\
&= (\boldsymbol{A}\times\boldsymbol{B})_x\boldsymbol{i}+(\boldsymbol{A}\times\boldsymbol{B})_y\boldsymbol{j}+(\boldsymbol{A}\times\boldsymbol{B})_z\boldsymbol{k}
\end{aligned}
$$

を得る．一方

$$
\begin{vmatrix}\boldsymbol{i} & \boldsymbol{j} & \boldsymbol{k}\\ A_x & A_y & A_z\\ B_x & B_y & B_z\end{vmatrix} = (A_yB_z-A_zB_y)\boldsymbol{i}+(A_zB_x-A_xB_z)\boldsymbol{j}+(A_xB_y-A_yB_x)\boldsymbol{k}
$$

であるから，これを上の結果と比べてベクトル積の行列表示(1.18)を得る．

[2] $\boldsymbol{B}=(0, 0, B)$ とおくと

$$
\boldsymbol{v}\times\boldsymbol{B} = \begin{vmatrix}\boldsymbol{i} & \boldsymbol{j} & \boldsymbol{k}\\ v_x & v_y & v_z\\ 0 & 0 & B\end{vmatrix} = v_yB\boldsymbol{i}-v_xB\boldsymbol{j}
$$

と計算できるから，$F_x=qv_yB$, $F_y=-qv_xB$, $F_z=0$.

[3] $\boldsymbol{A}\times\boldsymbol{B}$ は，$\boldsymbol{A}$ にも $\boldsymbol{B}$ にも直交するベクトルである．したがって，$\boldsymbol{A}\cdot(\boldsymbol{A}\times\boldsymbol{B})$, $\boldsymbol{B}\cdot(\boldsymbol{A}\times\boldsymbol{B})$ は 0 となる．$\boldsymbol{B}\times\boldsymbol{A}$ についても同様．

[4]
$$
\boldsymbol{A}\times\boldsymbol{B} = \begin{vmatrix}\boldsymbol{i} & \boldsymbol{j} & \boldsymbol{k}\\ 1 & 0 & 0\\ 0 & 2 & 0\end{vmatrix} = 2\boldsymbol{k}, \qquad \text{同様に，}\quad \boldsymbol{B}\times\boldsymbol{C} = 6\boldsymbol{i},\ \boldsymbol{C}\times\boldsymbol{A} = 3\boldsymbol{j}
$$

より，$S=(1/2)|\boldsymbol{A}\times\boldsymbol{B}+\boldsymbol{B}\times\boldsymbol{C}+\boldsymbol{C}\times\boldsymbol{A}|=(1/2)\sqrt{2^2+6^2+3^2}=7/2$.

[5]
$$
\begin{aligned}
\boldsymbol{A}\times\boldsymbol{B} &= (A_yB_z-A_zB_y)\boldsymbol{i}+(A_zB_x-A_xB_z)\boldsymbol{j}+(A_xB_y-A_yB_x)\boldsymbol{k}\\
&= AB\{(m_1n_2-n_1m_2)\boldsymbol{i}+(n_1l_2-l_1n_2)\boldsymbol{j}+(l_1m_2-m_1l_2)\boldsymbol{k}\}\quad \text{より}\\
|\boldsymbol{A}\times\boldsymbol{B}| &= AB\sqrt{(m_1n_2-n_1m_2)^2+(n_1l_2-l_1n_2)^2+(l_1m_2-m_1l_2)^2}
\end{aligned}
$$

を得る．これを $|\boldsymbol{A}\times\boldsymbol{B}|=AB\sin\theta$ と比べて $\sin\theta$ に対する表現を導くことができる．

ベクトル $\boldsymbol{A}, \boldsymbol{B}$ のスカラー積より $\boldsymbol{A}\cdot\boldsymbol{B}=AB(l_1l_2+m_1m_2+n_1n_2)=AB\cos\theta$．これより $\cos\theta=l_1l_2+m_1m_2+n_1n_2$ を得る．

$$
\begin{aligned}
\sin^2\theta+\cos^2\theta &= m_1{}^2n_2{}^2+n_1{}^2m_2{}^2-2m_1m_2n_1n_2+n_1{}^2l_2{}^2+l_1{}^2n_2{}^2-2l_1l_2n_1n_2\\
&\quad +l_1{}^2m_2{}^2+m_1{}^2l_2{}^2-2l_1l_2m_1m_2+l_1{}^2l_2{}^2+m_1{}^2m_2{}^2+n_1{}^2n_2{}^2\\
&\quad +2l_1l_2m_1m_2+2m_1m_2n_1n_2+2n_1n_2l_1l_2
\end{aligned}
$$

$$= l_1{}^2(l_2{}^2+m_2{}^2+n_2{}^2)+m_1{}^2(l_2{}^2+m_2{}^2+n_2{}^2)+n_1{}^2(l_2{}^2+m_2{}^2+n_2{}^2)$$
$$= l_1{}^2+m_1{}^2+n_1{}^2 = 1$$

ここで，$l_2^2+m_2^2+n_2^2=1$，$l_1^2+m_1^2+n_1^2=1$ を順次用いた．

［6］ 直線 $y=0$ の方向余弦を (l_1, m_1, n_1)，$y=x/\sqrt{3}$ の方向余弦を (l_2, m_2, n_2) とする．$l_1=1$，$m_1=0$，$n_1=0$．また例題 1.4 から，$l_2=\sqrt{3}/2$，$m_2=1/2$，$n_2=0$ である．

$$\cos\theta = l_1l_2+m_1m_2+n_1n_2 = \sqrt{3}/2$$
$$\sin\theta = \sqrt{(m_1n_2-n_1m_2)^2+(n_1l_2-l_1n_2)^2+(l_1m_2-m_1l_2)^2} = \sqrt{(l_1m_2)^2} = 1/2$$

これを満足する θ は $\theta=30°\,(\pi/6)$ である．

問題 1-5

［1］ $\boldsymbol{B}\times\boldsymbol{C}=(B_yC_z-B_zC_y)\boldsymbol{i}+(B_zC_x-B_xC_z)\boldsymbol{j}+(B_xC_y-B_yC_x)\boldsymbol{k}$ より，

$$\boldsymbol{A}\cdot(\boldsymbol{B}\times\boldsymbol{C}) = A_x(B_yC_z-B_zC_y)+A_y(B_zC_x-B_xC_z)+A_z(B_xC_y-B_yC_x)$$

を得る．一方

$$\begin{vmatrix} A_x & A_y & A_z \\ B_x & B_y & B_z \\ C_x & C_y & C_z \end{vmatrix} = A_x(B_yC_z-B_zC_y)+A_y(B_zC_x-B_xC_z)+A_z(B_xC_y-B_yC_x)$$

であるから，与えられた式が成り立つ．

［2］ $\boldsymbol{B}\times\boldsymbol{C}$ の x, y, z 成分を $[\boldsymbol{B}\times\boldsymbol{C}]_x$, $[\boldsymbol{B}\times\boldsymbol{C}]_y$, $[\boldsymbol{B}\times\boldsymbol{C}]_z$ と書くと，

$$\begin{aligned}\boldsymbol{A}\times(\boldsymbol{B}\times\boldsymbol{C}) &= \{A_y[\boldsymbol{B}\times\boldsymbol{C}]_z-A_z[\boldsymbol{B}\times\boldsymbol{C}]_y\}\boldsymbol{i}+\{A_z[\boldsymbol{B}\times\boldsymbol{C}]_x-A_x[\boldsymbol{B}\times\boldsymbol{C}]_z\}\boldsymbol{j}\\ &\quad+\{A_x[\boldsymbol{B}\times\boldsymbol{C}]_y-A_y[\boldsymbol{B}\times\boldsymbol{C}]_x\}\boldsymbol{k}\end{aligned}$$

となる．$\boldsymbol{B}\times\boldsymbol{C}$ の成分は前問ですでに求めている．これらの成分を代入し整理する．

$$\begin{aligned}\boldsymbol{A}\times(\boldsymbol{B}\times\boldsymbol{C}) &= \{A_y(B_xC_y-B_yC_x)-A_z(B_zC_x-B_xC_z)\}\boldsymbol{i}\\ &\quad+\{A_z(B_yC_z-B_zC_y)-A_x(B_xC_y-B_yC_x)\}\boldsymbol{j}\\ &\quad+\{A_x(B_zC_x-B_xC_z)-A_y(B_yC_z-B_zC_y)\}\boldsymbol{k}\\ &= B_x(A_yC_y+A_zC_z)\boldsymbol{i}+B_y(A_xC_x+A_zC_z)\boldsymbol{j}\\ &\quad+B_z(A_xC_x+A_yC_y)\boldsymbol{k}-C_x(A_yB_y+A_zB_z)\boldsymbol{i}\\ &\quad-C_y(A_xB_x+A_zB_z)\boldsymbol{j}-C_z(A_xB_x+A_yB_y)\boldsymbol{k}\\ &= B_x(A_xC_x+A_yC_y+A_zC_z)\boldsymbol{i}+B_y(A_xC_x+A_yC_y+A_zC_z)\boldsymbol{j}\\ &\quad+B_z(A_xC_x+A_yC_y+A_zC_z)\boldsymbol{k}-C_x(A_xB_x+A_yB_y+A_zB_z)\boldsymbol{i}\\ &\quad-C_y(A_xB_x+A_yB_y+A_zB_z)\boldsymbol{j}-C_z(A_xB_x+A_yB_y+A_zB_z)\boldsymbol{k}\\ &= \boldsymbol{B}(\boldsymbol{A}\cdot\boldsymbol{C})-\boldsymbol{C}(\boldsymbol{A}\cdot\boldsymbol{B})\end{aligned}$$

となり，ベクトル3重積の公式が証明された．最後から2番目の式を導くときに，

$A_xB_xC_x+A_yB_yC_y+A_zB_zC_z$ を加えたり引いたりした．

［3］ $\boldsymbol{A}\cdot\{\boldsymbol{A}\times(\boldsymbol{B}\times\boldsymbol{C})\}=(\boldsymbol{A}\cdot\boldsymbol{B})(\boldsymbol{C}\cdot\boldsymbol{A})-(\boldsymbol{A}\cdot\boldsymbol{C})(\boldsymbol{A}\cdot\boldsymbol{B})=0$ より，$\boldsymbol{A}$ は $\boldsymbol{A}\times(\boldsymbol{B}\times\boldsymbol{C})$ と垂直である．

［4］

$$\begin{aligned}\boldsymbol{F} &= q(\boldsymbol{E}+\boldsymbol{v}\times\boldsymbol{B})\\ &= q\left\{\boldsymbol{E}+\left(\boldsymbol{u}+\frac{\boldsymbol{E}\times\boldsymbol{B}}{B^2}\right)\times\boldsymbol{B}\right\}\end{aligned}$$

ここで $(\boldsymbol{E}\times\boldsymbol{B})\times\boldsymbol{B}$ にベクトル 3 重積の公式を用いると

$$\begin{aligned}(\boldsymbol{E}\times\boldsymbol{B})\times\boldsymbol{B} &= -\boldsymbol{B}\times(\boldsymbol{E}\times\boldsymbol{B})\\ &= -\{\boldsymbol{E}(\boldsymbol{B}\cdot\boldsymbol{B})-\boldsymbol{B}(\boldsymbol{B}\cdot\boldsymbol{E})\}\\ &= -B^2\boldsymbol{E}\end{aligned}$$

が得られる．ここで $\boldsymbol{E}$ と $\boldsymbol{B}$ は直交しているから $\boldsymbol{B}\cdot\boldsymbol{E}=0$ であることを利用した．これを力 $\boldsymbol{F}$ の式に代入して

$$\begin{aligned}\boldsymbol{F} &= q\left(\boldsymbol{E}+\boldsymbol{u}\times\boldsymbol{B}-\frac{B^2}{B^2}\boldsymbol{E}\right)\\ &= q\boldsymbol{u}\times\boldsymbol{B}\end{aligned}$$

を得る．速度 $(\boldsymbol{E}\times\boldsymbol{B})/B^2$ で動く系では電場が消える．

特に，$\boldsymbol{E}=(0, E, 0)$，$\boldsymbol{B}=(0, 0, B)$ のとき，$\boldsymbol{E}\times\boldsymbol{B}=EB\boldsymbol{i}$ となるから，速度 $(\boldsymbol{E}\times\boldsymbol{B})/B^2=(E/B)\boldsymbol{i}$ となる．速度は x 方向を向き，大きさは E/B である．

［5］ 直線 BC，あるいはその延長線上にある任意の点の位置ベクトルを $\boldsymbol{r}$ とすると，B を通り BC に平行な直線の方程式は問題 1-2［3］から $\boldsymbol{r}-\boldsymbol{B}=t(\boldsymbol{C}-\boldsymbol{B})$ と表わされる．これをベクトル $\boldsymbol{E}$ とする．ベクトル $\boldsymbol{A}$ の終点からベクトル $\boldsymbol{B}$ の終点に引いたベクトル $\overrightarrow{\mathrm{AB}}(=\boldsymbol{B}-\boldsymbol{A})$ とベクトル $\boldsymbol{E}$ の和は，ベクトル $\boldsymbol{D}$ に等しい．したがって $\boldsymbol{D}=\overrightarrow{\mathrm{AB}}+\boldsymbol{E}=\boldsymbol{B}-\boldsymbol{A}-t(\boldsymbol{C}-\boldsymbol{B})$ となる．これまでは，ベクトル $\boldsymbol{D}$ が直線 BC に下した垂線であるという性質は使っていない．$\boldsymbol{D}$ と $\boldsymbol{E}$ は直交しているから $|\boldsymbol{D}\times\boldsymbol{E}|=L|\boldsymbol{E}|=L|t(\boldsymbol{C}-\boldsymbol{B})|$ となる．一方，$\boldsymbol{D}\times\boldsymbol{E}=\{\boldsymbol{B}-\boldsymbol{A}-t(\boldsymbol{C}-\boldsymbol{B})\}\times\{t(\boldsymbol{C}-\boldsymbol{B})\}=t(\boldsymbol{B}\times\boldsymbol{C}-\boldsymbol{A}\times\boldsymbol{C}+\boldsymbol{A}\times\boldsymbol{B})=t(\boldsymbol{A}\times\boldsymbol{B}+\boldsymbol{B}\times\boldsymbol{C}+\boldsymbol{C}\times\boldsymbol{A})$ である．ここで，$\boldsymbol{B}\times\boldsymbol{B}=0$，$(\boldsymbol{C}-\boldsymbol{B})\times(\boldsymbol{C}-\boldsymbol{B})=0$，$\boldsymbol{A}\times\boldsymbol{C}=-\boldsymbol{C}\times\boldsymbol{A}$ を用いた．$|\boldsymbol{D}\times\boldsymbol{E}|$ を求め，前の結果と比べることにより

$$L=\frac{|\boldsymbol{A}\times\boldsymbol{B}+\boldsymbol{B}\times\boldsymbol{C}+\boldsymbol{C}\times\boldsymbol{A}|}{|\boldsymbol{B}-\boldsymbol{C}|}$$

問題 1–6

［1］ 図より，$\overline{\mathrm{OP}}\cos\varphi=\overline{\mathrm{OA}}=x$，$\overline{\mathrm{PC}}=\overline{\mathrm{PQ}}\sin\varphi$，$\overline{\mathrm{PQ}}=\overline{\mathrm{AQ}}-\overline{\mathrm{AP}}=y-\overline{\mathrm{OP}}\sin\varphi$．したがって

$$x' = \overline{\mathrm{OP}}+\overline{\mathrm{PC}} = \frac{x}{\cos\varphi}+\left(y-x\frac{\sin\varphi}{\cos\varphi}\right)\sin\varphi$$

$$= \frac{1-\sin^2\varphi}{\cos\varphi}x+y\sin\varphi = x\cos\varphi+y\sin\varphi$$

同様に，$y'=\overline{\mathrm{CQ}}=\overline{\mathrm{PQ}}\cos\varphi$ より

$$y' = \left(y-\frac{x}{\cos\varphi}\sin\varphi\right)\cos\varphi = -x\sin\varphi+y\cos\varphi$$

つまり

$$\begin{pmatrix} x' \\ y' \end{pmatrix} = \begin{pmatrix} \cos\varphi & \sin\varphi \\ -\sin\varphi & \cos\varphi \end{pmatrix}\begin{pmatrix} x \\ y \end{pmatrix}$$

逆に，$x=\overline{\mathrm{OA}}=\overline{\mathrm{OP}}\cos\varphi$，$\overline{\mathrm{OP}}=x'-\overline{\mathrm{PC}}=x'-y'\tan\varphi$ より

$$x = (x'-y'\tan\varphi)\cos\varphi = x'\cos\varphi-y'\sin\varphi$$

同様に，$y=\overline{\mathrm{AQ}}=\overline{\mathrm{AP}}+\overline{\mathrm{PQ}}$，$\overline{\mathrm{AP}}=\overline{\mathrm{OP}}\sin\varphi$，$\overline{\mathrm{OP}}=x'-\overline{\mathrm{PC}}=x'-y'\tan\varphi$，$\overline{\mathrm{PQ}}\cos\varphi=y'$ より

$$y = \frac{y'}{\cos\varphi}+(x'-y'\tan\varphi)\sin\varphi = x'\sin\varphi+\frac{1-\sin^2\varphi}{\cos\varphi}y'$$

$$= x'\sin\varphi+y'\cos\varphi$$

つまり

$$\begin{pmatrix} x \\ y \end{pmatrix} = \begin{pmatrix} \cos\varphi & -\sin\varphi \\ \sin\varphi & \cos\varphi \end{pmatrix}\begin{pmatrix} x' \\ y' \end{pmatrix}$$

［2］ 例題1.11，1.12より

$$\begin{aligned} \boldsymbol{A} &= A_x\boldsymbol{i}+A_y\boldsymbol{j} \\ &= A_x\cos\varphi\boldsymbol{i}'-A_x\sin\varphi\boldsymbol{j}'+A_y\sin\varphi\boldsymbol{i}'+A_y\cos\varphi\boldsymbol{j}' \\ &= (A_x\cos\varphi+A_y\sin\varphi)\boldsymbol{i}'+(-A_x\sin\varphi+A_y\cos\varphi)\boldsymbol{j}' \\ \boldsymbol{B} &= (B_x\cos\varphi+B_y\sin\varphi)\boldsymbol{i}'+(-B_x\sin\varphi+B_y\cos\varphi)\boldsymbol{j}' \end{aligned}$$

よって求める距離を L とすると

$$\begin{aligned} L^2 &= (A_x\cos\varphi+A_y\sin\varphi-B_x\cos\varphi-B_y\sin\varphi)^2 \\ &\quad +(-A_x\sin\varphi+A_y\cos\varphi+B_x\sin\varphi-B_y\cos\varphi)^2 \\ &= A_x^2+A_y^2+B_x^2+B_y^2-2A_xB_x-2A_yB_y \\ &= (A_x-B_x)^2+(A_y-B_y)^2 \end{aligned}$$

を得る．ここで公式 $\sin^2\varphi+\cos^2\varphi=1$ を用いた．長さ L は xy 座標における長さと等しい．長さは座標変換によって変わらないから，これは当然の結果である．

［3］ はじめの回転によって座標が (x, y) から (x_1, y_1) に変わり，次の回転によって

座標が (x_1, y_1) から (x_2, y_2) に移ったとする．これらの間には

$$\begin{cases} x_1 = x\cos\varphi_1 + y\sin\varphi_1 \\ y_1 = -x\sin\varphi_1 + y\cos\varphi_1 \end{cases} \qquad \begin{cases} x_2 = x_1\cos\varphi_2 + y_1\sin\varphi_2 \\ y_2 = -x_1\sin\varphi_2 + y_1\cos\varphi_2 \end{cases}$$

の関係がある．(x_1, y_1) を第2の関係式に代入して，(x_2, y_2) を (x, y) で表わす．

$$\begin{aligned} x_2 &= (x\cos\varphi_1 + y\sin\varphi_1)\cos\varphi_2 + (-x\sin\varphi_1 + y\cos\varphi_1)\sin\varphi_2 \\ &= x(\cos\varphi_1\cos\varphi_2 - \sin\varphi_1\sin\varphi_2) + y(\sin\varphi_1\cos\varphi_2 + \cos\varphi_1\sin\varphi_2) \\ &= x\cos(\varphi_1+\varphi_2) + y\sin(\varphi_1+\varphi_2) \end{aligned}$$

同様に

$$y_2 = -x\sin(\varphi_1+\varphi_2) + y\cos(\varphi_1+\varphi_2)$$

となり，2回の回転操作は1度に $\varphi_1+\varphi_2$ だけ回転させる操作と同じ結果を与える．

はじめに φ_2 だけ回転させ，次に φ_1 だけ回転させる場合は，上の計算で φ_1 と φ_2 を入れかえるだけでよい．したがって結果は変わらない．

[4]　x 軸のまわりに $\pi/2$ だけ回転させると，x', y', z' 軸はそれぞれ回転前の $x, z, -y$ 軸の方向である．この変換行列は

$$\begin{pmatrix} x' \\ y' \\ z' \end{pmatrix} = \begin{pmatrix} 1 & 0 & 0 \\ 0 & 0 & 1 \\ 0 & -1 & 0 \end{pmatrix} \begin{pmatrix} x \\ y \\ z \end{pmatrix}$$

で与えられる．実際，上式から $x'=x$，$y'=z$，$z'=-y$ が得られる．y 軸のまわりに $\pi/2$ だけ回転すると，x', y', z' 軸は回転前の $-z, y, x$ 軸の方向を向く．したがって変換行列

$$\begin{pmatrix} x' \\ y' \\ z' \end{pmatrix} = \begin{pmatrix} 0 & 0 & -1 \\ 0 & 1 & 0 \\ 1 & 0 & 0 \end{pmatrix} \begin{pmatrix} x \\ y \\ z \end{pmatrix}$$

を得る．

さて，はじめに x 軸のまわりに $\pi/2$，つぎに y 軸のまわりに $\pi/2$ だけ回転させると

$$\begin{pmatrix} x' \\ y' \\ z' \end{pmatrix} = \begin{pmatrix} 1 & 0 & 0 \\ 0 & 0 & 1 \\ 0 & -1 & 0 \end{pmatrix} \begin{pmatrix} x \\ y \\ z \end{pmatrix} = \begin{pmatrix} x \\ z \\ -y \end{pmatrix}, \qquad \begin{pmatrix} x'' \\ y'' \\ z'' \end{pmatrix} = \begin{pmatrix} 0 & 0 & -1 \\ 0 & 1 & 0 \\ 1 & 0 & 0 \end{pmatrix} \begin{pmatrix} x \\ z \\ -y \end{pmatrix} = \begin{pmatrix} y \\ z \\ x \end{pmatrix}$$

となり，x'', y'', z'' 軸は回転前の y, z, x 軸の方向になる．

はじめに y 軸のまわりに $\pi/2$，つぎに x 軸のまわりに $\pi/2$ だけ回転させた場合には，

$$\begin{pmatrix} x' \\ y' \\ z' \end{pmatrix} = \begin{pmatrix} 0 & 0 & -1 \\ 0 & 1 & 0 \\ 1 & 0 & 0 \end{pmatrix} \begin{pmatrix} x \\ y \\ z \end{pmatrix} = \begin{pmatrix} -z \\ y \\ x \end{pmatrix}, \qquad \begin{pmatrix} x'' \\ y'' \\ z'' \end{pmatrix} = \begin{pmatrix} 1 & 0 & 0 \\ 0 & 0 & 1 \\ 0 & -1 & 0 \end{pmatrix} \begin{pmatrix} -z \\ y \\ x \end{pmatrix} = \begin{pmatrix} -z \\ x \\ -y \end{pmatrix}$$

であるから，x'', y'', z'' 軸は回転前の $-z, x, -y$ 軸の方向を向く．このように3次元の回転では，前問で考えた2次元の回転と異なり回転の順序を入れかえると結果が異なる．

x 軸のまわりの回転によって点 (0, 0, 1) は

$$\begin{pmatrix}1 & 0 & 0\\ 0 & 0 & 1\\ 0 & -1 & 0\end{pmatrix}\begin{pmatrix}0\\0\\1\end{pmatrix}=\begin{pmatrix}0\\1\\0\end{pmatrix}$$

となるから，回転した座標系では $x'=0$, $y'=1$, $z'=0$ によって表わされる.

y 軸のまわりの回転では

$$\begin{pmatrix}0 & 0 & -1\\ 0 & 1 & 0\\ 1 & 0 & 0\end{pmatrix}\begin{pmatrix}0\\0\\1\end{pmatrix}=\begin{pmatrix}-1\\0\\0\end{pmatrix}$$

となり，$x'=-1$, $y=z=0$ となる.

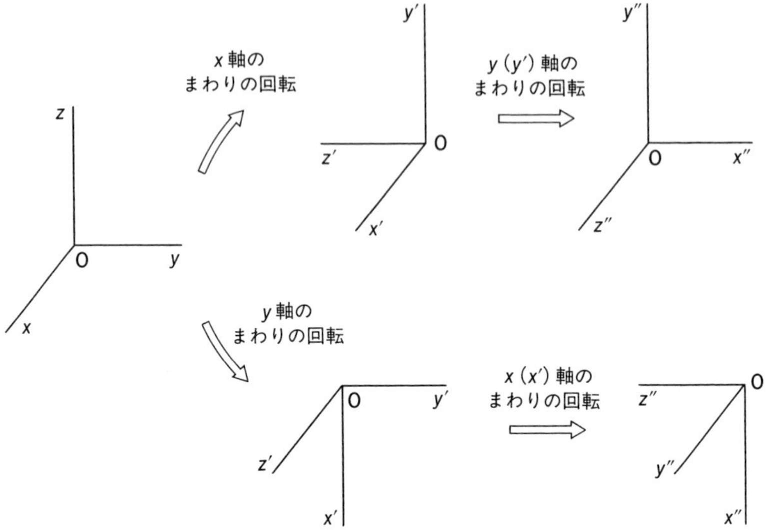

［5］ $l=k$ のとき

$$\sum_{j=1}^{3} a_{kj}a_{lj} = a_{k1}^{2}+a_{k2}^{2}+a_{k3}^{2} = 1$$

となるから $k=1, 2, 3$ のいずれかをとると，(1. 25) の左の 3 式を得る．$l \neq k$ のとき，たとえば $k=1$, $l=2$ を選ぶと

$$\sum_{j=1}^{3} a_{kj}a_{lj} = a_{11}a_{21}+a_{12}a_{22}+a_{13}a_{23} = 0$$

となり，(1. 25) の右の第 1 式を確かめることができる．$k=2$, $l=3$ と $k=3$, $l=1$ から (1. 25) の右の第 2, 3 式を導くことができる.

(1.26)についても同様.

[6]　3つのベクトルによって作られる正立方体の体積が $[\boldsymbol{i}, \boldsymbol{j}, \boldsymbol{k}]$ によって与えられることは，スカラー 3 重積の定義から明らかである．また，$[\boldsymbol{i}, \boldsymbol{j}, \boldsymbol{k}]$ はスカラー 3 重積の行列式表示(問題 1-5[1])と(1.24)から

$$[\boldsymbol{i}, \boldsymbol{j}, \boldsymbol{k}] = \begin{vmatrix} a_{11} & a_{21} & a_{31} \\ a_{12} & a_{22} & a_{32} \\ a_{13} & a_{23} & a_{33} \end{vmatrix} = a_{11}a_{22}a_{33} + a_{21}a_{32}a_{13} + a_{31}a_{12}a_{23} - a_{11}a_{32}a_{23} - a_{21}a_{12}a_{33} - a_{31}a_{22}a_{13}$$

$$= \begin{vmatrix} a_{11} & a_{12} & a_{13} \\ a_{21} & a_{22} & a_{23} \\ a_{31} & a_{32} & a_{33} \end{vmatrix}$$

となり

$$[\boldsymbol{i}, \boldsymbol{j}, \boldsymbol{k}] = \begin{vmatrix} a_{11} & a_{12} & a_{13} \\ a_{21} & a_{22} & a_{23} \\ a_{31} & a_{32} & a_{33} \end{vmatrix} \quad \text{または} \quad [\boldsymbol{i}, \boldsymbol{j}, \boldsymbol{k}] = \begin{vmatrix} a_{11} & a_{21} & a_{31} \\ a_{12} & a_{22} & a_{32} \\ a_{13} & a_{23} & a_{33} \end{vmatrix}$$

が得られる.

第 2 章

問題 2-1

[1]　$\boldsymbol{r} = (a\cos\theta, a\sin\theta)$，$\boldsymbol{v} = (-a\omega\sin\theta, a\omega\cos\theta)$，$\boldsymbol{\alpha} = (-a\omega^2\cos\theta, -a\omega^2\sin\theta)$ を用いて

$$r = |\boldsymbol{r}| = \sqrt{a^2\cos^2\theta + a^2\sin^2\theta} = a$$

$$v = |\boldsymbol{v}| = a\omega, \qquad \alpha = |\boldsymbol{\alpha}| = a\omega^2$$

が得られる．質点の回転半径は a，速さは $a\omega$，加速度の大きさは $a\omega^2$ である．速さを v とすると，加速度の大きさは $a\omega^2 = v^2/a$ あるいは $a\omega^2 = v\omega$ によって与えられる.

[2]　$\boldsymbol{r} = (a\cos\theta, a\sin\theta)$，$\boldsymbol{\alpha} = (-a\omega^2\cos\theta, -a\omega^2\sin\theta) = (-\omega^2 x, -\omega^2 y)$ から，$\boldsymbol{\alpha} = -\omega^2\boldsymbol{r}$ を得る．物体にはたらく力 $\boldsymbol{F} = m\boldsymbol{\alpha} = -m\omega^2\boldsymbol{r}$ により，力 $\boldsymbol{F}$ と位置ベクトル $\boldsymbol{r}$ は向きが逆であり，たがいに反平行である.

[3]　微小変位 $d\boldsymbol{r}$ は速度の定義(例題 2.2)から $\boldsymbol{v}dt$ によって与えられる．$dW = \boldsymbol{F}\cdot d\boldsymbol{r} = \boldsymbol{F}\cdot\boldsymbol{v}dt$ に問題[1]の $\boldsymbol{F}$ と $\boldsymbol{v}$ を代入すると

$$dW = (-a\omega^2\cos\theta\boldsymbol{i} - a\omega^2\sin\theta\boldsymbol{j})\cdot(-a\omega\sin\theta\boldsymbol{i} + a\omega\cos\theta\boldsymbol{j})dt$$

$$= (a\omega^3\cos\theta\sin\theta - a\omega^3\sin\theta\cos\theta)dt = 0$$

となるから，円運動において求心力のする仕事は0である．これは，例題2.2で力に比例する加速度ベクトル$\boldsymbol{\alpha}$と速度ベクトル$\boldsymbol{v}$が直交していることからも理解できる．

［4］ 速度ベクトルを$\boldsymbol{v}$，加速度ベクトルを$\boldsymbol{\alpha}$とすると

$$\boldsymbol{v} = \frac{d\boldsymbol{r}}{dt} = \begin{pmatrix} a \\ b \\ c-gt \end{pmatrix}, \qquad \boldsymbol{\alpha} = \frac{d\boldsymbol{v}}{dt} = \begin{pmatrix} 0 \\ 0 \\ -g \end{pmatrix}$$

となる．ベクトル$\boldsymbol{r}$と$\boldsymbol{v}$の表現において$t=0$とおくと，

$$\boldsymbol{r}(t=0) = \begin{pmatrix} x_0 \\ y_0 \\ z_0 \end{pmatrix}, \qquad \boldsymbol{v}(t=0) = \begin{pmatrix} a \\ b \\ c \end{pmatrix}$$

であるから，x_0, y_0, z_0は$t=0$における位置のx, y, z成分，a, b, cは$t=0$における初期速度のx, y, z成分である．

力$\boldsymbol{F}$は$m\boldsymbol{\alpha}$によって与えられるから，力は$-z$方向を向き，その大きさはmgである．この運動は重力場(重力加速度は$-z$方向)における質点の運動を表わしている．

問題 2-2

［1］ 運動方程式は

$$m\frac{d}{dt}\begin{pmatrix} v_x \\ v_y \\ v_z \end{pmatrix} = -a\begin{pmatrix} v_x \\ v_y \\ v_z \end{pmatrix} + m\begin{pmatrix} 0 \\ 0 \\ -g \end{pmatrix}$$

である．このx成分は

$$m\frac{dv_x}{dt} = -av_x$$

となるが，この微分方程式はすでに例題2.4で解いている．$t=0$における位置を0とすると，その解は

$$v_x = v_x(0)e^{-at/m}, \qquad x = \frac{m}{a}v_x(0)(1-e^{-at/m})$$

によって与えられる．y成分についても同様にして

$$v_y = v_y(0)e^{-at/m}, \qquad y = \frac{m}{a}v_y(0)(1-e^{-at/m})$$

が得られる．z成分の運動方程式は他の成分とは異なり

$$m\frac{dv_z}{dt} = -av_z - mg \tag{1}$$

という線形非同次(非斉次)微分方程式によって表わされる．この方程式も例題2.4と同

様に変数分離法によって解くことができる．与えられた式を

$$\frac{dv_z}{v_z+\dfrac{mg}{a}} = -\frac{a}{m}dt$$

と変形し積分すると

$$\log\left|v_z+\frac{mg}{a}\right| = -\frac{a}{m}t+c_1 \qquad (c_1\text{ は積分定数})$$

となるから

$$v_z = -\frac{mg}{a}+Ae^{-at/m} \qquad (A=e^{c_1})$$

を得る．$t=0$ で $v_z=v_z(0)$ より $A=mg/a+v_z(0)$ となり

$$v_z = \frac{mg}{a}(e^{-at/m}-1)+v_z(0)e^{-at/m}$$

これを積分して位置 z は

$$z = \left(-\frac{m^2g}{a^2}-\frac{mv_z(0)}{a}\right)(e^{-at/m}-1)-\frac{mg}{a}t$$

となる．ここで $t=0$ の位置 z は 0 と仮定した．

以上により，速度ベクトル $\boldsymbol{v}$ と位置ベクトル $\boldsymbol{r}$ の成分をすべて求めることができた．

［線形非同次微分方程式の解法］ (1) の解は，右辺の v_z を含まない非同次項$(-mg)$を落とした線形同次微分方程式

$$m\frac{dv_z}{dt} = -av_z$$

の解と(1)を満足する解(**特解**という)の和によって与えられる．線形同次微分方程式の解は例題 2.4 ですでに求めている．それは A を定数として

$$v_z = Ae^{-at/m}$$

である．(1)の特解は $v_z=-mg/a$ である．実際，これを(1)に代入して解であることが容易に確かめられる．(1)のように非同次項が定数のときに特解を求めるには，時間微分の項を無視して v_z について解けばよい．それが，$v_z=-mg/a$ である．ただし，非同次項が定数でなく時間の関数のときには，この方法で特解を求めることはできないことに注意しよう．

以上により(1)の解は

$$v_z = Ae^{-at/m}-mg/a$$

となる．初期条件から A を決めればよい．

[2] $t\to\infty$ では $e^{-at/m}\to 0$ となるから

$$v_x = 0, \quad v_y = 0, \quad v_z = -mg/a$$

を得る．$v_z=-mg/a$ は，摩擦力 $-av_z$ と重力 $-mg$ の釣り合いによって決まる**終端速度**である．

問題 2–3

［1］ $\boldsymbol{A}=(A_x, A_y, A_z)$，$\boldsymbol{B}=(B_x, B_y, B_z)$ とすると，$\boldsymbol{A}\cdot\boldsymbol{B}=A_xB_x+A_yB_y+A_zB_z$ である．したがって

$$\begin{aligned}\frac{d}{dt}(\boldsymbol{A}\cdot\boldsymbol{B}) &= \frac{dA_x}{dt}B_x+\frac{dA_y}{dt}B_y+\frac{dA_z}{dt}B_z+A_x\frac{dB_x}{dt}+A_y\frac{dB_y}{dt}+A_z\frac{dB_z}{dt}\\ &= \frac{d\boldsymbol{A}}{dt}\cdot\boldsymbol{B}+\boldsymbol{A}\cdot\frac{d\boldsymbol{B}}{dt}\end{aligned}$$

$\boldsymbol{A}\times\boldsymbol{B}$ の x 成分を $(\boldsymbol{A}\times\boldsymbol{B})_x$ と書くと，$(\boldsymbol{A}\times\boldsymbol{B})_x=A_yB_z-A_zB_y$ となるから

$$\begin{aligned}\frac{d}{dt}(\boldsymbol{A}\times\boldsymbol{B})_x &= \frac{dA_y}{dt}B_z-\frac{dA_z}{dt}B_y+A_y\frac{dB_z}{dt}-A_z\frac{dB_y}{dt}\\ &= \left(\frac{d\boldsymbol{A}}{dt}\times\boldsymbol{B}\right)_x+\left(\boldsymbol{A}\times\frac{d\boldsymbol{B}}{dt}\right)_x\end{aligned}$$

が得られる．他の成分についても同様．単位ベクトルは定ベクトルであるから，その時間微分は 0 である．以上よりベクトル積の微分公式が証明された．

［別解］ ベクトル積の行列表示

$$\boldsymbol{A}\times\boldsymbol{B} = \begin{vmatrix} \boldsymbol{i} & \boldsymbol{j} & \boldsymbol{k} \\ A_x & A_y & A_z \\ B_x & B_y & B_z \end{vmatrix}$$

の微分は，各行ごとの微分の和で与えられる．単位ベクトルは定ベクトルであることに注意すると

$$\begin{aligned}\frac{d}{dt}(\boldsymbol{A}\times\boldsymbol{B}) &= \begin{vmatrix} \boldsymbol{i} & \boldsymbol{j} & \boldsymbol{k} \\ \dfrac{dA_x}{dt} & \dfrac{dA_y}{dt} & \dfrac{dA_z}{dt} \\ B_x & B_y & B_z \end{vmatrix} + \begin{vmatrix} \boldsymbol{i} & \boldsymbol{j} & \boldsymbol{k} \\ A_x & A_y & A_z \\ \dfrac{dB_x}{dt} & \dfrac{dB_y}{dt} & \dfrac{dB_z}{dt} \end{vmatrix}\\ &= \frac{d\boldsymbol{A}}{dt}\times\boldsymbol{B}+\boldsymbol{A}\times\frac{d\boldsymbol{B}}{dt}\end{aligned}$$

を得る．スカラー 3 重積の微分公式(2.11)も同様に証明できる．

［2］ ベクトル $\boldsymbol{A}$ を $\boldsymbol{A}=A(t)\boldsymbol{e}(t)$ と書く．$\boldsymbol{e}(t)$ は $\boldsymbol{A}$ の方向を向いた単位ベクトルである．$\boldsymbol{e}'=d\boldsymbol{e}/dt$ のように時間微分をプライム($'$)で表わすと

$$\boldsymbol{A}' = A'(t)\boldsymbol{e}(t) + A(t)\boldsymbol{e}'(t)$$
$$\boldsymbol{A}\times\boldsymbol{A}' = A(t)A'(t)\boldsymbol{e}(t)\times\boldsymbol{e}(t) + A^2(t)\boldsymbol{e}(t)\times\boldsymbol{e}'(t)$$

となる．最後の式では，右辺第 1 項は同じベクトルどうしのベクトル積であるから消える．したがって，$\boldsymbol{A}\times\boldsymbol{A}'=0$ から $\boldsymbol{e}(t)\times\boldsymbol{e}'(t)=0$ が導かれる．$A^2(t)\neq 0$ だからである．一方，$\boldsymbol{e}(t)$ は単位ベクトルであるから $\boldsymbol{e}(t)\cdot\boldsymbol{e}(t)=1$ を満たす．これを時間で微分して $2\boldsymbol{e}(t)\cdot\boldsymbol{e}'(t)=0$ を得る．以上より，$\boldsymbol{e}'(t)$ は

$$\boldsymbol{e}(t)\times\boldsymbol{e}'(t) = 0, \qquad \boldsymbol{e}(t)\cdot\boldsymbol{e}'(t) = 0$$

を同時に満たさなければならない．前者は $\boldsymbol{e}'(t)$ が $\boldsymbol{e}(t)$ と平行であることを要求し，後者は垂直であることを述べている．これを同時に満足するには $\boldsymbol{e}'(t)=0$ でなければならない．つまり $\boldsymbol{e}(t)$ は方向が一定である．$\boldsymbol{A}$ の向きは時間によらず一定である．

［3］ 前問と同様に時間微分をプライムで表わすと

$$\frac{d}{dt}\left[\boldsymbol{A}, \frac{d\boldsymbol{A}}{dt}, \frac{d^2\boldsymbol{A}}{dt^2}\right] = \frac{d}{dt}\begin{vmatrix} A_x & A_y & A_z \\ A_x' & A_y' & A_z' \\ A_x'' & A_y'' & A_z'' \end{vmatrix}$$
$$= \begin{vmatrix} A_x' & A_y' & A_z' \\ A_x' & A_y' & A_z' \\ A_x'' & A_y'' & A_z'' \end{vmatrix} + \begin{vmatrix} A_x & A_y & A_z \\ A_x'' & A_y'' & A_z'' \\ A_x'' & A_y'' & A_z'' \end{vmatrix} + \begin{vmatrix} A_x & A_y & A_z \\ A_x' & A_y' & A_z' \\ A_x''' & A_y''' & A_z''' \end{vmatrix}$$

となる．2 つの行(または列)の成分が等しい行列式の値は 0 であるから，最後の式の第 1 項と第 2 項は 0 となり，次式が導かれる．

$$\frac{d}{dt}\left[\boldsymbol{A}, \frac{d\boldsymbol{A}}{dt}, \frac{d^2\boldsymbol{A}}{dt^2}\right] = \left[\boldsymbol{A}, \frac{d\boldsymbol{A}}{dt}, \frac{d^3\boldsymbol{A}}{dt^3}\right]$$

問題 2-4

［1］ (1)を微分すれば $\boldsymbol{i}'\cdot d\boldsymbol{i}' + d\boldsymbol{i}'\cdot\boldsymbol{i}' = 2\boldsymbol{i}'\cdot d\boldsymbol{i}' = 0$ などを得る．これに(2.12)を代入すると

$$\boldsymbol{i}'\cdot d\boldsymbol{i}' = c_{11}\boldsymbol{i}'\cdot\boldsymbol{i}' + c_{12}\boldsymbol{i}'\cdot\boldsymbol{j}' + c_{13}\boldsymbol{i}'\cdot\boldsymbol{k}' = c_{11} = 0$$

を得る．ほかの式 $\boldsymbol{j}'\cdot d\boldsymbol{j}'=0$，$\boldsymbol{k}'\cdot d\boldsymbol{k}'=0$ から，$c_{22}=0$，$c_{33}=0$ が求められる．

(2)の微分は $d\boldsymbol{i}'\cdot\boldsymbol{j}' + \boldsymbol{i}'\cdot d\boldsymbol{j}'=0$ などを与える．これに(2.12)を用いると

$$d\boldsymbol{i}'\cdot\boldsymbol{j}' + \boldsymbol{i}'\cdot d\boldsymbol{j}' = c_{12}+c_{21} = 0$$

を得る．同様に，$d\boldsymbol{j}'\cdot\boldsymbol{k}' + \boldsymbol{j}'\cdot d\boldsymbol{k}'=0$，$d\boldsymbol{k}'\cdot\boldsymbol{i}' + \boldsymbol{k}'\cdot d\boldsymbol{i}'=0$ からは $c_{23}+c_{32}=0$，$c_{31}+c_{13}=0$ が求められる．

以上から(2.13)が成り立つことがわかる．

［2］ $x:y:z=c_1:c_2:c_3$ の関係があるとき，定数 a を用いると $x=ac_1$，$y=ac_2$，$z=ac_3$

と書くことができるから，例題 2.7(2) は

$$dx = c_2z-c_3y = a(c_2c_3-c_3c_2) = 0$$

となる．同様に，$dy=0$，$dz=0$ である．つまり $x:y:z=c_1:c_2:c_3$ で決まる直線上の点は S 系から見て動かない．したがって，物体の回転は方向余弦の比が $c_1:c_2:c_3$ に等しい直線を軸として微小回転をしていることになる．この直線が回転軸である．

［**3**］ 例題 2.7(2) を dt で割り，$\omega_1=c_1/dt$ などを用いると

$$\frac{dx}{dt} = \omega_2z-\omega_3y, \qquad \frac{dy}{dt} = \omega_3x-\omega_1z, \qquad \frac{dz}{dt} = \omega_1y-\omega_2x$$

を得る．これは

$$\frac{d\boldsymbol{r}}{dt} = \begin{vmatrix} \boldsymbol{i} & \boldsymbol{j} & \boldsymbol{k} \\ \omega_1 & \omega_2 & \omega_3 \\ x & y & z \end{vmatrix} = \boldsymbol{i}(\omega_2z-\omega_3y)+\boldsymbol{j}(\omega_3x-\omega_1z)+\boldsymbol{k}(\omega_1y-\omega_2x)$$

の 3 成分である．

［**4**］ 第 1 式を時間 t で微分し，dy/dt に第 2 式を用いると

$$\frac{d^2x}{dt^2} = -\omega^2x$$

を得る．これは単振動の微分方程式であるから，解は

$$x = a_1\cos\omega t+a_2\sin\omega t$$

と書くことができる．この x を第 1 式に代入して

$$y = a_1\sin\omega t-a_2\cos\omega t$$

が得られる．$t=0$ で $x=a$，$y=0$ を仮定すると

$$x = a\cos\omega t, \qquad y = a\sin\omega t$$

と書くこともできる．

上の解き方では，1 階微分方程式を 2 階微分方程式に書き改めたが，1 階微分方程式のままで解くこともできる．第 2 式に虚数単位の i を掛け，第 1 式との和をとる．

$$\frac{dx}{dt}+i\frac{dy}{dt} = \omega(-y+ix) = i\omega(x+iy)$$

これは $x+iy$ を従属変数とする 1 階の微分方程式である．したがってその解は a を任意の複素数として

$$x+iy = ae^{i\omega t}$$

である．簡単のために a を実数とし，右辺にオイラーの定理 $e^{i\theta} = \cos\theta+i\sin\theta$ を用いると

$$x = a\cos\omega t, \qquad y = a\sin\omega t$$

を得る．

第3章

問題 3-1

[1] 点 (x_0, y_0) を通り，x 軸となす角が θ の直線を表わす．s は直線の長さである．$\boldsymbol{r}=(x_0+s\cos\theta, y_0+s\sin\theta)$ のとき

$$\boldsymbol{t} = \frac{d\boldsymbol{r}}{ds} = (\cos\theta, \sin\theta)$$

[2] 求める直線の接線ベクトルを $\boldsymbol{t}=(l, m)$ とする．2つの接線 $(\cos\theta, \sin\theta)$, (l, m) は垂直に交わるから

$$l\cos\theta+m\sin\theta = 0$$

l と m は $l^2+m^2=1$ を満足しなければならない．これら2式から

$$l = \sin\theta,\quad m = -\cos\theta,\qquad \text{または}\qquad l = -\sin\theta,\quad m = \cos\theta$$

を得る．求める直線の方程式は

$$x = x_0\mp s\sin\theta,\qquad y = y_0\pm s\cos\theta\qquad (\text{複号同順})$$

[3] $y = \dfrac{b}{a}\sqrt{a^2-x^2}\qquad (y>0)$

$$\frac{dy}{dx} = -\frac{b}{a}\frac{x}{(a^2-x^2)^{1/2}},\qquad \frac{d^2y}{dx^2} = -\frac{b}{a}\frac{a^2}{(a^2-x^2)^{3/2}}$$

$$\frac{1}{\rho} = \frac{y''}{\sqrt{1+y'^2}} = -\frac{ab}{\left(a^2-x^2+\dfrac{b^2}{a^2}x^2\right)^{3/2}}$$

$a=b$ のとき

$$\frac{1}{\rho} = -\frac{1}{a},\qquad |\rho| = a$$

[4] $y = a\sin x,\ y' = a\cos x,\ y'' = -a\sin x$

$$\frac{1}{\rho} = \frac{-a\sin x}{(1+a^2\cos^2 x)^{3/2}}$$

$$|\rho| = \frac{(1+a^2\cos^2 x)^{3/2}}{a|\sin x|}$$

曲率半径 $|\rho|$ の分母 $a|\sin x|$ が最大値 a をとる $x=\pi/2+n\pi$ のとき，分子の $\cos^2 x$ は 0 であるから，$|\rho|$ の最小値は a^{-1}．分母 $a|\sin x|$ が最小値 0 をとる $x=n\pi$ のとき，分子は最大値 $1+a^2$．$|\rho|$ の最大値は ∞ である．

問題 3–2

[1] $\varphi=\varphi_0=$一定 であるから

$$\boldsymbol{r}=(a\sin\theta\cos\varphi_0,\ a\sin\theta\sin\varphi_0,\ a\cos\theta)$$

ここで弧長 s は $s=a\theta$ である．

$$\boldsymbol{t}=\frac{d\boldsymbol{r}}{ds}=\frac{d\boldsymbol{r}}{d\theta}\frac{d\theta}{ds}=(\cos\theta\cos\varphi_0,\ \cos\theta\sin\varphi_0,\ -\sin\theta)$$

$$\frac{\boldsymbol{n}}{\rho}=\frac{d\boldsymbol{t}}{ds}=\frac{d\boldsymbol{t}}{d\theta}\frac{d\theta}{ds}=\left(-\frac{1}{a}\sin\theta\cos\varphi_0,\ -\frac{1}{a}\sin\theta\sin\varphi_0,\ -\frac{1}{a}\cos\theta\right)$$

$$=-\frac{\boldsymbol{r}}{a^2}$$

$|\boldsymbol{r}|=a$ より，$\rho=a$，$\boldsymbol{n}=-\boldsymbol{r}/a$.

$$\boldsymbol{b}=\boldsymbol{t}\times\boldsymbol{n}=\begin{vmatrix}\boldsymbol{i} & \boldsymbol{j} & \boldsymbol{k}\\ \cos\theta\cos\varphi_0 & \cos\theta\sin\varphi_0 & -\sin\theta\\ -\sin\theta\cos\varphi_0 & -\sin\theta\sin\varphi_0 & -\cos\theta\end{vmatrix}=-\boldsymbol{i}\sin\varphi_0+\boldsymbol{j}\cos\varphi_0$$

$$\frac{d\boldsymbol{b}}{ds}=0 \qquad \therefore\quad \tau=0$$

[2]

$$\boldsymbol{r}(s)=\boldsymbol{i}a\cos\frac{s}{a}+\boldsymbol{j}a\sin\frac{s}{a}$$

$$\boldsymbol{t}=\frac{d\boldsymbol{r}}{ds}=-\boldsymbol{i}\sin\frac{s}{a}+\boldsymbol{j}\cos\frac{s}{a}$$

$$\frac{d\boldsymbol{t}}{ds}=-\frac{1}{a}\boldsymbol{i}\cos\frac{s}{a}-\frac{1}{a}\boldsymbol{j}\sin\frac{s}{a}=-\frac{\boldsymbol{r}}{a^2}$$

$$\frac{1}{\rho}=\left|\frac{d\boldsymbol{t}}{ds}\right|=\frac{1}{a},\qquad \boldsymbol{n}=\rho\frac{d\boldsymbol{t}}{ds}=-\frac{\boldsymbol{r}}{a}$$

$$\boldsymbol{b}=\boldsymbol{t}\times\boldsymbol{n}=\begin{vmatrix}\boldsymbol{i} & \boldsymbol{j} & \boldsymbol{k}\\ -\sin\frac{s}{a} & \cos\frac{s}{a} & 0\\ -\cos\frac{s}{a} & -\sin\frac{s}{a} & 0\end{vmatrix}=\boldsymbol{k}$$

$$\frac{d\boldsymbol{b}}{ds}=0 \qquad \therefore\quad \tau=0$$

[3] $\boldsymbol{n}\cdot\boldsymbol{n}=1$ の両辺を s で微分して $\boldsymbol{n}\cdot(d\boldsymbol{n}/ds)=0$. $d\boldsymbol{n}/ds$ は $\boldsymbol{n}$ と直交する. $\boldsymbol{n}=\boldsymbol{b}\times\boldsymbol{t}$ を s で微分すると

$$\frac{d\boldsymbol{n}}{ds} = \frac{d\boldsymbol{b}}{ds}\times\boldsymbol{t}+\boldsymbol{b}\times\frac{d\boldsymbol{t}}{ds} = (-\tau\boldsymbol{n})\times\boldsymbol{t}+\boldsymbol{b}\times\left(\frac{1}{\rho}\boldsymbol{n}\right)$$

$\boldsymbol{n}\times\boldsymbol{t}=-\boldsymbol{b}$，$\boldsymbol{b}\times\boldsymbol{n}=-\boldsymbol{t}$ を用いると

$$\frac{d\boldsymbol{n}}{ds} = \tau\boldsymbol{b}-\frac{1}{\rho}\boldsymbol{t}$$

これは確かに $\boldsymbol{n}$ と直交している．

［4］ ダルブーベクトル $\boldsymbol{\omega}=\tau\boldsymbol{t}+\dfrac{1}{\rho}\boldsymbol{b}$ を用いると

$$\boldsymbol{\omega}\times\boldsymbol{t} = \tau\boldsymbol{t}\times\boldsymbol{t}+\frac{1}{\rho}\boldsymbol{b}\times\boldsymbol{t} = \frac{1}{\rho}\boldsymbol{n} \qquad \therefore\quad \frac{d\boldsymbol{t}}{ds} = \boldsymbol{\omega}\times\boldsymbol{t}$$

$$\boldsymbol{\omega}\times\boldsymbol{b} = \tau\boldsymbol{t}\times\boldsymbol{b}+\frac{1}{\rho}\boldsymbol{b}\times\boldsymbol{b} = -\tau\boldsymbol{n} \qquad \therefore\quad \frac{d\boldsymbol{b}}{ds} = \boldsymbol{\omega}\times\boldsymbol{b}$$

$$\boldsymbol{\omega}\times\boldsymbol{n} = \tau\boldsymbol{t}\times\boldsymbol{n}+\frac{1}{\rho}\boldsymbol{b}\times\boldsymbol{n} = \tau\boldsymbol{b}-\frac{1}{\rho}\boldsymbol{t} \qquad \therefore\quad \frac{d\boldsymbol{n}}{ds} = \boldsymbol{\omega}\times\boldsymbol{n}$$

［5］ 直線に対して $\boldsymbol{t}$ は定ベクトルである(たとえば，問題3-1[1]を見よ)．一般に

$$\frac{d\boldsymbol{t}}{ds} = \frac{1}{\rho}\boldsymbol{n}$$

である．直線ならばこの式で左辺は0であるから，$\boldsymbol{n}\neq 0$ に対して $1/\rho=0$ となる(必要条件)．逆に，$1/\rho=0$ のとき $d\boldsymbol{t}/ds=0$ であるから $\boldsymbol{t}$ は定ベクトルとなり，直線となる(十分条件)．

［6］ $$ds = \sqrt{\left(\frac{dx}{dt}\right)^2+\left(\frac{dy}{dt}\right)^2+\left(\frac{dz}{dt}\right)^2}\,dt = \sqrt{a^2(\cos^2\theta+\sin^2\theta)+c^2}\,dt$$
$$= \sqrt{a^2+c^2}\,dt$$

$\boldsymbol{t}=\dfrac{d\boldsymbol{r}}{ds}=\dfrac{d\boldsymbol{r}}{dt}\dfrac{dt}{ds}$ を成分で書くと，$\boldsymbol{t}=(t_x, t_y, t_z)$ として

$$t_x = \frac{dx}{ds} = \frac{dx}{dt}\frac{dt}{ds} = \frac{-a\sin t}{\sqrt{a^2+c^2}}, \qquad t_y = \frac{a\cos t}{\sqrt{a^2+c^2}}, \qquad t_z = \frac{c}{\sqrt{a^2+c^2}}$$

$$\boldsymbol{t} = \frac{1}{\sqrt{a^2+c^2}}(-a\sin t,\ a\cos t,\ c)$$

$\dfrac{d\boldsymbol{t}}{ds}=\dfrac{d\boldsymbol{t}}{dt}\dfrac{dt}{ds}$ を成分で書く．$\dfrac{d\boldsymbol{t}}{ds}=\left(\dfrac{dt_x}{ds}, \dfrac{dt_y}{ds}, \dfrac{dt_z}{ds}\right)$

$$\frac{dt_x}{ds} = \frac{dt_x}{dt}\frac{dt}{ds} = \frac{-a\cos t}{a^2+c^2}, \qquad \frac{dt_y}{ds} = \frac{-a\sin t}{a^2+c^2}, \qquad \frac{dt_z}{ds} = 0$$

$\dfrac{d\boldsymbol{t}}{ds}=\dfrac{1}{\rho}\boldsymbol{n}$ より $\rho=\left|\dfrac{d\boldsymbol{t}}{ds}\right|=\dfrac{a}{a^2+c^2}$．したがって主法線ベクトル $\boldsymbol{n}$ は

$$\boldsymbol{n} = (-\cos t,\ -\sin t, 0)$$

となり，xy 平面と平行で z 軸を向いている．

$$\boldsymbol{b} = (b_x,\ b_y,\ b_z)$$
$$= \boldsymbol{t}\times\boldsymbol{n} = (t_y n_z - t_z n_y,\ t_z n_x - t_x n_z,\ t_x n_y - t_y n_x)$$

$$b_x = \frac{c\sin t}{\sqrt{a^2+c^2}}, \qquad b_y = \frac{-c\cos t}{\sqrt{a^2+c^2}},$$

$$b_z = \frac{a}{\sqrt{a^2+c^2}}$$

ねじれ率を求めるには $d\boldsymbol{b}/ds$ を計算する．

$$\frac{db_x}{ds} = \frac{db_x}{dt}\frac{dt}{ds} = \frac{c\cos t}{a^2+c^2},$$

$$\frac{db_y}{ds} = \frac{c\sin t}{a^2+c^2}, \qquad \frac{db_z}{ds} = 0$$

これと $d\boldsymbol{b}/ds = -\tau\boldsymbol{n}$ を比較して

$$\tau = \frac{c}{a^2+c^2}$$

ベクトル $\boldsymbol{t}, \boldsymbol{n}$ を図に示す．

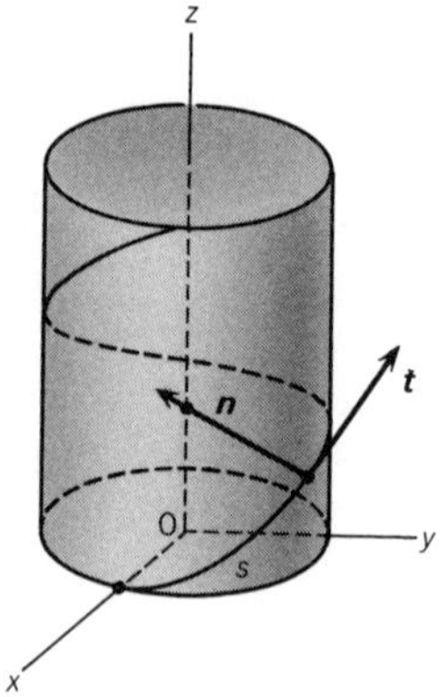

第4章

問題 4-1

[1] $z = z_0 =$ 一定 の切り口は楕円であり，z 軸を含む平面(たとえば，xz 平面や yz 平面)の切り口は双曲線を与える(図)．$(x/a)^2$ と $(y/b)^2$ の和を作ると

$$\frac{x^2}{a^2}+\frac{y^2}{b^2} = \cosh^2 u$$

これから $(z/c)^2$ を引き，$\cosh^2 u - \sinh^2 u = 1$ を用いると，与えられた1葉双曲面の式が得られる．

[2] $z^2 \geqq c^2$ を満足する $z =$ 一定 の切り口は楕円を与える．$z^2 < c^2$ のとき，与えられた式を満足する実数 x, y はない．z 軸を含む平面による切り口は双曲線となる(図)．

$$\frac{x^2}{a^2}+\frac{y^2}{b^2}-\frac{z^2}{c^2} = \sinh^2 u - \cosh^2 u = -1$$

よりはじめの式が得られる．

[3] $z =$ 一定 の切り口は双曲線であり，$x =$ 一定 の切り口は下に開いた放物線，$y =$ 一定 の切り口は上に開いた放物線を与える(図)．

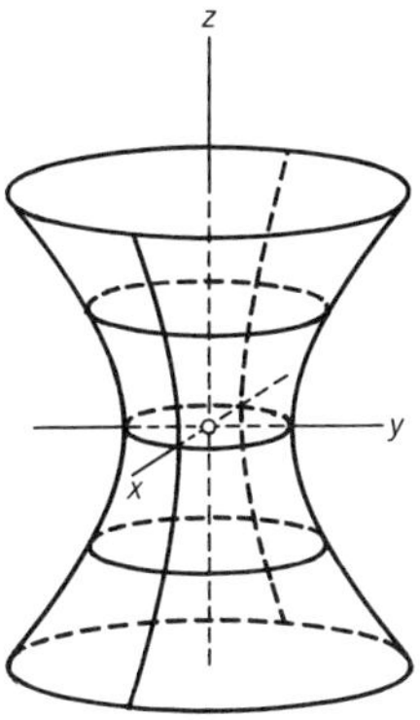

[1] 1 葉双曲面

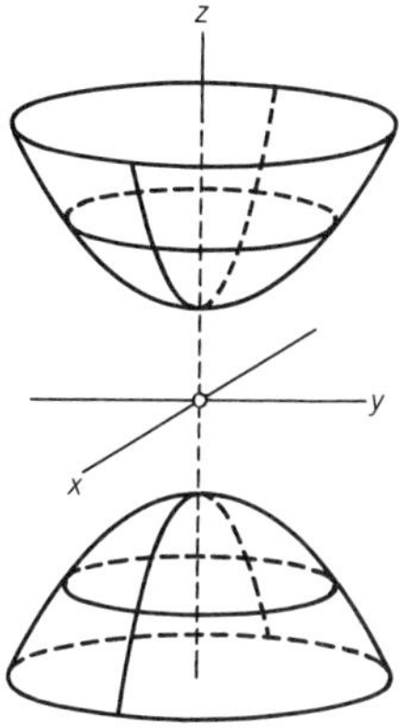

[2] 2 葉双曲面

$$\left(\frac{x}{a}\right)^2-\left(\frac{y}{b}\right)^2 = u^2 = z$$

[4]　$z=h$ では半径 a の円，$z=2h$ では半径 $2a$ の円であるから，図の円錐面が得られる．楕円錐面では z=一定 の切り口は楕円となる．

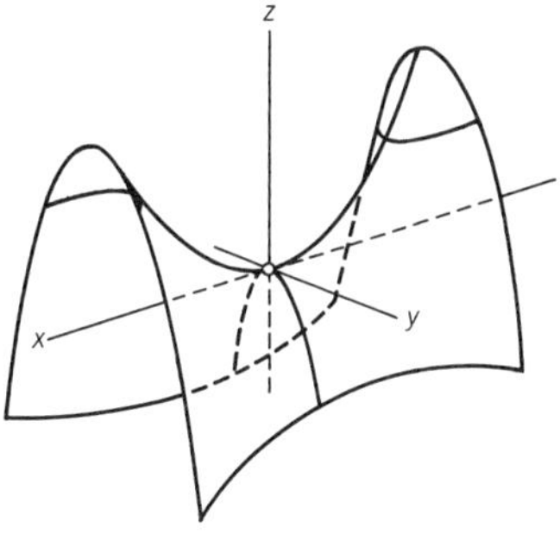

[3] 双曲放物面

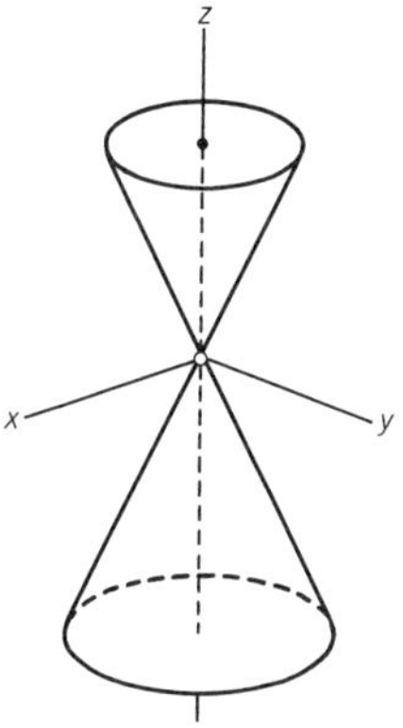

[4] 円錐面

[5]　z 軸からの距離 ρ は z 軸の座標によらず，xy 平面で x 軸から測った角 φ のみに依存するから，$\rho=\rho(\varphi)$.

[6]　z 軸からの距離 ρ は角 φ によらず，z 軸の座標にのみ関係するので，$\rho=\rho(z)$.

問題 4–2

[1] $\boldsymbol{r}_x=(1,0,p),\quad \boldsymbol{r}_y=(0,1,q),\quad p=\partial z/\partial x,\quad q=\partial z/\partial y$

$$E=\boldsymbol{r}_x\cdot\boldsymbol{r}_x=1+p^2,\quad F=\boldsymbol{r}_x\cdot\boldsymbol{r}_y=pq,\quad G=\boldsymbol{r}_y\cdot\boldsymbol{r}_y=1+q^2$$

$$du=dx,\quad dv=dy$$

$$ds^2=Edx^2+2Fdxdy+Gdy^2=(1+p^2)dx^2+2pqdxdy+(1+q^2)dy^2$$

これは，すでに求めた結果と一致する．

[2] $\boldsymbol{r}=(a\sin\theta\cos\varphi,\ a\sin\theta\sin\varphi,\ a\cos\theta)$

$$\boldsymbol{r}_\theta=(a\cos\theta\cos\varphi,\ a\cos\theta\sin\varphi,\ -a\sin\theta)$$

$$\boldsymbol{r}_\varphi=(-a\sin\theta\sin\varphi,\ a\sin\theta\cos\varphi,\ 0)$$

$$E=\boldsymbol{r}_\theta\cdot\boldsymbol{r}_\theta=a^2,\quad F=\boldsymbol{r}_\theta\cdot\boldsymbol{r}_\varphi=0,\quad G=\boldsymbol{r}_\varphi\cdot\boldsymbol{r}_\varphi=a^2\sin^2\theta$$

$$ds^2=Ed\theta^2+2Fd\theta d\varphi+Gd\varphi^2=a^2d\theta^2+a^2\sin^2\theta d\varphi^2$$

$$dS=\sqrt{EG-F^2}\,d\theta d\varphi=a^2\sin\theta d\theta d\varphi$$

$$\begin{aligned}\boldsymbol{r}_\theta\times\boldsymbol{r}_\varphi&=\begin{vmatrix}\boldsymbol{i}&\boldsymbol{j}&\boldsymbol{k}\\ a\cos\theta\cos\varphi & a\cos\theta\sin\varphi & -a\sin\theta\\ -a\sin\theta\sin\varphi & a\sin\theta\cos\varphi & 0\end{vmatrix}\\&=a^2\sin^2\theta\cos\varphi\boldsymbol{i}+a^2\sin^2\theta\sin\varphi\boldsymbol{j}+a^2\sin\theta\cos\theta\boldsymbol{k}\\&=a\sin\theta\boldsymbol{r}\end{aligned}$$

$$\boldsymbol{n}=\frac{\boldsymbol{r}_\theta\times\boldsymbol{r}_\varphi}{|\boldsymbol{r}_\theta\times\boldsymbol{r}_\varphi|}=\frac{a\sin\theta\boldsymbol{r}}{a^2\sin\theta}=\frac{\boldsymbol{r}}{a}\qquad\because\quad|\boldsymbol{r}|=a$$

$$S=a^2\int_0^\pi\sin\theta d\theta\int_0^{2\pi}d\varphi=4\pi a^2$$

なお，$|\boldsymbol{r}_\theta\times\boldsymbol{r}_\varphi|=\sqrt{EG-F^2}=a^2\sin\theta$ を用いて $\boldsymbol{n}$ を求めてもよい．

[3] $\boldsymbol{r}=(u\cos v,\ u\sin v,\ f(u))$

$$\boldsymbol{r}_u=(\cos v,\ \sin v,\ f'(u)),\quad \boldsymbol{r}_v=(-u\sin v,\ u\cos v,\ 0)$$

$$E=\boldsymbol{r}_u^2=1+f'(u)^2,\quad F=\boldsymbol{r}_u\cdot\boldsymbol{r}_v=0,\quad G=\boldsymbol{r}_v^2=u^2$$

$$dS=\sqrt{EG-F^2}\,dudv=u\sqrt{1+f'(u)^2}\,dudv$$

[4] $z^2=a^2-x^2-y^2=a^2-u^2$ より，$f(u)=\sqrt{a^2-u^2}$

$$f'(u)=-\frac{u}{\sqrt{a^2-u^2}},\quad E=\frac{a^2}{a^2-u^2},\quad F=0,\quad G=u^2$$

[5] $z=\sqrt{a^2-x^2-y^2}$ をもとに $p=\partial z/\partial x$，$q=\partial z/\partial y$ を計算すると，

$$p=-\frac{x}{\sqrt{a^2-x^2-y^2}},\quad q=-\frac{y}{\sqrt{a^2-x^2-y^2}}$$

である．これを問題 4-2[1]の結果に代入して

$$E=\frac{a^2-y^2}{a^2-x^2-y^2},\quad F=\frac{xy}{a^2-x^2-y^2},\quad G=\frac{a^2-x^2}{a^2-x^2-y^2}$$

[6]　$u^2=x^2+y^2=(a+b\cos\varphi)^2$ より

$$u=\pm(a+b\cos\varphi)$$

$u>0$ より，$u=a+b\cos\varphi$ となる．$u-a=b\cos\varphi$, $z=b\sin\varphi$ より，

$$z^2+(u-a)^2=b^2,\quad u=\sqrt{x^2+y^2}$$

を得る．この式で $z=0$ とおくと $a-b\leqq u\leqq a+b$ の範囲で u は変化し，$z=b$ とおくと $u=a$ である．また $z^2>b^2$ のときこれを満たす u は存在しない．したがって，与えられた式はドーナツ型の面(トーラス)を表わす．原点からドーナツの断面の中心までの長さ(大半径)が a，ドーナツ断面の半径(小半径)が b である．

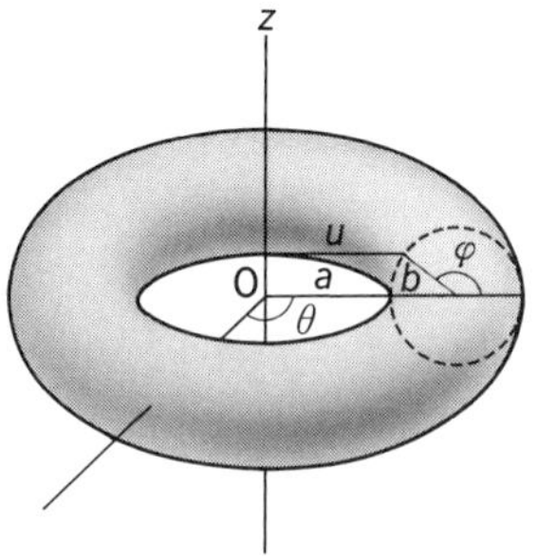

トーラス

$$\boldsymbol{r}_\theta=(-(a+b\cos\varphi)\sin\theta,\ (a+b\cos\varphi)\cos\theta,\ 0)$$
$$\boldsymbol{r}_\varphi=(-b\sin\varphi\cos\theta,\ -b\sin\varphi\sin\theta,\ b\cos\varphi)$$
$$E=\boldsymbol{r}_\theta^2=(a+b\cos\varphi)^2,\quad F=\boldsymbol{r}_\theta\cdot\boldsymbol{r}_\varphi=0,\quad G=\boldsymbol{r}_\varphi^2=b^2$$

したがって $\sqrt{EG-F^2}=b(a+b\cos\varphi)$ より

$$S=\int_0^{2\pi}d\theta\int_0^{2\pi}d\varphi b(a+b\cos\varphi)=4\pi^2ab$$

問題 4-3

[1]　問題 4-2[3]の結果から

$$\boldsymbol{r}_u\times\boldsymbol{r}_v=(-u\cos v f'(u),\ -u\sin v f'(u),\ u)$$

$$\boldsymbol{n}=\frac{\boldsymbol{r}_u\times\boldsymbol{r}_v}{|\boldsymbol{r}_u\times\boldsymbol{r}_v|}=\frac{(-\cos v f'(u),\ -\sin v f'(u),\ 1)}{\sqrt{1+f'(u)^2}}$$

$$\boldsymbol{r}_{uu}=(0,0,f''(u)),\quad \boldsymbol{r}_{uv}=(-\sin v,\cos v,0),\quad \boldsymbol{r}_{vv}=(-u\cos v,\ -u\sin v,\ 0)$$

$$L=\boldsymbol{r}_{uu}\cdot\boldsymbol{n}=\frac{f''(u)}{\sqrt{1+f'(u)^2}},\quad M=\boldsymbol{r}_{uv}\cdot\boldsymbol{n}=0,\quad N=\boldsymbol{r}_{vv}\cdot\boldsymbol{n}=\frac{uf'(u)}{\sqrt{1+f'(u)^2}}$$

ここで

$$f(u)=\sqrt{a^2-u^2},\quad f'(u)=\frac{-u}{\sqrt{a^2-u^2}},\quad 1+f'(u)^2=\frac{a^2}{a^2-u^2}$$

$$f''(u)=-\frac{1}{\sqrt{a^2-u^2}}-\frac{u^2}{(a^2-u^2)^{3/2}}=\frac{-a^2}{(a^2-u^2)^{3/2}}$$

$$L = \frac{-a}{a^2-u^2}, \qquad M = 0, \qquad N = -\frac{u^2}{a}$$

これらと問題4-2[3]の E, F, G より

$$\frac{\cos\psi}{\rho_C} = \frac{Ldu^2+2Mdudv+Ndv^2}{Edu^2+2Fdudv+Gdv^2}$$

$$= \frac{\dfrac{-a}{a^2-u^2}du^2-\dfrac{u^2}{a}dv^2}{\dfrac{a^2}{a^2-u^2}du^2+u^2dv^2} = -\frac{1}{a}$$

これは例題4.6の結果と一致する.

[2] $\boldsymbol{r}_u = \boldsymbol{r}_x = (1, 0, p), \quad \boldsymbol{r}_v = \boldsymbol{r}_y = (0, 1, q), \quad p = \partial z/\partial x, \quad q = \partial z/\partial y$

$\boldsymbol{r}_x \times \boldsymbol{r}_y = (-p, -q, 1)$

$$\boldsymbol{n} = \frac{\boldsymbol{r}_x \times \boldsymbol{r}_y}{|\boldsymbol{r}_x \times \boldsymbol{r}_y|} = \frac{(-p, -q, 1)}{\sqrt{p^2+q^2+1}}$$

$\boldsymbol{r}_{xx} = (0, 0, r), \quad \boldsymbol{r}_{xy} = (0, 0, s), \quad \boldsymbol{r}_{yy} = (0, 0, t)$

$r = \partial^2 z/\partial x^2, \quad s = \partial^2 z/\partial x\partial y, \quad t = \partial^2 z/\partial y^2$

ここで $z=\sqrt{a^2-x^2-y^2}$ を代入する. 問題4-2[5]で p, q, E, F, G はすでに求めた.

$$\boldsymbol{n} = \frac{1}{a}(x, y, \sqrt{a^2-x^2-y^2})$$

$$\boldsymbol{r}_{xx} = \frac{\partial}{\partial x}\frac{-x}{\sqrt{a^2-x^2-y^2}} = -\frac{a^2-y^2}{(a^2-x^2-y^2)^{3/2}}$$

$$\boldsymbol{r}_{xy} = \frac{\partial}{\partial y}\frac{-x}{\sqrt{a^2-x^2-y^2}} = -\frac{xy}{(a^2-x^2-y^2)^{3/2}}$$

$$\boldsymbol{r}_{yy} = \frac{\partial}{\partial y}\frac{-y}{\sqrt{a^2-x^2-y^2}} = -\frac{a^2-x^2}{(a^2-x^2-y^2)^{3/2}}$$

$$L = \boldsymbol{r}_{xx}\cdot\boldsymbol{n} = -\frac{a^2-y^2}{a(a^2-x^2-y^2)} = -\frac{E}{a}$$

$$M = \boldsymbol{r}_{xy}\cdot\boldsymbol{n} = -\frac{xy}{a(a^2-x^2-y^2)} = -\frac{F}{a}$$

$$N = \boldsymbol{r}_{yy}\cdot\boldsymbol{n} = -\frac{a^2-x^2}{a(a^2-x^2-y^2)} = -\frac{G}{a}$$

$$\frac{\cos\psi}{\rho_C} = \frac{Ldu^2+2Mdudv+Ndv^2}{Edu^2+2Fdudv+Gdv^2} = -\frac{1}{a}$$

問題 4-4

［1］ 図で曲面上の点 P の法線が z 軸を切る点を A とし，P から u 軸に平行に引いた直線が z 軸を切る点を B とする．また，P における接線が u 軸となす角を θ とすると，

$$f' = \tan\theta$$

また，角 PAB$=\theta$，$\overline{\mathrm{PB}}=u$，$\overline{\mathrm{AB}}=u/\tan\theta$ であるから

$$\overline{\mathrm{AP}}^2 = u^2\left(1+\frac{1}{f'^2}\right) = \frac{u^2(1+f'^2)}{f'^2}$$

$$\therefore\quad R_2 = \overline{\mathrm{AP}} = \frac{u\sqrt{1+f'^2}}{f'}$$

［2］ $z=\sqrt{a^2-x^2-y^2}=\sqrt{a^2-u^2}=f(u)$ であるから

$$f' = \frac{-u}{\sqrt{a^2-u^2}},\qquad f'' = \frac{-a^2}{(a^2-u^2)^{3/2}},\qquad 1+f'^2 = \frac{a^2}{a^2-u^2}$$

例題 4.8 より

$$R_1 = \frac{(1+f'^2)^{3/2}}{f''} = -a,\qquad R_2 = \frac{u(1+f'^2)^{1/2}}{f'} = -a$$

［3］ $d\boldsymbol{r}_1\cdot d\boldsymbol{r}_2 = \boldsymbol{r}_u^2 du_1 du_2+\boldsymbol{r}_u\cdot\boldsymbol{r}_v(du_1dv_2+du_2dv_1)+\boldsymbol{r}_v^2 dv_1dv_2$

これに $dv_1=k_1du_1$, $dv_2=k_2du_2$, $\boldsymbol{r}_u^2=E$, $\boldsymbol{r}_u\cdot\boldsymbol{r}_v=F$, $\boldsymbol{r}_v^2=G$ を用いると

$$d\boldsymbol{r}_1\cdot d\boldsymbol{r}_2 = (E+F(k_1+k_2)+Gk_1k_2)du_1du_2$$

となる．主方向 k_1, k_2 は (4.11) の解であるから，解と係数の関係を用い

$$k_1+k_2 = \frac{GL-EN}{GM-FN},\qquad k_1k_2 = \frac{FL-EM}{GM-FN}$$

が成り立つ．ゆえに

$$\begin{aligned} d\boldsymbol{r}_1\cdot d\boldsymbol{r}_2 &= \frac{1}{GM-FN}\{(GM-FN)E \\ &\quad +F(GL-EN)+G(FL-EM)\} \\ &= 0 \end{aligned}$$

したがって 2 つの方向 $d\boldsymbol{r}_1, d\boldsymbol{r}_2$ はたがいに直交する．この様子を図に示す．

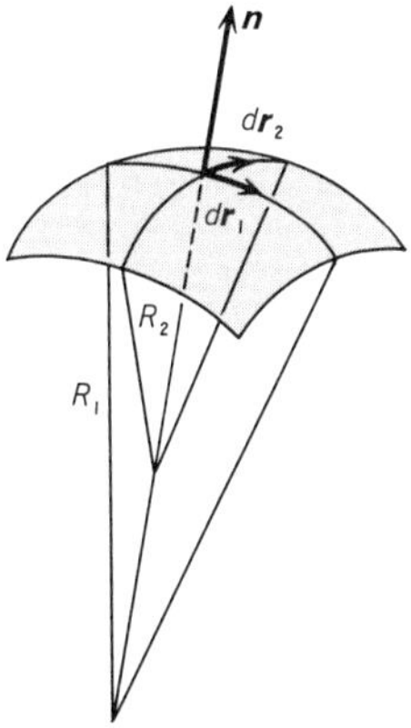

［4］ u 方向と v 方向はたがいに直交するように選んだから，$\boldsymbol{r}_u\cdot\boldsymbol{r}_v=0$，$\boldsymbol{r}_{uv}=0$ である．したがって $F=0$, $M=0$ となる．

(4.6) で $F=M=0$ とおくと，$k=0$．(4.7) を k で割った

$$\left(\frac{E}{k}+F\right)\frac{1}{R} = \frac{L}{k}+M$$

で $F=M=0$ とすると，$1/k=0$．つまり $k=\infty$ となる．

(4.5) において $k=0$，$k=\infty$ とすると次式を得る．

$$\frac{1}{R_1}=\frac{L}{E},\qquad \frac{1}{R_2}=\frac{N}{G}$$

［**5**］ u 方向と v 方向は直交するので $F=0$．例題 4.4 の (1)

$$ds^2=Edu^2+Gdv^2$$

において，u 方向の微小変化のみを考える ($dv=0$) と

$$ds^2=Edu^2,\qquad ds=\sqrt{E}\,du$$

であり，v 方向の微小変化のみを考える ($du=0$) と

$$ds^2=Gdv^2,\qquad ds=\sqrt{G}\,dv$$

となる．したがって一般の微小距離 ds と，u および v 方向の微小距離は図のようになる．図から

$$\cos\theta=\frac{\sqrt{E}\,du}{ds},\qquad \sin\theta=\frac{\sqrt{G}\,dv}{ds}$$

(4.3) で $M=0$ とおくと

$$\frac{1}{R}=\frac{Ldu^2+Ndv^2}{ds^2}=\frac{L}{E}\cos^2\theta+\frac{N}{G}\sin^2\theta$$

前問の結果より $L/E=1/R_1$，$N/G=1/R_2$．よって

$$\frac{1}{R}=\frac{\cos^2\theta}{R_1}+\frac{\sin^2\theta}{R_2}$$

第 5 章

問題 5–1

［**1**］

$$\boldsymbol{F}=-\boldsymbol{i}\frac{\partial U}{\partial x}-\boldsymbol{j}\frac{\partial U}{\partial y}-\boldsymbol{k}\frac{\partial U}{\partial z}$$

に与えられたポテンシャルを代入すればよい．

(i) $\boldsymbol{F}=-mg\boldsymbol{k}$．力は $-z$ 方向を向いている．

(ii) $\boldsymbol{F}=-kx$．$x>0$ のとき力は $-x$ 方向，$x<0$ のとき $+x$ 方向を向いている．

［**2**］ $f(x,y)=(a/2)(x^2+y^2)=(a/2)r^2$ である．これを $f(r)$ とおき，

$$\nabla f=\boldsymbol{e}_r\frac{\partial f}{\partial r}+\boldsymbol{e}_\theta\frac{1}{r}\frac{\partial f}{\partial \theta}$$

に代入して，次式を得る．

$$\nabla f = \boldsymbol{e}_r ar, \qquad \boldsymbol{e}_r = \frac{\boldsymbol{r}}{r}$$

［3］ $$U(x, y) = -\frac{1}{2}(x^2+y^2)+\frac{1}{4}(x^2+y^2)^2+\frac{1}{4} = -\frac{1}{2}r^2+\frac{1}{4}r^4+\frac{1}{4}$$

$$\nabla U = \boldsymbol{e}_r(-r+r^3)$$

$$\boldsymbol{F} = -\nabla U$$

$$= \boldsymbol{e}_r(r-r^3) = \boldsymbol{e}_r(1-r^2)r$$

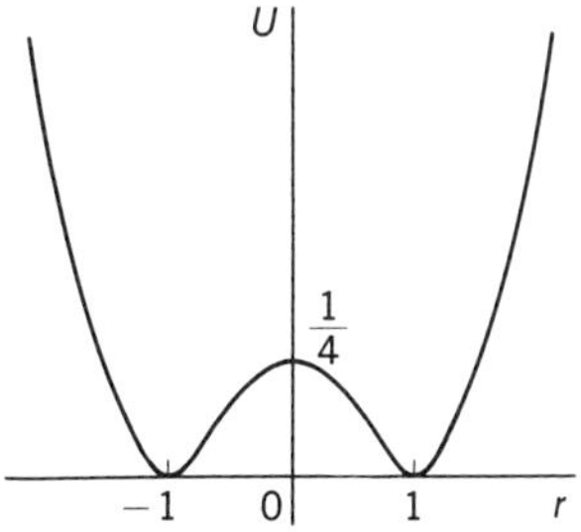

力$\boldsymbol{F}$の式から，力の向きは，$-1<r<0$ と $r>1$ の領域では$\boldsymbol{e}_r$ の方向(原点に向かう力)，$r<-1$ と $0<r<1$ の領域では $-\boldsymbol{e}_r$ の方向(原点から遠ざかる力)である．また，$r=0, \pm 1$ で力は0である．力$\boldsymbol{F}$の向きはポテンシャルの図において，傾きに負の符号をつけたものに等しいことがわかる．

［4］ 運動エネルギーをT，力学的エネルギーをEとすると，$T+U=E$である．$T=mv^2/2 \geqq 0$ に注意すると，$T=E-U \geqq 0$ より，あるエネルギーEを与えたとき運動が許される領域は$E \geqq U$を満足しなければならない．全エネルギーE_1が $0<E_1<1/4$ のとき，$E_1 \geqq U$ を満足するrの領域は $r_1 \leqq r \leqq r_2$ または $r_3 \leqq r \leqq r_4$ である．この領域内を物体は運動する．どちらの領域で運動するかは，物体の初期位置によって決まる．全エネルギーE_2が $E_2>1/4$ のとき，$r_5 \leqq r \leqq r_6$ の領域で物体は運動する．

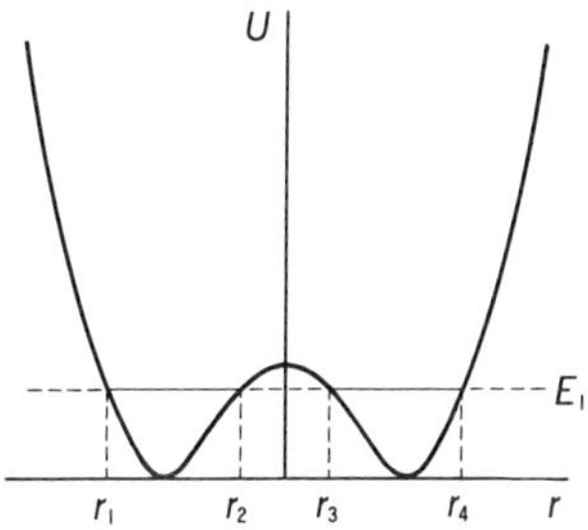

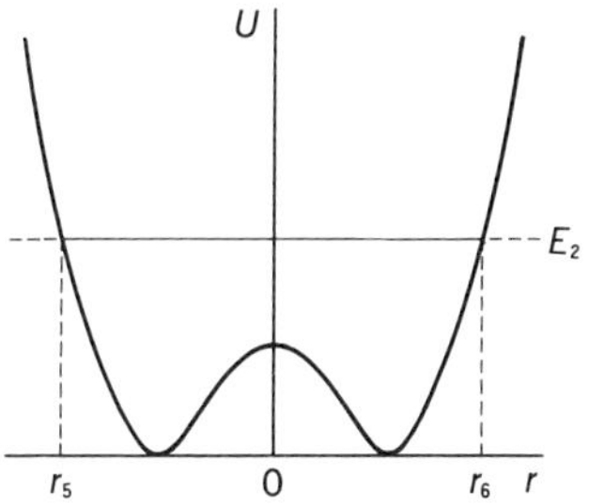

問題 5-2

［1］ $$\frac{\partial E_x}{\partial x} = \frac{\partial}{\partial x}\left\{\frac{e}{4\pi\varepsilon_0}\frac{x}{(x^2+y^2+z^2)^{3/2}}\right\} = \frac{e}{4\pi\varepsilon_0}\left\{\frac{1}{(x^2+y^2+z^2)^{3/2}} - \frac{3x^2}{(x^2+y^2+z^2)^{5/2}}\right\}$$

$$\frac{\partial E_y}{\partial y} = \frac{e}{4\pi\varepsilon_0}\left\{\frac{1}{(x^2+y^2+z^2)^{3/2}} - \frac{3y^2}{(x^2+y^2+z^2)^{5/2}}\right\}$$

$$\frac{\partial E_z}{\partial z} = \frac{e}{4\pi\varepsilon_0}\left\{\frac{1}{(x^2+y^2+z^2)^{3/2}} - \frac{3z^2}{(x^2+y^2+z^2)^{5/2}}\right\}$$

$$\therefore\quad \nabla\cdot\boldsymbol{E} = \frac{\partial E_x}{\partial x}+\frac{\partial E_y}{\partial y}+\frac{\partial E_z}{\partial z} = 0 \qquad (\text{原点を除く})$$

電荷の周囲には電場があり，各点の電場を表わすベクトルをつらねると，正電荷から出て負電荷に入る**電気力線**が描かれる．電気力線を水の流れにたとえ，正電荷を水のわき出し，負電荷を吸い込みにたとえることができる．この問題では負電荷がないから，電気力線は無限遠までのびている．原点を除くと $\boldsymbol{E}$ の発散は 0，$\nabla\cdot\boldsymbol{E}=0$ であることは，原点を含まない任意の閉曲面に入る電気力線の数とそこから出る電気力線の数が等しいことを述べている(例題 5.4 を参照)．

問題解答 5

[**2**]　(1)　流れの速度について

$$\nabla\cdot\boldsymbol{v} = \frac{\partial v_x}{\partial x}+\frac{\partial v_y}{\partial y}+\frac{\partial v_z}{\partial z} = -2$$

$\nabla\cdot\boldsymbol{v}<0$ であるから，吸い込みである．

(2)　$\nabla\cdot\boldsymbol{v}=0$ であるから，わき出しも吸い込みもない．これは原点のまわりを回転する流れを表わす．

[**3**]　$\nabla^2\phi=\nabla\cdot\nabla\phi$ である．円柱座標では，$\boldsymbol{A}=\nabla\phi$ とおくと

$$\nabla\phi = \boldsymbol{e}_r\frac{\partial\phi}{\partial r}+\boldsymbol{e}_\theta\frac{1}{r}\frac{\partial\phi}{\partial\theta}+\boldsymbol{e}_z\frac{\partial\phi}{\partial z} = \boldsymbol{e}_rA_r+\boldsymbol{e}_\theta A_\theta+\boldsymbol{e}_zA_z$$

$$\nabla\cdot\nabla\phi = \frac{1}{r}\frac{\partial}{\partial r}\left(r\frac{\partial\phi}{\partial r}\right)+\frac{1}{r}\frac{\partial}{\partial\theta}\left(\frac{1}{r}\frac{\partial\phi}{\partial\theta}\right)+\frac{\partial}{\partial z}\frac{\partial\phi}{\partial z}$$

最後の式の右辺第 2 項で，r と θ は独立であるから

$$\frac{1}{r}\frac{\partial}{\partial\theta}\left(\frac{1}{r}\frac{\partial\phi}{\partial\theta}\right) = \frac{1}{r^2}\frac{\partial^2\phi}{\partial\theta^2}$$

となり，ラプラス演算子として次式を得る．

$$\nabla^2 = \frac{1}{r}\frac{\partial}{\partial r}\left(r\frac{\partial}{\partial r}\right)+\frac{1}{r^2}\frac{\partial^2}{\partial\theta^2}+\frac{\partial^2}{\partial z^2}$$

極座標でも，同様な計算を行なう．

$$\nabla\phi = \boldsymbol{e}_r\frac{\partial\phi}{\partial r}+\boldsymbol{e}_\theta\frac{1}{r}\frac{\partial\phi}{\partial\theta}+\boldsymbol{e}_\varphi\frac{1}{r\sin\theta}\frac{\partial\phi}{\partial\varphi} = \boldsymbol{e}_rA_r+\boldsymbol{e}_\theta A_\theta+\boldsymbol{e}_\varphi A_\varphi$$

$$\nabla\cdot\nabla\phi = \frac{1}{r^2}\frac{\partial}{\partial r}\left(r^2\frac{\partial\phi}{\partial r}\right)+\frac{1}{r\sin\theta}\frac{\partial}{\partial\theta}\left(\sin\theta\frac{1}{r}\frac{\partial\phi}{\partial\theta}\right)+\frac{1}{r\sin\theta}\frac{\partial}{\partial\varphi}\left(\frac{1}{r\sin\theta}\frac{\partial\phi}{\partial\varphi}\right)$$

$$\therefore \quad \nabla^2 = \frac{1}{r^2}\frac{\partial}{\partial r}\left(r^2\frac{\partial}{\partial r}\right)+\frac{1}{r^2\sin\theta}\frac{\partial}{\partial\theta}\left(\sin\theta\frac{\partial}{\partial\theta}\right)+\frac{1}{r^2\sin^2\theta}\frac{\partial^2}{\partial\varphi^2}$$

[4] 極座標において θ 微分と φ 微分を落とすと

$$\nabla^2\phi = \frac{1}{r^2}\frac{d}{dr}\left(r^2\frac{d\phi}{dr}\right) = \frac{d^2\phi}{dr^2}+\frac{2}{r}\frac{d\phi}{dr}$$

[5] (1) $\nabla\phi=1$ より

$$\nabla^2\phi = \frac{1}{r^2}\frac{d}{dr}(r^2) = \frac{2}{r}$$

(2) $\nabla\phi=r$ より

$$\nabla^2\phi = \frac{1}{r^2}\frac{d}{dr}(r^2\cdot r) = 3$$

(3) $\nabla\phi=-\dfrac{1}{r^2}$ より

$$\nabla^2\phi = \frac{1}{r^2}\frac{d}{dr}(-1) = 0$$

以上からラプラス方程式を満たすのは $\phi=1/r$ である．

[6] (1) $\dfrac{1}{r}\dfrac{d}{dr}\left(r\dfrac{d\phi}{dr}\right) = 0$ より

$$\frac{d}{dr}\left(r\frac{d\phi}{dr}\right) = 0 \quad \text{つまり} \quad r\frac{d\phi}{dr} = c_1$$

ここで c_1 は r によらない定数である．最後の式から

$$\frac{d\phi}{dr} = \frac{c_1}{r} \qquad \therefore \quad \phi = c_1\log r+c_2 \quad (r\neq 0)$$

c_2 も r によらない定数である．

(2) 同様に，$\dfrac{d}{dr}\left(r^2\dfrac{d\phi}{dr}\right) = 0$ より

$$r^2\frac{d\phi}{dr} = c_1 \quad \text{つまり} \quad \frac{d\phi}{dr} = \frac{c_1}{r^2}$$

これを積分して $\phi=-c_1/r+c_2$ を得る．c_1 と c_2 は r によらない定数である．前問の(3)における ϕ は $c_1=-1$，$c_2=0$ とおいた式にほかならないからラプラス方程式を満足したのである．

問題 5-3

[1] (1) 連続の方程式

$$\frac{\partial\rho}{\partial t}+\nabla\cdot(\rho\boldsymbol{v}) = 0$$

において，流体を非圧縮性と仮定すると，密度ρは定数であるから左辺第1項の時間微分は0になり，第2項でρを微分記号の外に出すことができる．したがって$\nabla\cdot\boldsymbol{v}=0$を得る．

(2)　流れの速度$\boldsymbol{v}$が速度ポテンシャルϕを用いて$\boldsymbol{v}=-\nabla\phi$と表わされるならば，前問で導いた$\nabla\cdot\boldsymbol{v}=0$と組み合わせて，$\nabla^2\phi=0$となる．$\phi$が$\theta$にも$z$にも依存しなければ，問題5-2[3]で求めたラプラス方程式$\nabla^2\phi=0$は

$$\nabla^2\phi = \frac{1}{r}\frac{d}{dr}\left(r\frac{d\phi}{dr}\right) = 0$$

である．この解は問題5-2[6]より

$$\phi = c_1 \log r + c_2$$

となる．ここでc_1, c_2はrによらない定数であるが，座標θやzには依存するかもしれない．ここでは2種類の流れのみを考えることにする．まずc_1とc_2が定数のときには，

$$\boldsymbol{v} = -\nabla\phi = -\boldsymbol{e}_r\frac{c_1}{r} = -c_1\frac{\boldsymbol{r}}{r^2}$$

を得る．$c_1>0$のときは原点に向かう流れを，$c_1<0$のときは原点から無限遠に向かう流れを表わす．原点は吸い込み$(c_1>0)$，またはわき出し$(c_1<0)$である．流れの速さは$v=|c_1|/r$である．

つぎに$c_1=0$，$c_2=c_3\theta$ (c_3は定数)とすると

$$\boldsymbol{v} = -\nabla\phi = -\boldsymbol{e}_\theta\frac{1}{r}\frac{d\phi}{d\theta} = -\boldsymbol{e}_\theta\frac{c_3}{r}$$

となる．$\boldsymbol{e}_\theta=(-y\boldsymbol{i}+x\boldsymbol{j})/r$であるから

$$\boldsymbol{v} = -c_3\frac{-y\boldsymbol{i}+x\boldsymbol{j}}{r^2}$$

を得る．これは例題5.9における$r\geqq a$の流れと同じである．z軸$(r=0)$はフィラメント状の渦糸になっている．流れの速さは$v=|c_3|/r$である．

[2]　$\boldsymbol{A}=(A_x, A_y, A_z)$として$\boldsymbol{B}=\nabla\times\boldsymbol{A}$を成分で書くと

$$0 = \frac{\partial A_z}{\partial y}-\frac{\partial A_y}{\partial z}, \qquad 0 = \frac{\partial A_x}{\partial z}-\frac{\partial A_z}{\partial x}, \qquad B = \frac{\partial A_y}{\partial x}-\frac{\partial A_x}{\partial y}$$

となる．ただし$\boldsymbol{B}=(0, 0, B)$を用いた．第1式は$\partial A_z/\partial y=0$，$\partial A_y/\partial z=0$であれば成り立つ．これは$A_z$が$y$の関数でなく，$A_y$が$z$の関数でなければよい．同様に第2式は$A_x$が$z$の関数でなく，$A_z$が$x$の関数でなければ成立する．第3式は$A_y=Bx/2$，$A_x=-By/2$と選ぶと満たされる．このとき前2式が成り立つことは明らかである．$A_z=0$

とすれば $\boldsymbol{A}=(-By/2, Bx/2, 0)$ が求めるベクトルポテンシャルである．$\boldsymbol{A}=(-By, 0, 0)$, $\boldsymbol{A}=(0, Bx, 0)$ もまた $\boldsymbol{B}=(0, 0, B)$ を与えるベクトルポテンシャルである．

［3］ $\boldsymbol{A}=(-By/2, Bx/2, 0)$ から他の表現を導く．

スカラー関数として $\phi=-Bxy/2$ と選ぶと，$\nabla\phi=(-By/2)\boldsymbol{i}+(-Bx/2)\boldsymbol{j}$ となって，$\boldsymbol{A}+\nabla\phi=-By\boldsymbol{i}=(-By, 0, 0)$ が得られる．これは前問［2］の第 2 の表現にほかならない．この ϕ は $\nabla\times(\nabla\phi)=0$ を満たすことは明らかである．

つぎに，$\phi=Bxy/2$ とすると，$\nabla\phi=(By/2)\boldsymbol{i}+(Bx/2)\boldsymbol{j}$ であるから，$\boldsymbol{A}+\nabla\phi=Bx\boldsymbol{j}=(0, Bx, 0)$ を得る．これは第 3 の表現である．

［4］ 図から

$$\boldsymbol{v}=\begin{cases} v\boldsymbol{i} & (y\geqq a) \\ \dfrac{v}{a}y\boldsymbol{i} & (-a\leqq y\leqq a) \\ -v\boldsymbol{i} & (y\leqq -a) \end{cases}$$

である．$y\geqq a$ と $y\leqq -a$ では，速度は一定であるから $\boldsymbol{\Omega}=\nabla\times\boldsymbol{v}=0$，つまり渦度はゼロである．$-a\leqq y\leqq a$ では

$$\boldsymbol{\Omega}=\begin{vmatrix} \boldsymbol{i} & \boldsymbol{j} & \boldsymbol{k} \\ \dfrac{\partial}{\partial x} & \dfrac{\partial}{\partial y} & \dfrac{\partial}{\partial z} \\ \dfrac{v}{a}y & 0 & 0 \end{vmatrix}=-\frac{v}{a}\boldsymbol{k}$$

となり，渦度は z 方向を向いている．

問題 5-4

［1］ yz 平面の単位面積を単位時間に通過する電荷を考える．断面積が 1 で長さ v_e である図に示すような網かけ部分の体積中に含まれる電荷が単位時間に yz 平面を通過する．その体積は高さが v_x で yz 平面に直交する直方体の体積に等しい．v_x は $\boldsymbol{v}_e$ の x 成分を表わす．直方体に含まれる電荷は $\rho_e v_x$ であるから，単位時間に yz 平面の単位面積を通過する電荷量，つまり電流密度の x 成分 J_x は $J_x=\rho_e v_x$ となる．他の成分についても，$J_y=\rho_e v_y$，$J_z=\rho_e v_z$ となり，結局

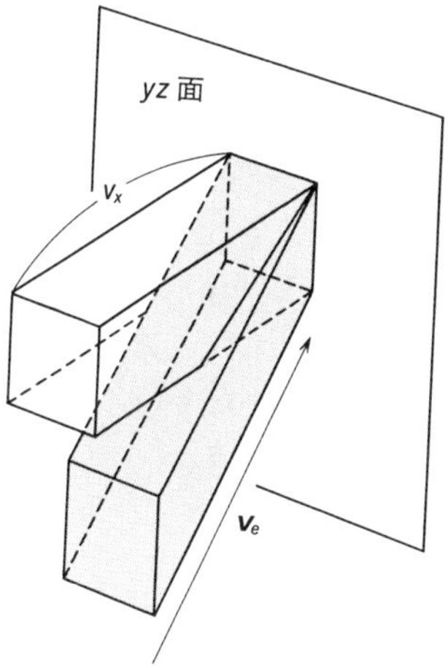

問題解答 5

$$\boldsymbol{J}_e = J_x\boldsymbol{i}+J_y\boldsymbol{j}+J_z\boldsymbol{k} = \rho_e(v_x\boldsymbol{i}+v_y\boldsymbol{j}+v_z\boldsymbol{k}) \\ = \rho_e\boldsymbol{v}$$

を得る.

［2］ $\nabla\cdot(\nabla\times\boldsymbol{H})=0$ に注意して，$\nabla\times\boldsymbol{H}=\partial\boldsymbol{D}/\partial t+\boldsymbol{J}_e$ の両辺の発散を求めると

$$\frac{\partial}{\partial t}\nabla\cdot\boldsymbol{D}+\nabla\cdot\boldsymbol{J}_e = 0$$

となる．左辺第1項に $\nabla\cdot\boldsymbol{D}=\rho_e$ を用い，第2項に前問[1]の結果を代入すると，電荷に関する連続の方程式(電荷の保存則)

$$\frac{\partial\rho_e}{\partial t}+\nabla\cdot(\rho_e\boldsymbol{v}_e) = 0$$

を得る．これは，例題5.5において導いた吸い込みやわき出しのない連続の方程式で密度 ρ が電荷密度 ρ_e に置き換えられた式である．荷電粒子の密度を n_e，1個の荷電粒子の電荷を q_e とすると，$\rho_e=q_en_e$ となるから，各項に共通に含まれる定数 q_e を省略して

$$\frac{\partial n_e}{\partial t}+\nabla\cdot(n_e\boldsymbol{v}_e) = 0$$

を得る．これは例題5.5と同じ形の連続の方程式である．つまり，この問題で導いた電荷の保存則は，例題5.5の連続の方程式に電荷 q_e をかけた式にほかならない．複数の種類の電荷が存在するときは，それぞれの電荷に対して連続の方程式が成立する．

［3］ $c=c_0$ に対して，$E=A\cos k(z-c_0t)$ を得る．cos関数の位相 $k(z-c_0t)$ が一定値 ϕ_0 に保たれるのは，$z=c_0t+\phi_0/k$ を満足する z と t である．これは速度 c_0 で z の正方向に進む波を表わしている．H についても同様．

$c=-c_0$ のとき，$E=A\cos k(z+c_0t)$ であるから $z=-c_0t+\phi_0/k$ となり，速度 c_0 で z の負方向に進む波を表わす．

$c=c_0$ のとき，$\boldsymbol{E}=\boldsymbol{i}A\cos k(z-c_0t)$，$\boldsymbol{H}=\boldsymbol{j}\sqrt{\varepsilon_0/\mu_0}A\cos k(z-c_0t)$ より

$$\boldsymbol{E}\times\boldsymbol{H} = \boldsymbol{k}A^2\sqrt{\varepsilon_0/\mu_0}\cos^2 k(z-c_0t)$$

となり，$\boldsymbol{E}\times\boldsymbol{H}$ は $\boldsymbol{k}$ の方向，つまり z の正方向を向いている．

同様に，$c=-c_0$ のとき，

$$\boldsymbol{E}\times\boldsymbol{H} = -\boldsymbol{k}A^2\sqrt{\varepsilon_0/\mu_0}\cos^2 k(z+c_0t)$$

であるから，$\boldsymbol{E}\times\boldsymbol{H}$ は $-\boldsymbol{k}$ の方向，すなわち z の負方向を向いている．これらは波の進行方向と一致している．

［4］ $\nabla\times\boldsymbol{E}=-\partial\boldsymbol{B}/\partial t$，$\nabla\times\boldsymbol{H}=\partial\boldsymbol{D}/\partial t+\boldsymbol{J}_e$，$\boldsymbol{B}=\mu\boldsymbol{H}$，$\boldsymbol{D}=\varepsilon\boldsymbol{E}$ を与えられた公式に代入すると

$$\nabla\cdot(\boldsymbol{E}\times\boldsymbol{H}) = \boldsymbol{H}\cdot\left(-\mu\frac{\partial\boldsymbol{H}}{\partial t}\right)-\boldsymbol{E}\cdot\left(\varepsilon\frac{\partial\boldsymbol{E}}{\partial t}+\boldsymbol{J}_e\right)$$

を得る．$\partial \boldsymbol{H}^2/\partial t=\partial(\boldsymbol{H}\cdot\boldsymbol{H})/\partial t=2\boldsymbol{H}\cdot(\partial \boldsymbol{H}/\partial t)$ などを用いると，上式は

$$\nabla\cdot(\boldsymbol{E}\times\boldsymbol{H}) = -\frac{\partial}{\partial t}(\mu \boldsymbol{H}^2+\varepsilon \boldsymbol{E}^2)-\boldsymbol{E}\cdot\boldsymbol{J}_e$$

となるから

$$\frac{\partial u}{\partial t}+\nabla\cdot(\boldsymbol{E}\times\boldsymbol{H}) = -\boldsymbol{E}\cdot\boldsymbol{J}_e$$

と変形できる．u が電磁場のエネルギー密度，$\boldsymbol{E}\times\boldsymbol{H}$ がエネルギーの流れを表わすと解釈し，連続の方程式

$$\frac{\partial \rho}{\partial t}+\nabla\cdot(\rho \boldsymbol{v}) = q$$

と比べると，右辺の $-\boldsymbol{E}\cdot\boldsymbol{J}_e$ ($\boldsymbol{E}\cdot\boldsymbol{J}_e$ は通常正である）は吸い込みに相当するエネルギーの散逸を表わすとみなすことができる．つまり，求めた式は電磁場のエネルギーに対する連続の方程式である．

問題解答5

［5］ 真空中であるから $\boldsymbol{J}_e=0$, $\rho_e=0$ である．$\nabla\times\boldsymbol{E}=-\partial\boldsymbol{B}/\partial t$ の両辺の回転をとると

$$\nabla\times\nabla\times\boldsymbol{E} = \nabla\nabla\cdot\boldsymbol{E}-\nabla^2\boldsymbol{E} = -\nabla^2\boldsymbol{E}$$

$$\nabla\times\left(-\frac{\partial \boldsymbol{B}}{\partial t}\right) = -\frac{\partial}{\partial t}\nabla\times\boldsymbol{B} = -\mu_0\frac{\partial}{\partial t}\frac{\partial}{\partial t}(\varepsilon_0\boldsymbol{E})$$

となる．ここで $\nabla\cdot\boldsymbol{D}=0$, $\boldsymbol{D}=\varepsilon_0\boldsymbol{E}$, $\boldsymbol{B}=\mu_0\boldsymbol{H}$ を使った．したがって

$$\frac{\partial^2\boldsymbol{E}}{\partial t^2}-\frac{1}{\varepsilon_0\mu_0}\nabla^2\boldsymbol{E} = 0$$

を得る．同様に，$\nabla\times\boldsymbol{H}=\partial\boldsymbol{D}/\partial t$ の両辺の回転をとれば，$\boldsymbol{H}$ について同じ波動方程式が得られる．

［6］ 図の x_1 において密度 ρ の勾配は負であるから $\nabla\rho$ は x の負方向を向く．したがって，$\boldsymbol{w}=-\kappa\nabla\rho$ は x の正方向を向き，密度の高い領域から低い領域への質量の流れを表わしている．また，ρ の勾配が正の x_2 において，$\boldsymbol{w}=-\kappa\nabla\rho$ は x の負方向を向いているから，質量の流れはやはり密度の高い領域から低い領域に向かうことを表わしている．

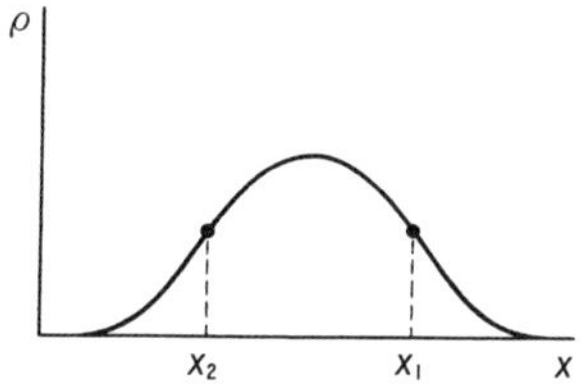

連続の方程式に含まれる $\boldsymbol{w}(=\rho\boldsymbol{v})$ に上の $-\kappa\nabla\rho$ を代入すると

$$\frac{\partial \rho}{\partial t}+\nabla\cdot\boldsymbol{w} = \frac{\partial \rho}{\partial t}-\kappa\nabla\cdot(\nabla\rho) = \frac{\partial \rho}{\partial t}-\kappa\nabla^2\rho = 0$$

となり，拡散方程式が得られる．

問題 5–5

[**1**]　右手系の座標 (x, y, z) から，鏡映または反転の操作によって得られる座標では，左ねじを回して x 軸を y 軸の方向に回転させるとき，z 軸はねじの進む方向であるから，左手系である．

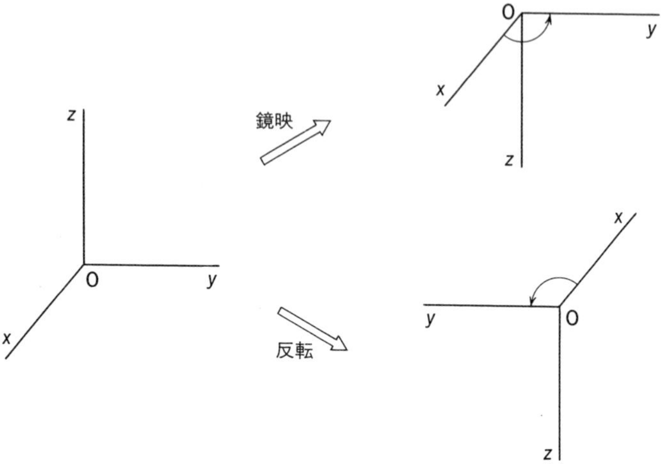

[**2**]　(1)　$\boldsymbol{A}=(A_x, A_y, A_z)$，$\boldsymbol{B}=(B_x, B_y, B_z)$ として $\boldsymbol{C}=\boldsymbol{A}\times\boldsymbol{B}$ とおくと

$$C_x = A_yB_z - A_zB_y, \qquad C_y = A_zB_x - A_xB_z, \qquad C_z = A_xB_y - A_yB_x$$

となる．ベクトル $\boldsymbol{A}, \boldsymbol{B}$ は極性ベクトルであるから，反転 $(x, y, z)\rightarrow(-x, -y, -z)$ を行なうと符号が変わる．それらの成分の積で表わされるベクトル積 $\boldsymbol{A}\times\boldsymbol{B}$ は，反転によって符号を変えない軸性ベクトルである．

(2)　力のモーメント $\boldsymbol{N}=\boldsymbol{r}\times\boldsymbol{F}$ は，極性ベクトル $\boldsymbol{r}$ と $\boldsymbol{F}$ の外積であるから軸性ベクトルである．

(3)　回転運動をする剛体内の点の速度 $\boldsymbol{v}$ は，例題 5.8 から $\boldsymbol{v}=\boldsymbol{\omega}\times\boldsymbol{r}$ によって与えられる．角速度ベクトル $\boldsymbol{\omega}$ は軸性ベクトル(例題 5.14)，位置ベクトル $\boldsymbol{r}$ は極性ベクトルであるから，それらの外積で与えられる速度ベクトルは極性ベクトルである．

[**3**]　$x=x_1$，$y=x_2$，$z=x_3$ とすると

$$\mathrm{div}\,\boldsymbol{A} = \frac{\partial A_1}{\partial x_1}+\frac{\partial A_2}{\partial x_2}+\frac{\partial A_3}{\partial x_3} = \sum_{i=1}^{3}\frac{\partial A_i}{\partial x_i}$$

である．座標変換によって $\boldsymbol{r}=(x_1, x_2, x_3)$ はベクトルとしての変換

$$x_\alpha' = \sum_{j=1}^{3} a_{\alpha j}x_j, \qquad x_j = \sum_{\alpha=1}^{3} x_\alpha' a_{\alpha j}$$

を受ける．その結果

$$\frac{\partial}{\partial x_i} = \sum_{\alpha=1}^{3} \frac{\partial x_\alpha'}{\partial x_i}\frac{\partial}{\partial x_\alpha'} = \sum_{\alpha=1}^{3} a_{\alpha i}\frac{\partial}{\partial x_\alpha'}$$

であり

$$\begin{aligned}\sum_{i=1}^{3}\frac{\partial A_i}{\partial x_i} &= \sum_\alpha\sum_i a_{\alpha i}\frac{\partial}{\partial x_\alpha'}A_i = \sum_\alpha\sum_i a_{\alpha i}\frac{\partial}{\partial x_\alpha'}\sum_\beta A_\beta' a_{\beta i}\\ &= \sum_\alpha\frac{\partial}{\partial x_\alpha'}\sum_\beta(\sum_i a_{\alpha i}a_{\beta i})A_\beta' = \sum_\alpha\frac{\partial}{\partial x_\alpha'}\sum_\beta \delta_{\beta\alpha}A_\beta'\\ &= \sum_\alpha\frac{\partial A_\alpha'}{\partial x_\alpha'}\end{aligned}$$

つまり div $\boldsymbol{A}$ は不変なスカラーである．

［4］ grad $f=\boldsymbol{u}=(u_1, u_2, u_3)$ とすれば，その成分は前問の微分に関する変換を用いて

$$u_i = \frac{\partial f}{\partial x_i} = \sum_{\alpha=1}^{3} a_{\alpha i}\frac{\partial f}{\partial x_\alpha'} = \sum_{\alpha=1}^{3} a_{\alpha i}u_\alpha'$$

これは grad f の成分がベクトルと同じ変換を受け，したがって不変なベクトルであることを示している．

問題 5-6

［1］ 質点が離散的に分布しているとき慣性モーメントや慣性乗積は，たとえば

$$I_{xx} = \sum_i m_i(y_i^2+z_i^2), \qquad I_{xy} = -\sum_i m_i x_i y_i$$

のように書ける．(x_i, y_i, z_i) は質量 m_i をもつ質点の座標である．いまの場合，質点の座標は $(\pm l/2, 0, 0)$ に注意すると，

$$\begin{aligned}&I_{xx} = 0, \quad I_{xy} = 0, \quad I_{xz} = 0\\ &I_{yx} = 0, \quad I_{yy} = ml^2/4, \quad I_{yz} = 0\\ &I_{zx} = 0, \quad I_{zy} = 0, \quad I_{zz} = ml^2/4\end{aligned}$$

を得る．

［2］ 細い棒では体積積分は線積分に置き換えられ

$$I_{xx} = \int \rho(y^2+z^2)dx, \qquad I_{xy} = -\int \rho xy dx$$

などのように書ける．線密度 ρ は m/l である．質量は x 軸上に分布しているので，積分がゼロにならないのはつぎの2つの成分のみである．

$$I_{yy} = I_{zz} = \int_{-l/2}^{l/2}\frac{m}{l}x^2dx = \left[\frac{m}{l}\frac{x^3}{3}\right]_{-l/2}^{l/2} = \frac{ml^2}{12}$$

他の成分はすべてゼロである．この値は前問の慣性モーメントより小さい．被積分関数

は密度と距離の平方によって表わされているため，質量が回転軸から遠いところに分布している剛体の慣性モーメントは大きくなる．

第6章

問題 6–1

［**1**］ (1) 経路Iでは $y=0$ より $F_x=0$，IIでは x が一定であるから

$$\phi_1 = -\int_0^y F_y dy = -\int_0^y x dy = -xy+c_1 \qquad (c_1 \text{ は定数})$$

を得る．一方，経路I′で $x=0$ より $F_y=0$，II′では y は一定である．よって

$$\phi_2 = -\int_0^x F_x dx = -\int_0^x y dx = -xy+c_2 \qquad (c_2 \text{ は定数})$$

したがってポテンシャル ϕ は，$\phi=-xy+c$ (c は定数)．

(2) 同様に

$$\phi_1 = -\int_0^y F_y dy = -\int_0^y (-ax^2-y^3)dy = ax^2y+\frac{y^4}{4}+c_1$$

$$\phi_2 = -\int_0^y F_y dy-\int_0^x F_x dx = -\int_0^y (-y^3)dy-\int_0^x (-2axy)dx$$

$$= \frac{y^4}{4}+ax^2y+c_2$$

ただし，経路Iでは $x=0$ であることを用いた．よって

$$\phi = ax^2y+\frac{y^4}{4}+c$$

［**2**］ (1) 経路Iで $y=0$ であるから，I→IIの積分は

$$\int_0^y F_y dy = \int_0^y x dy = xy+c_1$$

経路I′では $x=0$ であるから，I′→II′の積分は

$$\int_0^x F_x dx = \int_0^x (-y) dx = -xy+c_2$$

となり，経路によって線積分の値は異なる．

(2) 経路Iで $F_x=0$ である．I→IIの積分は

$$\int_0^y F_y dy = \int_0^y (-ay^2) dy = -\frac{a}{3}y^3+c_1$$

となる．I′→II′の積分は

$$\int_0^y F_y dy + \int_0^x F_x dx = \int_0^y (-ay^2)dy + \int_0^x (-ax^2y)dx$$
$$= -\frac{a}{3}y^3 - \frac{a}{3}x^3y$$

である．線積分の値は経路によって異なる．

［3］ $\boldsymbol{F}=(y, x, 0)$ の場合．$x=r\cos\varphi$，$y=r\sin\varphi$ で表わされる xy 面内の極座標を使うと

$$F_x = y = r\sin\varphi, \qquad F_y = x = r\cos\varphi$$
$$dx = -r\sin\varphi d\varphi, \qquad dy = r\cos\varphi d\varphi$$

したがって

$$\int_C \boldsymbol{F}\cdot d\boldsymbol{r} = \int (F_x dx + F_y dy) = r^2 \int (-\sin^2\varphi + \cos^2\varphi) d\varphi$$
$$= 0$$

$\boldsymbol{F}=(-y, x, 0)$ の場合．

$$\int_C \boldsymbol{F}\cdot d\boldsymbol{r} = r^2 \int (\sin^2\varphi + \cos^2\varphi) d\varphi = 2\pi r^2$$

問題解答6

問題 6–2

［1］ 例題6.4の結果

$$\nabla\cdot\boldsymbol{J} = -c\rho\frac{\partial T}{\partial t}$$

の左辺に $\boldsymbol{J}=-\kappa\nabla T$ を代入し，$\nabla\cdot\nabla T = \nabla^2 T$ を用いると

$$\frac{\partial T}{\partial t} = \frac{\kappa}{c\rho}\nabla^2 T$$

を得る．

［2］ $\boldsymbol{A}$ は r 方向成分のみを持っているから，円筒の側面で $\boldsymbol{A}\cdot d\boldsymbol{S}=(1/r)dS$，円筒の上面と下面の円板では $\boldsymbol{A}\cdot d\boldsymbol{S}=0$ ($\because$ $\boldsymbol{A}\perp d\boldsymbol{S}$) となる．$dS=rd\theta dz$ を用いると，積分は

$$\int_0^1 dz \int_0^{2\pi} \frac{1}{r} r d\theta = 2\pi$$

となる．ガウスの定理を用いて積分することもできる．

$$\iint \boldsymbol{A}\cdot d\boldsymbol{S} = \iiint \nabla\cdot\boldsymbol{A} dV$$

において，$\nabla\cdot\boldsymbol{A}=(1/r)(d/dr)(rA_r)$，$dV=rd\theta drdz$ であるから，右辺の積分は

$$\int_0^1 dz \int_0^{2\pi} d\theta \int_0^r \frac{1}{r}\frac{d}{dr}(rA_r) r dr = 2\pi[rA_r]_0^r = 2\pi$$

となり同じ結果を得る．ただし，rA_r の微分を積分すると元の関数に戻ること，および $A_r=1/r$ を使った．

［3］ ベクトル $\boldsymbol{A}$ は球上の法線ベクトルと平行であるから $\boldsymbol{A}\cdot d\boldsymbol{S}=AdS$ である．$dS=rd\theta r\sin\theta d\varphi$ より

$$\iint \boldsymbol{A}\cdot d\boldsymbol{S} = \int_0^{\pi}\sin\theta d\theta\int_0^{2\pi}d\varphi r^2\frac{1}{r^2} = 4\pi$$

を得る．ガウスの定理を使って体積積分を行なうと，$\nabla\cdot\boldsymbol{A}=(1/r^2)(d/dr)(r^2A_r)$，$dV=drrd\theta r\sin\theta d\varphi$ より

$$\int_0^{\pi}\sin\theta d\theta\int_0^{2\pi}d\varphi\int_0^{r}\frac{1}{r^2}\frac{d}{dr}(r^2A_r)r^2dr = 4\pi[r^2A_r]_0^r = 4\pi$$

を得る．$A_r=1/r^2$ を用いた．

［4］ 円柱座標．r, θ, z 方向に垂直な面積要素は $rd\theta dz$，$drdz$，$drrd\theta$ であるから

$$\begin{aligned}\iint \boldsymbol{A}\cdot d\boldsymbol{S} &= A_r(r+dr,\theta,z)(r+dr)d\theta dz - A_r(r,\theta,z)rd\theta dz\\ &\quad + A_\theta(r,\theta+d\theta,z)drdz - A_\theta(r,\theta,z)drdz\\ &\quad + A_z(r,\theta,z+dz)drrd\theta - A_z(r,\theta,z)drrd\theta\\ &= \left(\frac{A_r}{r}+\frac{\partial A_r}{\partial r}+\frac{1}{r}\frac{\partial A_\theta}{\partial\theta}+\frac{\partial A_z}{\partial z}\right)rdrd\theta dz\end{aligned}$$

一方，体積要素は $drrd\theta dz$ であるから

$$\iiint \nabla\cdot\boldsymbol{A}dV = \nabla\cdot\boldsymbol{A}rdrd\theta dz$$

となる．したがってガウスの定理によって

$$\begin{aligned}\nabla\cdot\boldsymbol{A} &= \frac{A_r}{r}+\frac{\partial A_r}{\partial r}+\frac{1}{r}\frac{\partial A_\theta}{\partial\theta}+\frac{\partial A_z}{\partial z}\\ &= \frac{1}{r}\frac{\partial}{\partial r}(rA_r)+\frac{1}{r}\frac{\partial A_\theta}{\partial\theta}+\frac{\partial A_z}{\partial z}\end{aligned}$$

極座標．r, θ, φ 方向に垂直な面積要素は $rd\theta r\sin\theta d\varphi$，$drr\sin\theta d\varphi$，$drrd\theta$ であるから

$$\begin{aligned}\iint \boldsymbol{A}\cdot d\boldsymbol{S} &= A_r(r+dr,\theta,\varphi)(r+dr)d\theta(r+dr)\sin\theta d\varphi - A_r(r,\theta,\varphi)rd\theta r\sin\theta d\varphi\\ &\quad + A_\theta(r,\theta+d\theta,\varphi)drr\sin(\theta+d\theta)d\varphi - A_\theta(r,\theta,\varphi)drr\sin\theta d\varphi\\ &\quad + A_\varphi(r,\theta,\varphi+d\varphi)drrd\theta - A_\varphi(r,\theta,\varphi)drrd\theta\\ &= \left(\frac{2}{r}A_r+\frac{\partial A_r}{\partial r}+\frac{1}{r}\frac{\partial A_\theta}{\partial\theta}+\frac{\cos\theta}{r\sin\theta}A_\theta+\frac{1}{r\sin\theta}\frac{\partial A_\varphi}{\partial\varphi}\right)r^2\sin\theta drd\theta d\varphi\end{aligned}$$

また $dV=drrd\theta r\sin\theta d\varphi$ を使うと

$$\iiint \nabla\cdot\boldsymbol{A}dV = (\nabla\cdot\boldsymbol{A})r^2\sin\theta drd\theta d\varphi$$

となるから，ガウスの定理によって

$$\nabla\cdot\boldsymbol{A} = \frac{1}{r^2}\frac{\partial}{\partial r}(r^2A_r)+\frac{1}{r\sin\theta}\frac{\partial}{\partial\theta}(\sin\theta A_\theta)+\frac{1}{r\sin\theta}\frac{\partial A_\varphi}{\partial\varphi}$$

問題 6-3

[1]
$$\boldsymbol{F} = -\frac{Gm}{r^2}\frac{\boldsymbol{r}}{r}$$

を半径 r の球面上で表面積分した

$$\iint_S \boldsymbol{F}\cdot d\boldsymbol{S} = \iint_S \left(-\frac{Gm}{r^3}\right)\boldsymbol{r}\cdot d\boldsymbol{S}$$

の右辺は $-4\pi Gm$ と計算できる(問題6-2[3])．したがって

$$\iint_S \boldsymbol{F}\cdot d\boldsymbol{S} = -4\pi Gm$$

となる．半径 R の球に密度 ρ の質量が一様に分布しているときにも同様に

$$\iint_S \boldsymbol{F}\cdot d\boldsymbol{S} = -4\pi G\rho\iiint_V dV$$

となり，両辺の積分は r を中心からの距離として

$$\iint_S \boldsymbol{F}\cdot d\boldsymbol{S} = 4\pi r^2 F$$

$$\iiint_V dV = \begin{cases} \dfrac{4}{3}\pi r^3 & (r<R) \\ \dfrac{4}{3}\pi R^3 & (r\geqq R) \end{cases}$$

と計算できる．したがって力 F は

$$F = \begin{cases} -\dfrac{GM}{R^3}r & (r<R) \\ -\dfrac{GM}{r^2} & (r\geqq R) \end{cases}$$

となる．ここで $M=4\pi\rho R^3/3$(全質量)を用いた．地球の内部では，中心からの距離に比例する引力を受けるのに対し，地球の表面や外部では，中心に全質量が集中したときにはたらく万有引力を受ける．力の大きさは距離 r のみの関数であるから，地球表面では場所によらず重力の大きさは等しい．

[2]
$$\iint_S \boldsymbol{E}\cdot d\boldsymbol{S} = \iiint_V \frac{\rho}{\varepsilon_0}dV$$

を計算する．両辺の積分は r を中心からの距離として

$$\iint_S \boldsymbol{E}\cdot d\boldsymbol{S} = 4\pi r^2 E$$

$$\iiint_V \frac{\rho}{\varepsilon_0} dV = \begin{cases} \dfrac{4\pi\rho}{3\varepsilon_0} r^3 & (r<R) \\ \dfrac{4\pi\rho}{3\varepsilon_0} R^3 & (r\geqq R) \end{cases}$$

となり

$$E = \begin{cases} \dfrac{Q}{4\pi\varepsilon_0 R^3} r & (r<R) \\ \dfrac{Q}{4\pi\varepsilon_0} \dfrac{1}{r^2} & (r\geqq R) \end{cases}$$

を得る．ただし $Q=4\pi\rho R^3/3$ は球に含まれる全電荷を表わす．前問と同様，$r\geqq R$ における電場は全電荷が中心に存在するときの電場に等しい．

［**3**］ 円柱座標 (r, θ, z)．微小変位ベクトル $d\boldsymbol{r}$ は

$$d\boldsymbol{r} = dr\boldsymbol{e}_r + rd\theta\boldsymbol{e}_\theta + dz\boldsymbol{e}_z$$

であるから，$\boldsymbol{F}=F_r\boldsymbol{e}_r+F_\theta\boldsymbol{e}_\theta+F_z\boldsymbol{e}_z$ を用いて $-d\phi=\boldsymbol{F}\cdot d\boldsymbol{r}$ を作ると

$$-d\phi = F_r dr + F_\theta r d\theta + F_z dz$$

を得る．これから

$$F_r = -\frac{\partial\phi}{\partial r}, \quad F_\theta = -\frac{1}{r}\frac{\partial\phi}{\partial\theta}, \quad F_z = -\frac{\partial\phi}{\partial z}$$

となり

$$\boldsymbol{F} = -\nabla\phi = -\frac{\partial\phi}{\partial r}\boldsymbol{e}_r - \frac{1}{r}\frac{\partial\phi}{\partial\theta}\boldsymbol{e}_\theta - \frac{\partial\phi}{\partial z}\boldsymbol{e}_z$$

つまり，円柱座標における勾配を得る．

$$\nabla\phi = \frac{\partial\phi}{\partial r}\boldsymbol{e}_r + \frac{1}{r}\frac{\partial\phi}{\partial\theta}\boldsymbol{e}_\theta + \frac{\partial\phi}{\partial z}\boldsymbol{e}_z$$

極座標 (r, θ, φ)．

$$d\boldsymbol{r} = dr\boldsymbol{e}_r + rd\theta\boldsymbol{e}_\theta + r\sin\theta d\varphi\boldsymbol{e}_\varphi$$

$$\boldsymbol{F} = F_r\boldsymbol{e}_r + F_\theta\boldsymbol{e}_\theta + F_\varphi\boldsymbol{e}_\varphi$$

より

$$-d\phi = F_r dr + F_\theta r d\theta + F_\varphi r\sin\theta d\varphi$$

$$F_r = -\frac{\partial\phi}{\partial r}, \quad F_\theta = -\frac{1}{r}\frac{\partial\phi}{\partial\theta}, \quad F_\varphi = -\frac{1}{r\sin\theta}\frac{\partial\phi}{\partial\varphi}$$

が得られるから

$$\nabla\phi = \frac{\partial\phi}{\partial r}\boldsymbol{e}_r + \frac{1}{r}\frac{\partial\phi}{\partial\theta}\boldsymbol{e}_\theta + \frac{1}{r\sin\theta}\frac{\partial\phi}{\partial\varphi}\boldsymbol{e}_\varphi$$

［**4**］ ガウスの定理を用いると2つの式は

$$\iiint_V \nabla\cdot\boldsymbol{E}dV = \iint_S \boldsymbol{E}\cdot d\boldsymbol{S} = \iiint_V \frac{\rho}{\varepsilon_0}dV$$

$$\iiint_V \nabla\cdot\boldsymbol{B}dV = \iint_S \boldsymbol{B}\cdot d\boldsymbol{S} = 0$$

となる．これを6-2節の流体の流れに対応させて解釈するとつぎのように考えられる．

第1式は，閉曲面 S から出る電場 $\boldsymbol{E}$ の面積積分は，その閉曲面内に含まれる電荷を誘電率 ε_0 で割った値に等しいことを述べている．簡単のために電荷として点電荷 Q のみを考え，閉曲面として点電荷を中心とする半径 r の球をとると，

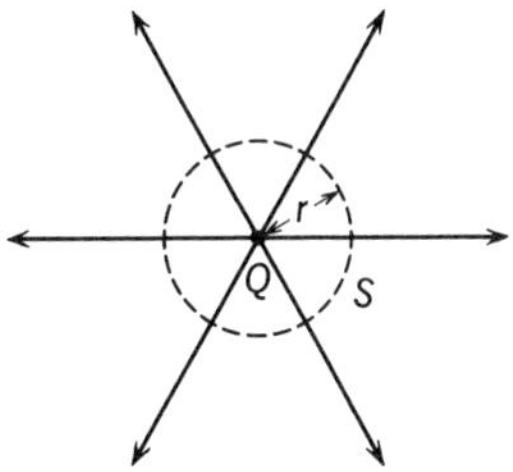

$$\iint_S \boldsymbol{E}\cdot d\boldsymbol{S} = 4\pi r^2 E = \frac{Q}{\varepsilon_0}$$

となって，半径 r に無関係となる．そこで電荷 Q から放射状に Q/ε_0 本の直線を引いたとする．Q/ε_0 は大きな整数であると考え，直線はどの方向にも同じ分布で(同じ密度で)引く．この線は電荷 Q の近くでは密に，遠方では r^{-2} に比例して密度が小さくなるが，球の半径に無関係に Q/ε_0 本の線が球を貫く．このような線は，電場の様子を与えるので**電気力線**という．電気力線の密度とは，電気力線に垂直な単位面積の面を貫く電気力線の数である．たとえば，半径 r の球の面積は $4\pi r^2$ であり，電気力線の総数は Q/ε_0 であるから，電荷から r の距離における電気力線の密度は $(Q/\varepsilon_0)/4\pi r^2 = E$ となる．電気力線は電場の大きさに比例して引かれ，その向きは電場の向きであると約束する．空間にただ1個の正電荷があるときは，電気力線は放射状に広がり，途中で消えたり増えたりすることはない．これは逆2乗の力の場の特徴である．負の電荷のときは無限遠から負電荷に集まる電気力線が存在する．2個以上の電荷があるときは電場は複雑になり，それに応じて電気力線の様子も複雑になる．しかし電気力線が途中で消えたり増えたりすることはなく，正の電荷から出て負の電荷に入るか，無限遠まで続く．

磁束密度 $\boldsymbol{B}$ に関する第2式では，磁束密度の様子を与える磁力線が閉じていることを述べている．正または負の電荷は電気力線の始点や終点となったが，磁力線の始点や終点となる磁荷は存在しないため，磁力線は必ず閉じなければならない．その結果，閉

曲面に入る磁力線は必ず出ていく．磁束密度 $\boldsymbol{B}$ の面積積分がゼロになるのは，こうした理由によるのである．

問題 6–4

［1］ $d\boldsymbol{s}=rd\theta\boldsymbol{e}_\theta$，$\boldsymbol{v}\cdot d\boldsymbol{s}=vrd\theta$ ($\because$ $\boldsymbol{v}\parallel\boldsymbol{e}_\theta$) を用いると

$$\Gamma=\int\boldsymbol{v}\cdot d\boldsymbol{s}=\int_0^{2\pi}vrd\theta=\begin{cases}2\pi c_1r^2 & (r\leqq a)\\ 2\pi c_1a^2 & (r\geqq a)\end{cases}$$

これを渦度の大きさ

$$\Omega=\begin{cases}2c_1 & (r\leqq a)\\ 0 & (r\geqq a)\end{cases}$$

と比べる．$r\leqq a$ では $\Gamma=2\pi c_1r^2=\pi r^2\Omega=S\Omega$ であることがわかる．$S=\pi r^2$ は面積である．つまり，循環は，渦度と面積の積を表わしている．これを $r\geqq a$ の領域に適用するとき，$r\geqq a$ と $r\leqq a$ に分けて考える必要がある．$r\geqq a$ では $\Omega=0$ であるから渦度と面積の積はゼロになる．一方，$r\leqq a$ では渦度 $2c_1$ と $r=a$ における面積 πa^2 の積が $2c_1\pi a^2$ となり，やはり $\Gamma=S\Omega$ が成り立っている．この関係はストークスの定理を用いて一般的に示すことができる．

$$\Gamma=\int\boldsymbol{v}\cdot d\boldsymbol{s}=\int(\nabla\times\boldsymbol{v})\cdot d\boldsymbol{S}=\int\boldsymbol{\Omega}\cdot d\boldsymbol{S}$$

が成り立つから，循環 Γ は渦度ベクトル $\boldsymbol{\Omega}$ の面積積分に等しいことがわかる．上式で第 2 式から第 3 式に移るとき，ストークスの定理を用いた．

なお，例題 6.8 と比べると，電流が渦度に対応し，磁場の強さが流速に対応していることがわかる．

［2］ 円柱座標 (r,θ,z)．

$$\int\boldsymbol{A}\cdot d\boldsymbol{s}=\iint_S(\nabla\times\boldsymbol{A})\cdot d\boldsymbol{S}$$

から，$\nabla\times\boldsymbol{A}$ の r 成分 $(\nabla\times\boldsymbol{A})_r$ を計算するには，r を一定に保ち，左辺の線積分と右辺の面積積分を実行すればよい．線積分は $(r,\theta,z)\to(r,\theta+d\theta,z)\to(r,\theta+d\theta,z+dz)\to(r,\theta,z+dz)\to(r,\theta,z)$ の順に行なう．$\boldsymbol{A}=A_r\boldsymbol{e}_r+A_\theta\boldsymbol{e}_\theta+A_z\boldsymbol{e}_z$ とすると

$$\begin{aligned}\int\boldsymbol{A}\cdot d\boldsymbol{s}&=A_\theta(r,\theta,z)rd\theta+A_z(r,\theta+d\theta,z)dz\\&\quad-A_\theta(r,\theta,z+dz)rd\theta-A_z(r,\theta,z)dz\\&=-\frac{\partial A_\theta}{\partial z}rd\theta dz+\frac{\partial A_z}{\partial\theta}d\theta dz\end{aligned}$$

面積要素 $dS=rd\theta dz$ であるから

$$\iint_S (\nabla\times\boldsymbol{A})\cdot d\boldsymbol{S} = \iint (\nabla\times\boldsymbol{A})_r dS = (\nabla\times\boldsymbol{A})_r r d\theta dz$$

以上より

$$(\nabla\times\boldsymbol{A})_r = \frac{1}{r}\frac{\partial A_z}{\partial\theta} - \frac{\partial A_\theta}{\partial z}$$

を得る．同様に，$(\nabla\times\boldsymbol{A})_\theta$, $(\nabla\times\boldsymbol{A})_z$ を計算すると

$$(\nabla\times\boldsymbol{A})_\theta = \frac{\partial A_r}{\partial z} - \frac{\partial A_z}{\partial r}, \qquad (\nabla\times\boldsymbol{A})_z = \frac{1}{r}\frac{\partial}{\partial r}(rA_\theta) - \frac{1}{r}\frac{\partial A_r}{\partial\theta}$$

となり，次の結果を得る．

$$\nabla\times\boldsymbol{A} = \left(\frac{1}{r}\frac{\partial A_z}{\partial\theta} - \frac{\partial A_\theta}{\partial z}\right)\boldsymbol{e}_r + \left(\frac{\partial A_r}{\partial z} - \frac{\partial A_z}{\partial r}\right)\boldsymbol{e}_\theta + \left\{\frac{1}{r}\frac{\partial}{\partial r}(rA_\theta) - \frac{1}{r}\frac{\partial A_r}{\partial\theta}\right\}\boldsymbol{e}_z$$

極座標 (r, θ, φ)．

$(\nabla\times\boldsymbol{A})_r$ の計算には，線積分は r を一定に保ち，$(r, \theta, \varphi) \to (r, \theta+d\theta, \varphi) \to (r, \theta+d\theta, \varphi+d\varphi) \to (r, \theta, \varphi+d\varphi) \to (r, \theta, \varphi)$ の順におこなう．θ, φ 方向の微小長さ(線要素)は $rd\theta$, $r\sin\theta d\varphi$ (あるいは $r\sin(\theta+d\theta)d\varphi$) であることに注意しよう．

$$\begin{aligned}\int \boldsymbol{A}\cdot d\boldsymbol{s} &= A_\theta(r,\theta,\varphi)rd\theta + A_\varphi(r,\theta+d\theta,\varphi)r\sin(\theta+d\theta)d\varphi \\ &\quad - A_\theta(r,\theta,\varphi+d\varphi)rd\theta - A_\varphi(r,\theta,\varphi)r\sin\theta d\varphi \\ &= \left(A_\varphi\cos\theta + \frac{\partial A_\varphi}{\partial\theta}\sin\theta - \frac{\partial A_\theta}{\partial\varphi}\right)rd\theta d\varphi\end{aligned}$$

面積要素は $rd\theta r\sin\theta d\varphi$ であるから

$$\iint_S (\nabla\times\boldsymbol{A})\cdot d\boldsymbol{S} = \iint (\nabla\times\boldsymbol{A})_r dS = (\nabla\times\boldsymbol{A})_r r^2\sin\theta d\theta d\varphi$$

となり，結局

$$(\nabla\times\boldsymbol{A})_r = \frac{1}{r\sin\theta}\left\{\frac{\partial}{\partial\theta}(\sin\theta A_\varphi) - \frac{\partial A_\theta}{\partial\varphi}\right\}$$

を得る．他の成分についても同様．

$$(\nabla\times\boldsymbol{A})_\theta = \frac{1}{r}\left\{\frac{1}{\sin\theta}\frac{\partial A_r}{\partial\varphi} - \frac{\partial}{\partial r}(rA_\varphi)\right\}$$

$$(\nabla\times\boldsymbol{A})_\varphi = \frac{1}{r}\left\{\frac{\partial}{\partial r}(rA_\theta) - \frac{\partial A_r}{\partial\theta}\right\}$$

$$\begin{aligned}\therefore\quad \nabla\times\boldsymbol{A} &= \frac{1}{r\sin\theta}\left\{\frac{\partial}{\partial\theta}(\sin\theta A_\varphi) - \frac{\partial A_\theta}{\partial\varphi}\right\}\boldsymbol{e}_r \\ &\quad + \frac{1}{r}\left\{\frac{1}{\sin\theta}\frac{\partial A_r}{\partial\varphi} - \frac{\partial}{\partial r}(rA_\varphi)\right\}\boldsymbol{e}_\theta + \frac{1}{r}\left\{\frac{\partial}{\partial r}(rA_\theta) - \frac{\partial A_r}{\partial\theta}\right\}\boldsymbol{e}_\varphi\end{aligned}$$

[3]　$F_x=y$, $F_y=x$, $F_z=0$ のとき

$$\nabla\times\boldsymbol{F}=\begin{vmatrix}\boldsymbol{i} & \boldsymbol{j} & \boldsymbol{k}\\ \dfrac{\partial}{\partial x} & \dfrac{\partial}{\partial y} & \dfrac{\partial}{\partial z}\\ y & x & 0\end{vmatrix}=(1-1)\boldsymbol{k}=0 \qquad \text{(保存力)}$$

$F_x=-2axy$, $F_y=-ax^2-y^3$, $F_z=0$ のとき

$$\nabla\times\boldsymbol{F}=\begin{vmatrix}\boldsymbol{i} & \boldsymbol{j} & \boldsymbol{k}\\ \dfrac{\partial}{\partial x} & \dfrac{\partial}{\partial y} & \dfrac{\partial}{\partial z}\\ -2axy & -ax^2-y^3 & 0\end{vmatrix}=(-2ax+2ax)\boldsymbol{k}=0 \qquad \text{(保存力)}$$

$F_x=-y$, $F_y=x$, $F_z=0$ のとき，$\nabla\times\boldsymbol{F}=2\boldsymbol{k}$(保存力でない)．$F_x=-ax^2y$, $F_y=-ay^2$, $F_z=0$ のとき，$\nabla\times\boldsymbol{F}=ax^2\boldsymbol{k}$(保存力でない)．

問題解答6

[4]
$$\iint_S(\nabla\times\boldsymbol{E})\cdot d\boldsymbol{S}=\int_C\boldsymbol{E}\cdot d\boldsymbol{s}=-\frac{d}{dt}\iint\boldsymbol{B}\cdot d\boldsymbol{S}$$

第1式から第2式に移るときストークスの定理を用いた．

電場 $\boldsymbol{E}$ の線積分を**起電力**という．また磁束密度 $\boldsymbol{B}$ の面積積分を**磁束**という．磁場の中に導線で作られた回路をおいた場合を考えよう．第2式と第3式は，起電力を閉じた回路について線積分した値(それは電圧の次元をもつ)は，その回路を横切る磁束の時間変化の割合に負の符号をつけた値に等しいことを述べている．これは**電磁誘導**に関する**ファラデーの法則**である．

索引

サ　行

タ　行

ナ　行

ハ　行

マ行，ヤ行

ラ行，ワ行

戸田盛和
1917-2010年. 1940年東京帝国大学理学部物理学科卒業. 東京教育大学教授, 千葉大学教授, 横浜国立大学教授, 放送大学教授を歴任. 東京教育大学名誉教授, ノルウェー王立科学アカデミー会員. 理学博士. 専攻は理論物理学.
主な著書:『非線形格子力学』,『力学』,『統計物理学』(共著)(以上, 岩波書店), *Theory of Nonlinear Lattices* (Springer-Verlag).

渡辺慎介
1943年神奈川県に生まれる. 1966年横浜国立大学工学部電気工学科卒業. 1968年同大学大学院修士課程修了. 同大学助教授, 教授, 理事・副学長, 放送大学神奈川学習センター所長, 学校法人関東学院・常務理事を経て, 現在横浜国立大学名誉教授, 日本ことわざ文化学会会長. 1973-75年パリ大学理学部プラズマ研究所にて研究. 理学博士, 国家博士(フランス). 専攻は非線形波動, プラズマ物理学.
主な著書:『例解 力学演習』(共著, 岩波書店),『ソリトン物理入門』(培風館).

理工系の数学入門コース/演習 新装版
ベクトル解析演習

1999年 3月26日 初版第1刷発行
2007年11月26日 初版第2刷発行
2020年 4月15日 新装版第1刷発行
2021年10月15日 新装版第2刷発行

著 者 戸田盛和(とだもりかず)・渡辺慎介(わたなべしんすけ)

発行者 坂本政謙

発行所 株式会社 岩波書店
〒101-8002 東京都千代田区一ツ橋 2-5-5
電話案内 03-5210-4000
https://www.iwanami.co.jp/

印刷・理想社 表紙・精興社 製本・牧製本

ISBN 978-4-00-007848-1 Printed in Japan